建筑企业专业技术管理人员
业务必备丛书

安全员

本书编委会◎编写

A N QUAN YUAN

U0314041

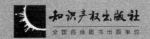
知识产权出版社
全国百佳图书出版单位

内容提要

本书以《建筑与市政工程施工现场专业人员职业标准》JGJ/T 250—2011、《建筑施工安全检查标准》JGJ 59—2011、《建筑机械使用安全技术规程》JGJ 33—2012、《施工企业安全生产评价标准》JGJ/T 77—2010、《建筑施工现场环境与卫生标准》JGJ 146—2004 等现行国家标准、行业规范为依据，主要介绍了安全员应掌握的专业知识和技术要求。全书共分为五章，内容主要包括：施工现场安全员必备基础知识、建筑分部分项工程安全技术、现场施工机械设备安全技术、建筑施工专项安全技术、建筑施工安全管理。

本书可供施工现场安全技术人员、现场管理人员、相关专业大中专及职业学校的师生学习参考。

责任编辑：陆彩云　徐家春　高志方　　　　　　　　　　责任出版：卢运霞

图书在版编目（CIP）数据

安全员/《安全员》编委会编写. ——北京：知识产权出版社，2013.6
（建筑企业专业技术管理人员业务必备丛书）
ISBN 978-7-5130-2067-1

Ⅰ. ①安…　Ⅱ. ①安…　Ⅲ. ①建筑工程－工程施工－安全技术－基本知识　Ⅳ. ①TU714

中国版本图书馆 CIP 数据核字（2013）第 105791 号

建筑企业专业技术管理人员业务必备丛书

安全员

本书编委会　编写

出版发行：**知识产权出版社**

社　　址：北京市海淀区马甸南村 1 号		邮　　编：100088	
网　　址：http://www.ipph.cn		邮　　箱：lcy@cnipr.com	
发行电话：010－82000893		传　　真：010－82005070/82000893	
责编电话：010－82000860 转 8110/8005		责编邮箱：xujiachun625@163.com	
印　　刷：北京紫瑞利印刷有限公司		经　　销：新华书店及相关销售网点	
开　　本：720mm×960mm　1/16		印　　张：21.25	
版　　次：2013 年 7 月第 1 版		印　　次：2013 年 7 月第 1 次印刷	
字　　数：367 千字		定　　价：40.00 元	

ISBN 978-7-5130-2067-1

审定委员会

主　任　石向东　王　鑫
副主任　冯　跃
委　员　（按姓氏笔画排序）
　　　　王颖群　刘爱玲　李志远　杨玉苹
　　　　谢　婧

编写委员会

主　编　卢　伟
参　编　（按姓氏笔画排序）
　　　　于　涛　白会人　孙丽娜　曲璠巍
　　　　何　影　宋吉录　张永宏　张　楠
　　　　李春娜　李美惠　赵　慧　陶红梅
　　　　黄　崇　韩　旭

前　言

　　随着我国国民经济的快速发展，建筑规模日益扩大，施工队伍也在不断增加，对建筑工程施工现场各专业的职业能力要求也越来越高。为了加强施工现场专业人员队伍建设，适应建筑业的发展形势，住房和城乡建设部经过深入调查，结合当前我国建设施工现场专业人员开发的实践经验，制定了《建筑与市政工程施工现场专业人员职业标准》JGJ/T 250—2011，该标准的颁布实施，对建筑工程施工现场各专业人员的要求也越来越高。基于上述原因，我们组织编写了此书。

　　本书共分五章，内容主要包括：施工现场安全员必备基础知识、建筑分部分项工程安全技术、现场施工机械设备安全技术、建筑施工专项安全技术、建筑施工安全管理等。具有很强的针对性和实用性，内容丰富，通俗易懂。

　　本书体例新颖，包含"本节导图"和"业务要点"两个模块。在"本节导图"部分对该节内容进行概括，并绘制出内容关系框图；在"业务要点"部分对框图中涉及的内容进行详细的说明与分析。力求能够使读者快速把握章节重点，理清知识脉络，提高学习效率。

　　本书可供建筑工程施工现场安全员及相关管理人员使用，也可作为相关专业大中专院校师生的参考用书。

　　由于编者学识和经验有限，虽经编者尽心尽力，但难免存在疏漏或不妥之处，望广大读者批评指正。

编　者

2013 年 7 月

前　言

目　　录

目　录

第一章　施工现场安全员必备基础知识

第一节　建筑识图

◉ **本节导图：**

　　本节主要介绍建筑识图，内容包括常用图例、建筑工程图的种类、图纸幅面规格与图纸编排顺序、施工图的识读等。其内容关系框图如下：

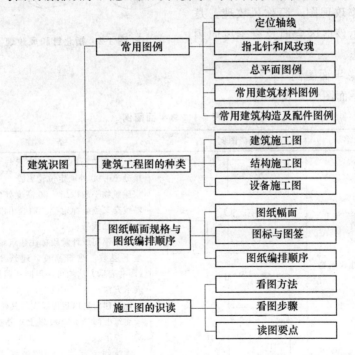

◉ **业务要点 1：常用图例**

　　1. 定位轴线

　　定位轴线是用来确定房屋主要结构或构件的位置及其标志尺寸，如图 1-1 所示。

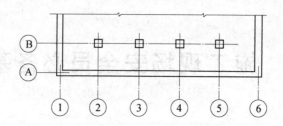

图 1-1　定位轴线

2. 指北针和风玫瑰

指北针和风玫瑰如图 1-2 所示。

在总平面图和首层的建筑平面图上，一般都画有指北针，表示建筑物的朝向。总平面图中则应画出风向频率玫瑰图，简称风玫瑰，是用来表示该地区全面及夏季风向频率的标志。

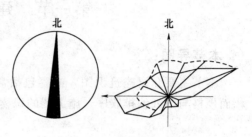

图 1-2　指北针和风玫瑰

3. 总平面图例

总平面图例见表 1-1。

表 1-1　总平面图例

序号	名称	图例	备　注
1	新建建筑物	$X=$ $Y=$ ①　12F/2D $H=59.00m$	新建建筑物以粗实线表示与室外地坪相接处±0.00外墙定位轮廓线 建筑物一般以±0.00高度处的外墙定位轴线交叉点坐标定位。轴线用细实线表示，并标明轴线号 根据不同设计阶段标注建筑编号，地上、地下层数，建筑高度，建筑出入口位置（两种表示方法均可，但同一图纸采用一种表示方法） 地下建筑物以粗虚线表示其轮廓 建筑上部（±0.00以上）外挑建筑用细实线表示 建筑物上部连廊用细虚线表示并标注位置
2	原有建筑物		用细实线表示
3	计划扩建的预留地或建筑物		用中粗虚线表示

续表

序号	名称	图例	备注
4	拆除的建筑物		用细实线表示
5	建筑物下面的通道		—
6	散状材料露天堆场		需要时可注明材料名称
7	其他材料露天堆场或露天作业场		需要时可注明材料名称
8	铺砌场地		—
9	敞篷或敞廊		—
10	高架式料仓		—
11	漏斗式贮仓		左、右图为底卸式 中图为侧卸式
12	冷却塔（池）		应注明冷却塔或冷却池
13	水塔、贮罐		左图为卧式贮罐 右图为水塔或立式贮罐
14	水池、坑槽		也可以不涂黑
15	明溜矿槽（井）		—
16	斜井或平洞		—
17	烟囱		实线为烟囱下部直径，虚线为基础，必要时可注写烟囱高度和上、下口直径

序号	名称	图例	备　注
18	围墙及大门		—
19	挡土墙	▼ 5.00 1.50	挡土墙根据不同设计阶段的需要标注 墙顶标高 墙底标高
20	挡土墙上设围墙		—
21	台阶	1. 2.	1. 表示台阶（级数仅为示意） 2. 表示无障碍坡道
22	露天桥式起重机	$G_n=$ (t)	起重机起重量 G_n，以吨计算 "+"为柱子位置
23	露天电动葫芦	$G_n=$ (t)	起重机起重量 G_n，以吨计算 "+"为支架位置
24	门式起重机	$G_n=$ (t) $G_n=$ (t)	起重机起重量 G_n，以吨计算 上图表示有外伸臂 下图表示无外伸臂
25	架空索道		"工"为支架位置
26	斜坡卷扬机道		—
27	斜坡栈桥（皮带廊等）		细实线表示支架中心线位置
28	坐标	1. $X=105.00$ $Y=425.00$ 2. $A=105.00$ $B=425.00$	1. 表示地形测量坐标 2. 表示自设坐标系 坐标数字平行于建筑标准
29	方格网交叉点标高	-0.50 77.85 78.35	"78.35"为原地面标高 "77.85"为设计标高 "−0.50"为施工高度 "−"表示挖方（"+"表示填方）

续表

序号	名称	图例	备　注
30	填方区、挖方区、未整平区及零点线		"＋"表示填方区 "－"表示挖方区 中间为未整平区 点划线为零点线
31	填挖边坡		—
32	分水脊线与谷线		上图表示脊线 下图表示谷线
33	洪水淹没线		洪水最高水位以文字标注
34	地表排水方向		—
35	截水沟或排水沟	40.00	"1"表示1%的沟底纵向坡度，"40.00"表示变坡点间距离，箭头表示水流方向
36	排水明沟	107.50　$\frac{1}{40.00}$ 107.50　$\frac{1}{40.00}$	上图用于比例较大的图面 下图用于比例较小的图面 "1"表示1%的沟底纵向坡度，"40.00"表示变坡点间距离，箭头表示水流方向 "107.50"表示沟底变坡点标高（变坡点以"＋"表示）
37	有盖的排水沟	$\frac{1}{40.00}$ $\frac{1}{40.00}$	—
38	雨水口	1. 2. 3.	1. 雨水口 2. 原有雨水口 3. 双落式雨水口
39	消火栓井		—
40	急流槽		箭头表示水流方向
41	跌水		
42	拦水（闸）坝		—

序号	名称	图例	备　注
43	透水路堤		边坡较长时，可在一端或两端局部表示
44	过水路面		—
45	室内地坪标高	151.00 (±0.00)	数字平行于建筑物书写
46	室外地坪标高	143.00	室外地坪标高也可采用等高线
47	盲道		—
48	地下车库入口		机动车停车场
49	地面露天停车场		—
50	露天机械停车场		露天机械停车场

4. 常用建筑材料图例

常用建筑材料图例见表 1-2。

表 1-2　常用建筑材料图例

序号	名称	图例	备　注
1	自然土壤		包括各种自然土壤
2	夯实土壤		—
3	砂、灰土		—
4	砂砾石、碎砖三合土		—
5	石材		—
6	毛石		—
7	普通砖		包括实心砖、多孔砖、砌块等砌体。断面较窄不易绘出图例线时，可涂红，并在图纸备注中加注说明，画出该材料图例

续表

序号	名称	图例	备　　注
8	耐火砖		包括耐酸砖等砌体
9	空心砖		指非承重砖砌体
10	饰面砖		包括铺地砖、马赛克、陶瓷锦砖、人造大理石等
11	焦渣、矿渣		包括与水泥、石灰等混合而成的材料
12	混凝土		1）本图例指能承重的混凝土及钢筋混凝土 2）包括各种强度等级、骨料、添加剂的混凝土
13	钢筋混凝土		3）在剖面图上画出钢筋时，不画图例线 4）断面图形小，不易画出图例线时，可涂黑
14	多孔材料		包括水泥珍珠岩、沥青珍珠岩、泡沫混凝土、非承重加气混凝土、软木、蛭石制品等
15	纤维材料		包括矿棉、岩棉、玻璃棉、麻丝、木丝板、纤维板等
16	泡沫塑料材料		包括聚苯乙烯、聚乙烯、聚氨酯等多孔聚合物类材料
17	木材		1）上图为横断面，左图为垫木、木砖或木龙骨 2）下图为纵断面
18	胶合板		应注明为×层胶合板
19	石膏板		包括圆孔石膏板、方孔石膏板、防水石膏板、硅钙板、防火板等
20	金属		1）包括各种金属 2）图形小时，可涂黑
21	网状材料		1）包括金属、塑料网状材料 2）应注明具体材料名称
22	液体		应注明液体名称
23	玻璃		包括平板玻璃、磨砂玻璃、夹丝玻璃、钢化玻璃、中空玻璃、夹层玻璃、镀膜玻璃等

续表

序号	名称	图例	备 注
24	橡胶		—
25	塑料		包括各种软、硬塑料及有机玻璃等
26	防水材料		构造层次多或比例大时，采用上图图例
27	粉刷		本图例采用较稀的点

注：1、2、5、7、8、13、14、16、17、18图例中的斜线、短斜线、交叉斜线等均为45°。

5. 常用建筑构造及配件图例

常用建筑构造及配件图例见表1-3。

表1-3 常用建筑构造及配件图例

序号	名称	图例	备 注
1	墙体		1) 上图为外墙，下图为内墙 2) 外墙细线表示有保温层或有幕墙 3) 应加注文字或涂色或图案填充表示各种材料的墙体 4) 在各层平面图中防火墙宜着重以特殊图案填充表示
2	隔断		1) 加注文字或涂色或图案填充表示各种材料的轻质隔断 2) 适用于到顶与不到顶隔断
3	玻璃幕墙		幕墙龙骨是否表示由项目设计决定
4	栏杆		—
5	楼梯		1) 上图为顶层楼梯平面，中图为中间层楼梯平面，下图为底层楼梯平面 2) 需设置靠墙扶手或中间扶手时，应在图中表示

续表

序号	名称	图例	备注
6	坡道	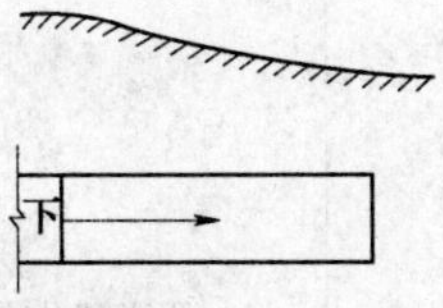	长坡道
		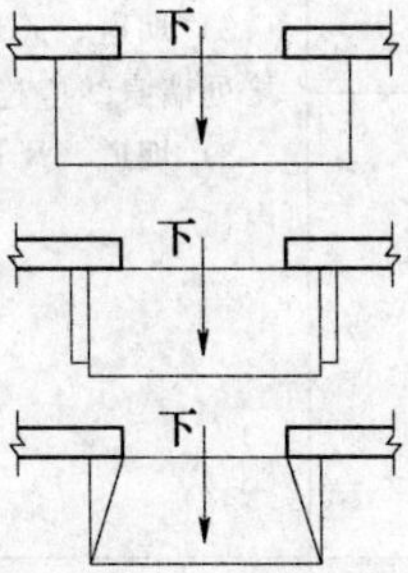	上图为两侧垂直的门口坡道，中图为有挡墙的门口坡道，下图为两侧找坡的门口坡道
7	台阶	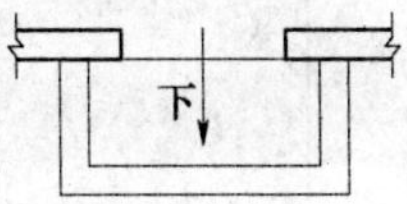	
8	平面高差	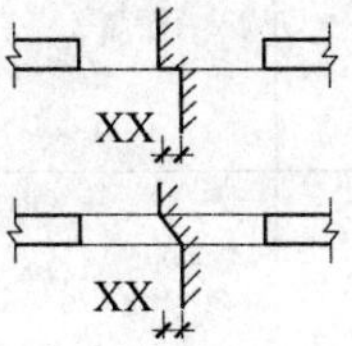 XX〉 XX〉	用于高差小的地面或楼面交接处，并应与门的开启方向协调
9	检查口		左图为可见检查口，右图为不可见检查口
10	孔洞		阴影部分亦可填充灰度或涂色代替
11	坑槽		—
12	墙预留洞、槽	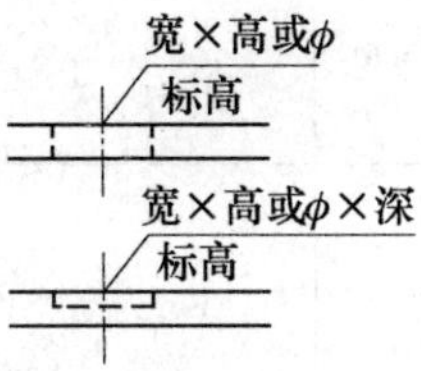 宽×高或φ 标高 宽×高或φ×深 标高	1）上图为预留洞，下图为预留槽 2）平面以洞（槽）中心定位 3）标高以洞（槽）底或中心定位 4）宜以涂色区别墙体和预留洞（槽）
13	地沟	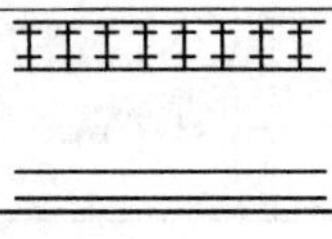	上图为有盖板地沟，下图为无盖板明沟

续表

序号	名称	图例	备　注
14	烟道		1）阴影部分亦可填充灰度或涂色代替 2）烟道、风道与墙体为相同材料，其相接处墙身线应连通 3）烟道、风道根据需要增加不同材料的内衬
15	风道		
16	新建的墙和窗		—
17	改建时保留的墙和窗		只更换窗，应加粗窗的轮廓线
18	拆除的墙		—
19	改建时在原有墙或楼板新开的洞		—

序号	名称	图例	备　注
20	在原有墙或楼板洞旁扩大的洞	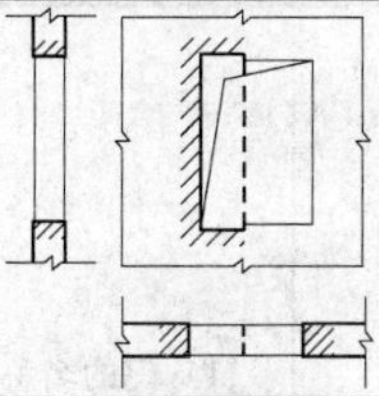	图示为洞口向左边扩大
21	在原有墙或楼板上全部填塞的洞	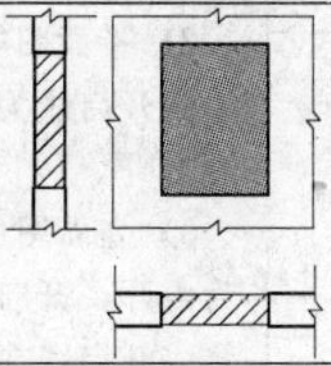	图中立面填充灰度或涂色
22	在原有墙或楼板上局部填塞的洞	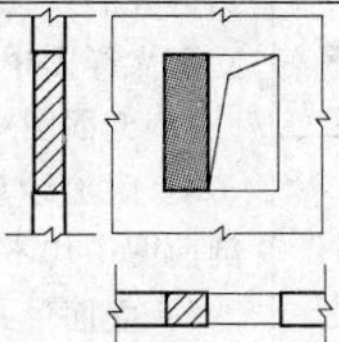	左侧为局部填塞的洞，图中立面填充灰度或涂色
23	空门洞	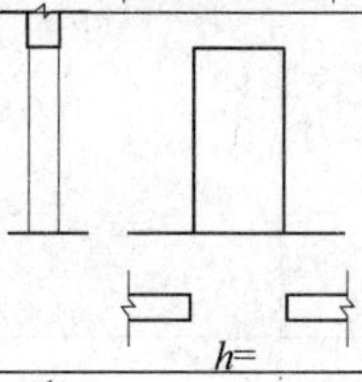	h 为门洞高度
24	单面开启单扇门（包括平开或单面弹簧）		1）门的名称代号用 M 表示 2）平面图中，下为外，上为内 3）立面图中，开启线实线为外开，虚线为内开，开启线交角的一侧为安装合页一侧。开启线在建筑立面图中可不表示，在立面大样图中可根据需要绘出 4）剖面图中，左为外，右为内 5）附加纱扇应以文字说明，在平、立、剖面图中均不表示 6）立面形式应按实际情况绘制
	双面开启单扇门（包括双面平开或双面弹簧）		
	双层单扇平开门	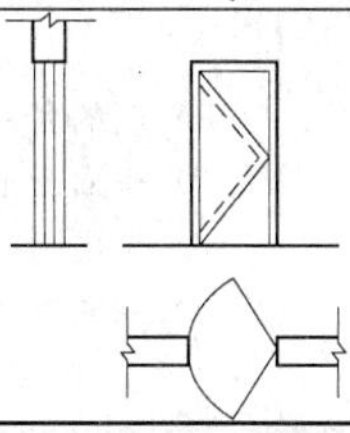	

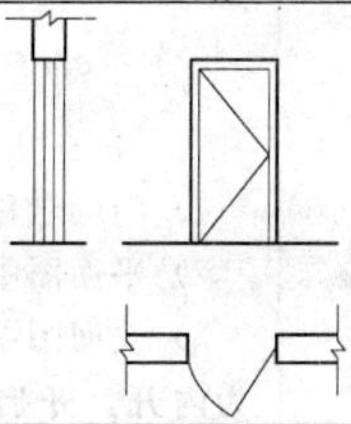

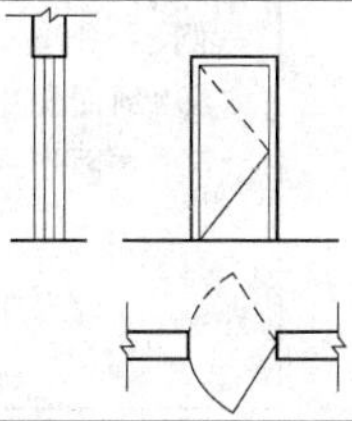

11

序号	名称	图例	备 注
25	单面开启双扇门（包括平开或单面弹簧）	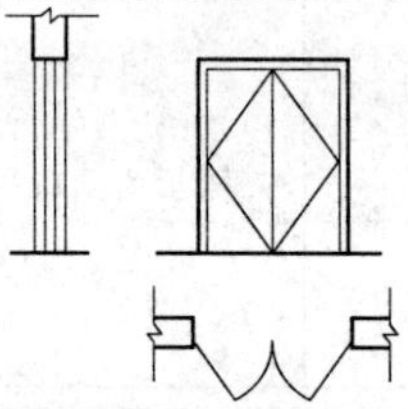	1) 门的名称代号用 M 表示 2) 平面图中，下为外，上为内 门开启线为 90°、60°或 45°，开启弧线宜绘出 3) 立面图中，开启线实线为外开，虚线为内开，开启线交角的一侧为安装合页一侧。开启线在建筑立面图中可不表示，在立面大样图中可根据需要绘出 4) 剖面图中，左为外，右为内 5) 附加纱扇应以文字说明，在平、立、剖面图中均不表示 6) 立面形式应按实际情况绘制
	双面开启双扇门（包括双面平开或双面弹簧）	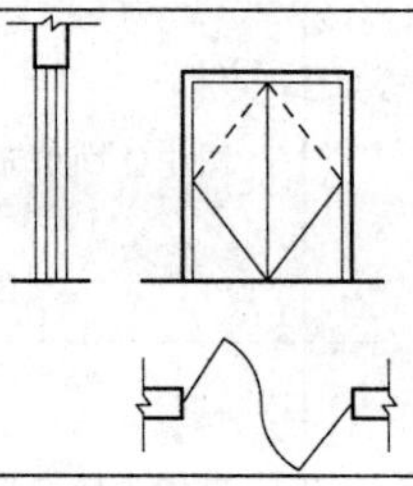	
	双层双扇平开门	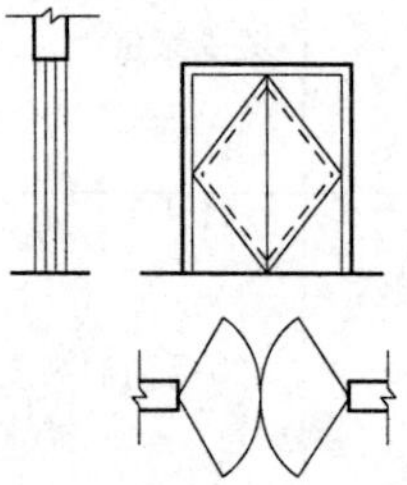	
26	折叠门	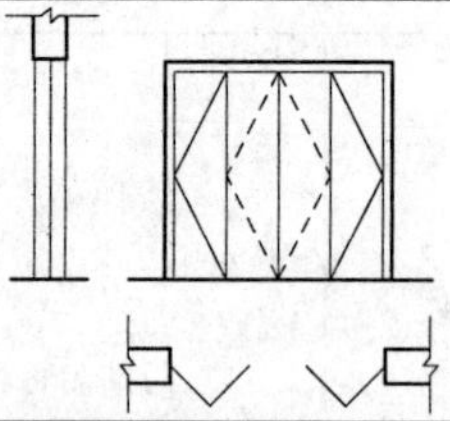	1) 门的名称代号用 M 表示 2) 平面图中，下为外，上为内 3) 立面图中，开启线实线为外开，虚线为内开，开启线交角的一侧为安装合页一侧 4) 剖面图中，左为外，右为内 5) 立面形式应按实际情况绘制
	推拉折叠门	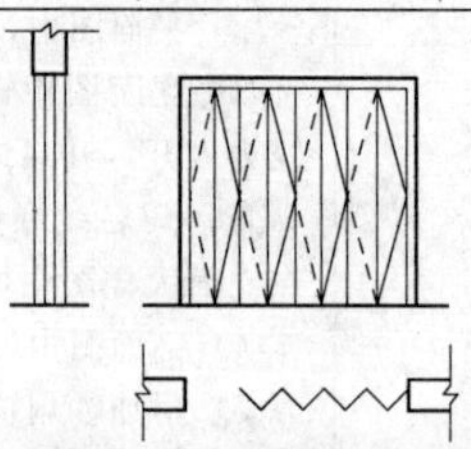	
27	墙洞外单扇推拉门	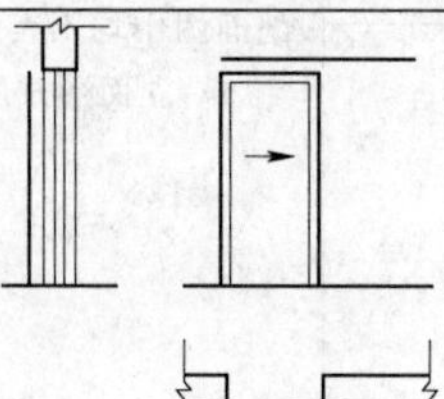	1) 门的名称代号用 M 表示 2) 平面图中，下为外，上为内 3) 剖面图中，左为外，右为内 4) 立面形式应按实际情况绘制

续表

序号	名称	图例	备注
	墙洞外双扇推拉门	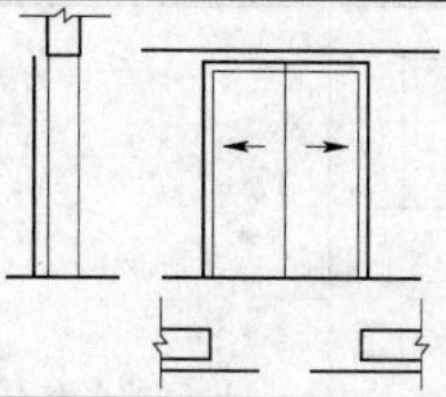	1) 门的名称代号用 M 表示 2) 平面图中，下为外，上为内 3) 剖面图中，左为外，右为内 4) 立面形式应按实际情况绘制
27	墙中单扇推拉门	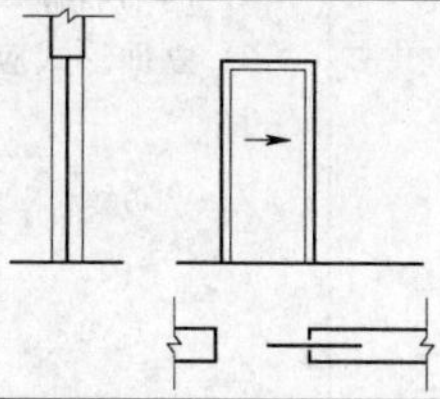	1) 门的名称代号用 M 表示 2) 立面形式应按实际情况绘制
	墙中双扇推拉门	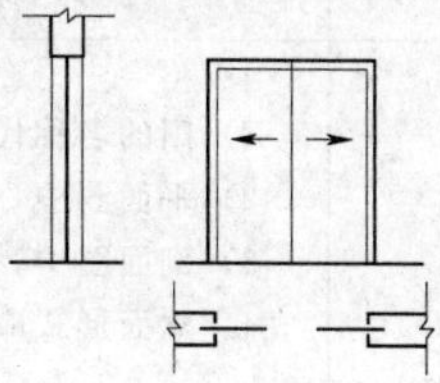	
28	推杠门	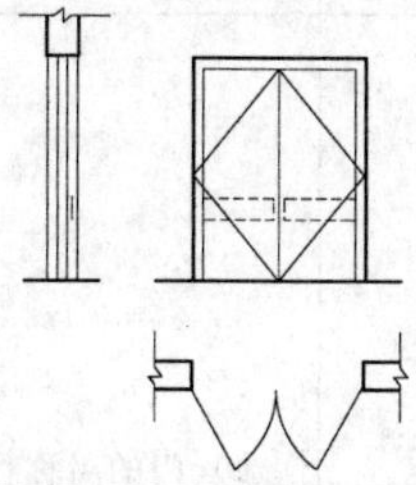	1) 门的名称代号用 M 表示 2) 平面图中，下为外，上为内。门开启线为 90°、60° 或 45° 3) 立面图中，开启线实线为外开，虚线为内开，开启线交角的一侧为安装合页一侧。开启线在建筑立面图中可不表示，在立面大样图中可根据需要绘出 4) 剖面图中，左为外，右为内 5) 立面形式应按实际情况绘制
29	门连窗	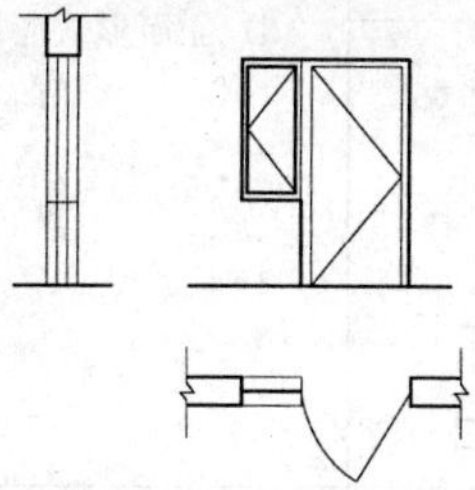	
30	旋转门	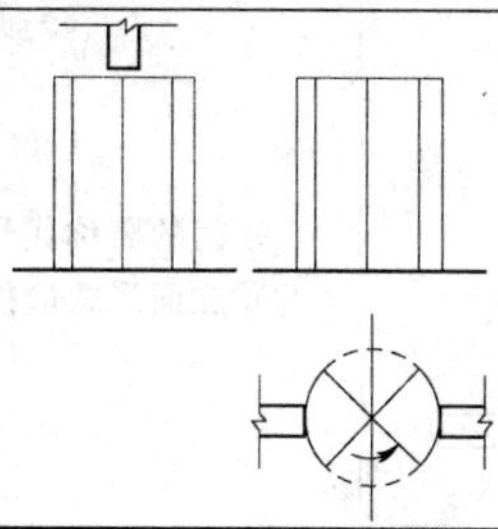	1) 门的名称代号用 M 表示 2) 立面形式应按实际情况绘制

序号	名称	图例	备　注
30	两翼智能旋转门	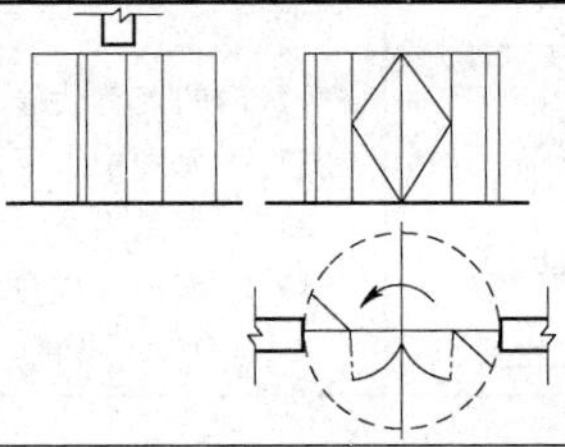	1) 门的名称代号用 M 表示 2) 立面形式应按实际情况绘制
31	自动门	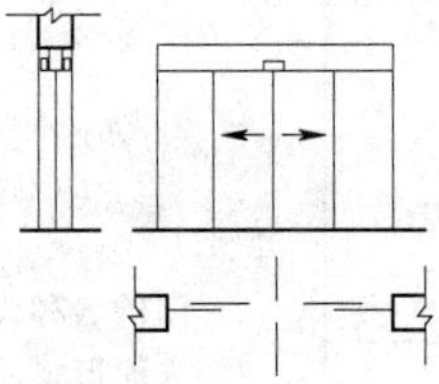	
32	折叠上翻门	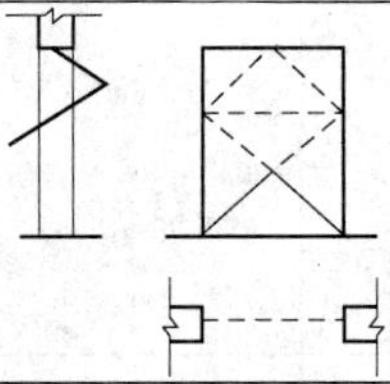	1) 门的名称代号用 M 表示 2) 平面图中，下为外，上为内 3) 剖面图中，左为外，右为内 4) 立面形式应按实际情况绘制
33	提升门	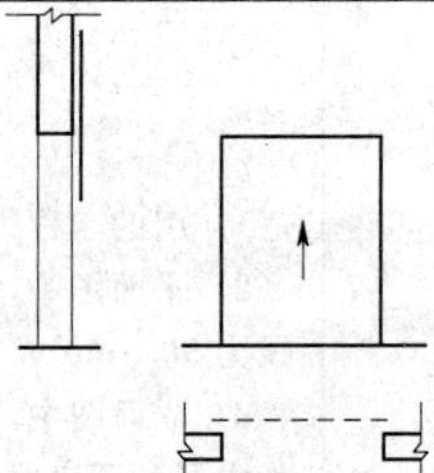	
34	分节提升门	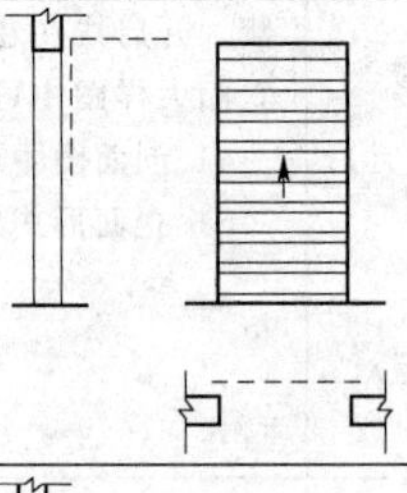	1) 门的名称代号用 M 表示 2) 立面形式应按实际情况绘制
35	人防单扇防护密闭门	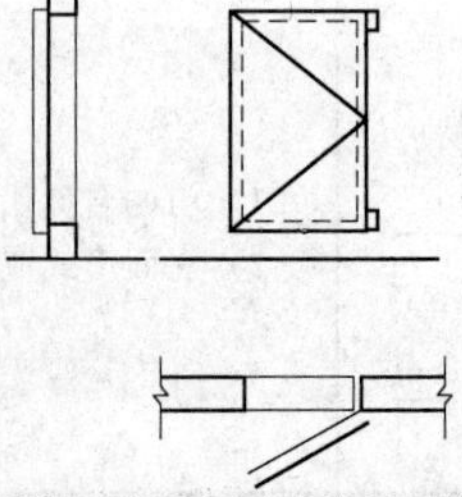	1) 门的名称代号按人防要求表示 2) 立面形式应按实际情况绘制

序号	名称	图例	备　注
35	人防单扇密闭门		1）门的名称代号按人防要求表示 2）立面形式应按实际情况绘制
36	人防双扇防护密闭门 人防双扇密闭门		1）门的名称代号按人防要求表示 2）立面形式应按实际情况绘制
37	横向卷帘门 竖向卷帘门 单侧双层卷帘门		—

15

续表

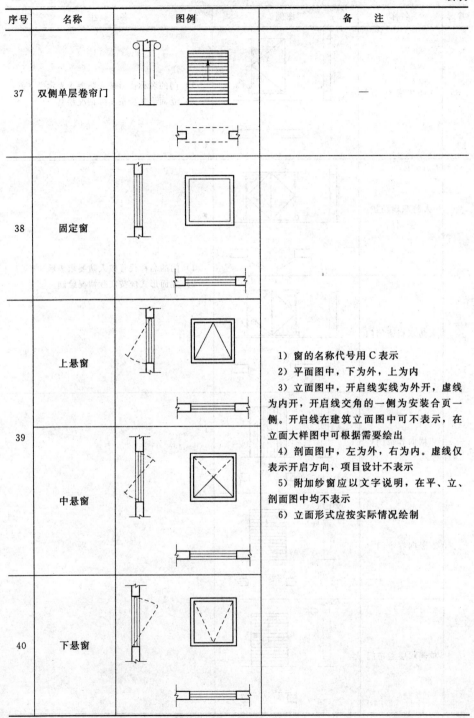

序号	名称	图例	备　注
37	双侧单层卷帘门		—
38	固定窗		
39	上悬窗 中悬窗		1）窗的名称代号用 C 表示 2）平面图中，下为外，上为内 3）立面图中，开启线实线为外开，虚线为内开，开启线交角的一侧为安装合页一侧。开启线在建筑立面图中可不表示，在立面大样图中可根据需要绘出 4）剖面图中，左为外，右为内。虚线仅表示开启方向，项目设计不表示 5）附加纱窗应以文字说明，在平、立、剖面图中均不表示 6）立面形式应按实际情况绘制
40	下悬窗		

续表

序号	名称	图例	备注
41	立转窗	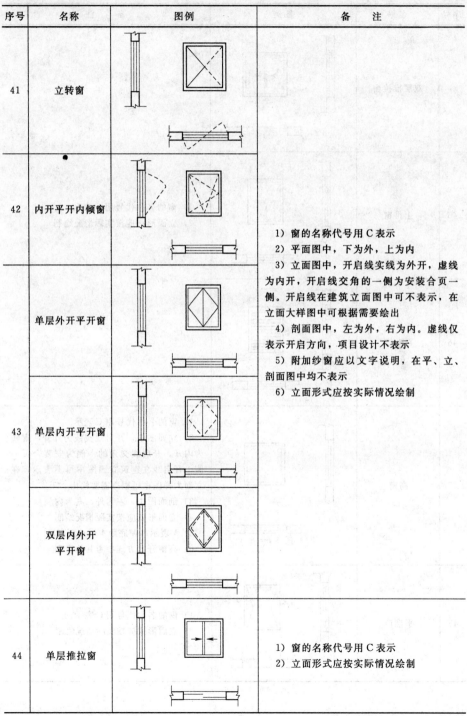	
42	内开平开内倾窗		1）窗的名称代号用 C 表示 2）平面图中，下为外，上为内 　3）立面图中，开启线实线为外开，虚线为内开，开启线交角的一侧为安装合页一侧。开启线在建筑立面图中可不表示，在立面大样图中可根据需要绘出 　4）剖面图中，左为外，右为内。虚线仅表示开启方向，项目设计不表示 　5）附加纱窗应以文字说明，在平、立、剖面图中均不表示 　6）立面形式应按实际情况绘制
43	单层外开平开窗		
	单层内开平开窗		
	双层内外开平开窗		
44	单层推拉窗		1）窗的名称代号用 C 表示 2）立面形式应按实际情况绘制

序号	名称	图例	备 注
44	双层推拉窗	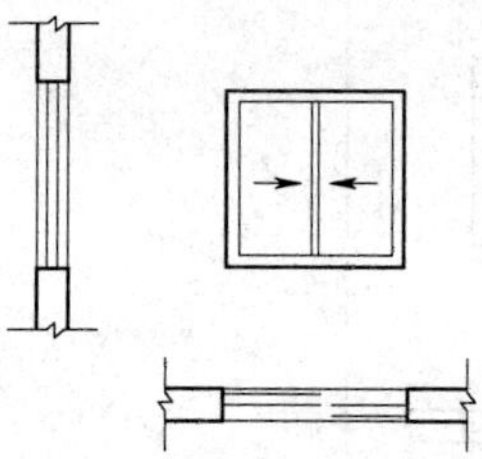	
45	上推窗	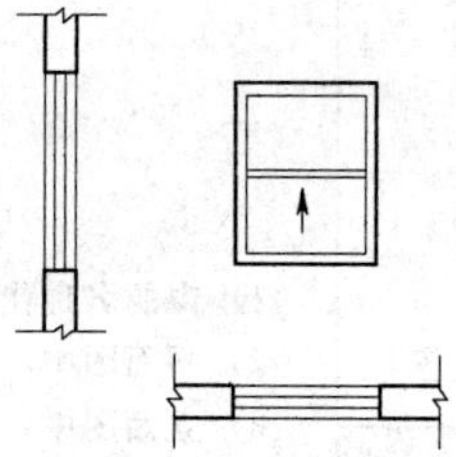	1）窗的名称代号用 C 表示 2）立面形式应按实际情况绘制
46	百叶窗	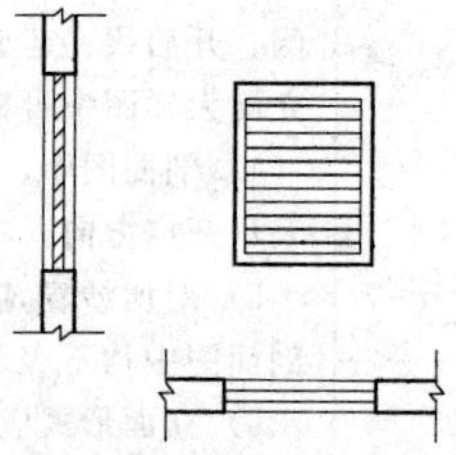	
47	高窗	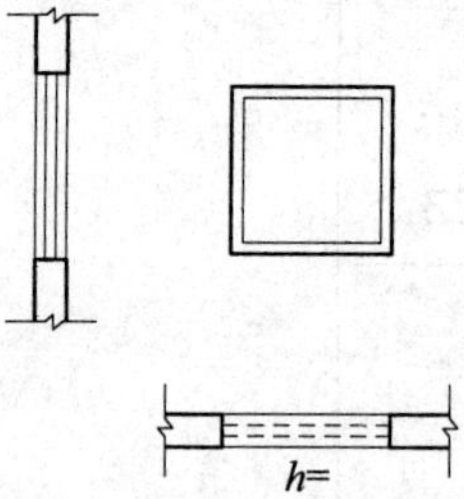 $h=$	1）窗的名称代号用 C 表示 2）立面图中，开启线实线为外开，虚线为内开，开启线交角的一侧为安装合页一侧。开启线在建筑立面图中可不表示，在立面大样图中可根据需要绘出 3）剖面图中，左为外，右为内 4）立面形式应按实际情况绘制 5）h 表示高窗底距本层地面高度 6）高窗开启方式参考其他窗型
48	平推窗	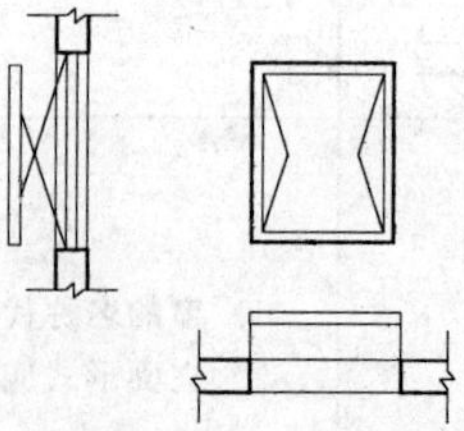	1）窗的名称代号用 C 表示 2）立面形式应按实际情况绘制

业务要点 2：建筑工程图的种类

建筑工程施工图按照内容和专业分工的不同，可以分为建筑施工图、结构施工图和设备施工图。其中建筑施工图是为了满足建设单位的使用功能需要而设计的施工图样；结构施工图是为了保障建筑的使用安全而设计的施工图样；设备施工图是为了满足建筑的给水排水、电气、采暖通风的需要而设计的图样。在建筑工程设计中，建筑是主导专业，而结构和设备是配合专业，所以在施工图的设计中，结构施工图和设备施工图必须与建筑施工图协调一致。

1. 建筑施工图

建筑施工图简称"建施"，是表达建筑的总体布局及单体建筑的形体、构造情况的图样，包括建筑设计说明书、建筑总平面图、各层平面图、各个立面图、必要的剖面图和建筑施工详图等。

2. 结构施工图

结构施工图简称"结施"，是表达建筑物承重结构的构造情况的图样，包括结构设计说明书、基础平面图、结构基础平面图、基础详图、结构平面图、楼梯结构图和结构构件详图等。

3. 设备施工图

设备施工图简称"设施"。它包括设计说明书，给水排水、采暖通风、电气照明等设备的平面布置图、系统图和施工详图等。

这些施工图都是表达各个专业的管道（或线路）和设备的布置及安装构造情况的图样。

业务要点 3：图纸幅面规格与图纸编排顺序

1. 图纸幅面

（1）图纸幅面及框图尺寸应符合表 1-4 的规定及图 1-3 的格式。

表 1-4　幅面及图框尺寸　　　　　　　　（单位：mm）

尺寸代号　　　　　幅面代号	A0	A1	A2	A3	A4
$b \times l$	841×1189	594×841	420×594	297×420	210×297
c	10			5	
a	25				

注：表中 b 为幅面短边尺寸；l 为幅面长边尺寸；c 为图框线与幅面线间宽度；a 为图框线与装订边间宽度。

（2）需要微缩复制的图纸，其一个边上应附有一段准确米制尺度，四个边上均附有对中标志，米制尺度的总长应为 100mm，分格应为 10mm。对中标志应画在图纸内框各边长的中点处，线宽 0.35mm，并应伸入内框边，在框外为 5mm。对中标志的线段，于 l_1 和 b_1 范围取中。

（3）图纸的短边尺寸不应加长，A0～A3 幅面长边尺寸可加长，但应符合表 1-5的规定。

（4）图纸以短边作为垂直边应为横式，以短边作为水平边应为立式。A0～A3 图纸宜横式使用；必要时，也可立式使用。

（5）一个工程设计中，每个专业所使用的图纸，不宜多于两种幅面，不含目录及表格所采用的 A4 幅面。

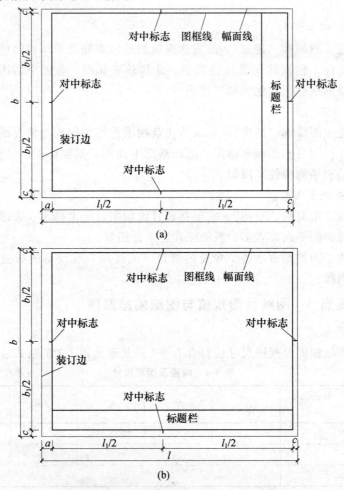

(a)

(b)

图 1-3　图纸的幅面格式（一）

（a）A0～A3 横式幅面（一）　（b）A0～A3 横式幅面（二）

（c）A0～A4 立式幅面（一）　（d）A0～A4 立式幅面（二）

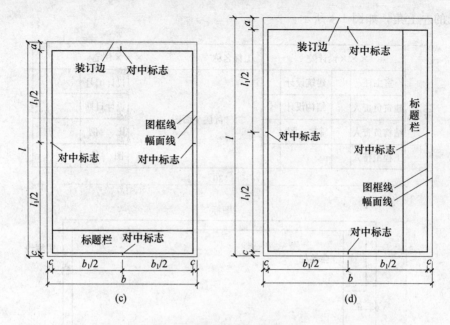

图 1-3 图纸的幅面格式（二）

(a) A0～A3 横式幅面（一） (b) A0～A3 横式幅面（二）

(c) A0～A4 立式幅面（一） (d) A0～A4 立式幅面（二）

表 1-5 图纸长边加长尺寸 （单位：mm）

幅面代号	长边尺寸	长边加长后的尺寸
A0	1189	1486(A0+1/4*l*) 1635(A0+3/8*l*) 1783(A0+1/2*l*) 1932(A0+5/8*l*) 2080(A0+3/4*l*) 2230(A0+7/8*l*) 2378(A0+*l*)
A1	841	1051(A1+1/4*l*) 1261(A1+1/2*l*) 1471(A1+3/4*l*) 1682(A1+*l*) 1892(A1+5/4*l*) 2102(A1+3/2*l*)
A2	594	743(A2+1/4*l*) 891(A2+1/2*l*) 1041(A2+3/4*l*) 1189(A2+*l*) 1338(A2+5/4*l*) 1486(A2+3/2*l*) 1635(A2+7/4*l*) 1783(A2+2*l*) 1932(A2+9/4*l*) 2080(A2+5/2*l*)
A3	420	630(A3+1/2*l*) 841(A3+*l*) 1051(A3+3/2*l*) 1261(A3+2*l*) 1471(A3+5/2*l*) 1682(A3+3*l*) 1892(A3+7/2*l*)

注：有特殊需要的图纸，可采用 *b*×*l* 为 841mm×891mm 与 1189mm×1261mm 的幅面。

2. 图标与图签

图标与图签是设计图框的组成部分。图标是说明设计单位、图名、编号的表格，一般在图纸的右下角。图签是供需要会签的图纸用的，一般位于图纸的左上角，如图 1-4 所示。

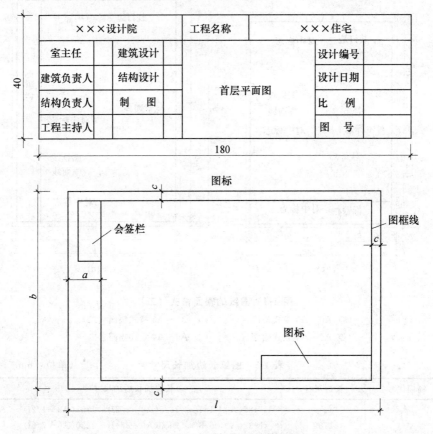

×××设计院		工程名称	×××住宅	
室主任	建筑设计		设计编号	
建筑负责人	结构设计		设计日期	
结构负责人	制　图	首层平面图	比　例	
工程主持人			图　号	

图 1-4　图纸中图标和图签的位置

3. 图纸编排顺序

（1）工程图纸应按专业顺序编排：图纸目录→总图→建筑图→结构图→给水排水图→暖通空调图→电气图等。

（2）各专业的图纸，应按图纸内容的主次关系、逻辑关系进行分类排序。

业务要点4：施工图的识读

1. 看图方法

施工图识读的方法一般是先要弄清楚是何种图纸，然后根据图纸的特点来看。看图应："从上往下看，从左向右看，由外向里看，由大到小看，由粗到细看，图样与说明对照看，建施与结施结合看。"必要时还要把设备图拿来参照看，借助于识图符号"识图箭"，能较快看懂图纸。识图箭由箭头和箭杆两部分组成，箭头是涂黑的带鱼尾状的等腰三角形，箭杆是直线，箭头所指的图位即是箭杆上文字说明所要解释的部位，起到说明图意内容的作用。

2. 看图步骤

1）图纸拿来之后，应先把目录看一遍。对这份图纸的建筑类型有个初步的了解；再按照图纸目录检查各类图纸是否齐全，图纸编号与图名是否符合；如采用相配的标准图，则要了解标准图是哪一类的，以及图集的编号和编制的单位，要把它们准备存放在手边以便随时可以查看。图纸齐全后就可以按图纸顺序看图了。

2）看图程序是先看设计总说明，了解建筑概况、技术要求，然后看图。一般按目录的排列往下逐张看图，如先看建筑总平面图，了解建筑物的地理位置、高程、坐标、朝向，以及与建筑物有关的一些情况。

3）看完建筑总平面图之后，则先看建筑施工图中的建筑平面图，了解房屋的长度、宽度、轴线尺寸、开间大小、一般布局等；再看立面图和剖面图，从而对这栋建筑物有一个总体的了解。

4）在对建筑物有了总体了解之后，我们可以从基础图一步步地深入看图了。从基础的类型、挖土的深度、基础尺寸、构造、轴线位置等开始仔细地阅读。

5）在图纸全部看完之后，可按不同工种有关的施工部分，将图纸再细读。

3. 读图要点

1）读总平面图，要特别注意拟建、新建房屋的具体位置、道路系统、原始地形、管线、电缆走向等情况，作为施工现场总平面优化布置的依据。

2）从施工角度看，应先看结构平面图，后看建筑平面图，再看建筑立面图、剖面图和其他专业施工图。

3）图纸上的标题栏内容与文字说明必须认真阅读，它能说明工程性质、该图主要注意事项和施工要求等内容。

4）读图过程中要注意房屋构造布置，特别是一些楼梯间、管道间、电梯井和一些预留洞口等危险部位，做到心中有数，在施工前做好预防工作，在施工中做好安全防护工作。

5）读图过程中熟记主要部位的施工做法，特别注意有防火要求和电气焊工艺的部位，提前做好防火准备工作，在施工中加强安全管理。

第二节　建筑材料

◎ **本节导图：**

本节主要介绍建筑材料，内容包括普通混凝土、砂浆、建筑钢材、砌体材料、防水材料、常用建筑石材和木材、防火材料、防腐材料等。其内容关系框图如下：

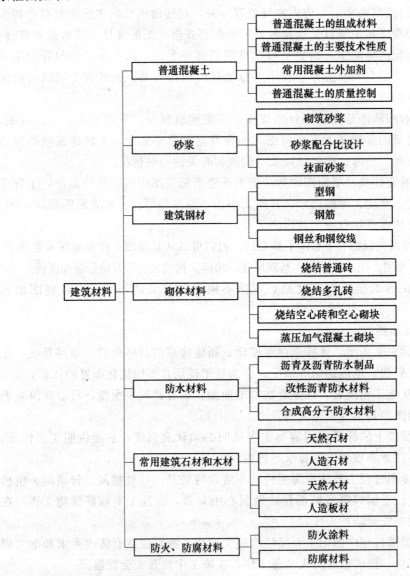

业务要点1：普通混凝土

1. 普通混凝土的组成材料

由胶凝材料、细骨料、粗骨料、水及必要时掺入的化学外加剂组成，经过胶凝材料凝结硬化后，形成具有一定强度和耐久性的人造石材，称为混凝土。对普通混凝土，胶凝材料为水泥，细骨料为砂，粗骨料为石子。

（1）水泥　水泥是一种粉末状的水硬性胶凝材料，它与水拌合成塑性浆体后，能够胶结砂石等适当材料，并能在空气和水中硬化成具有强度的石状固体。

1）水泥的品种选择。

根据国家标准的水泥命名原则的规定，用于一般土木工程的水泥为通用水泥，如硅酸盐水泥、矿渣硅酸盐水泥；适应专门用途的水泥称为专用水泥，如中、低热水泥等；具有比较突出的某种性能的水泥称为特种水泥，如快硬硅酸盐水泥、抗硫酸盐水泥等。以下主要介绍通用水泥：

通用水泥包括硅酸盐水泥、普通硅酸盐水泥（普通水泥）、矿渣硅酸盐水泥（矿渣水泥）、火山灰质硅酸盐水泥（火山灰水泥）、粉煤灰硅酸盐水泥（粉煤灰水泥）、复合硅酸盐水泥（复合水泥）。

① 硅酸盐水泥：由硅酸盐水泥熟料、0～5％石灰石或粒化高炉矿渣、适量石膏磨细制成的水硬性胶凝材料。

② 普通硅酸盐水泥：简称普通水泥，是由硅酸盐水泥熟料、6％～15％混合材料、适量石膏磨细制成的水硬性胶凝材料。

③ 矿渣硅酸盐水泥：简称矿渣水泥，是由硅酸盐水泥熟料和粒化高炉矿渣、适量石膏磨细制成的水硬性胶凝材料。水泥中粒化高炉矿渣掺加量按质量百分比计为 20％～70％。

④ 火山灰质硅酸盐水泥：简称火山灰水泥，是由硅酸盐水泥熟料和火山灰质混合材料、适量石膏磨细制成的水硬性胶凝材料。水泥中火山灰质混合材料掺加量按质量百分比计为 20％～50％。

⑤ 粉煤灰硅酸盐水泥：简称粉煤灰水泥，是由硅酸盐水泥熟料和粉煤灰、适量石膏磨细制成的水硬性胶凝材料。水泥粉煤灰掺加量按质量百分比计为 20％～40％。

⑥ 复合硅酸盐水泥：简称复合水泥，是由硅酸盐水泥熟料、两种或两种以上规定的混合材料、适量石膏磨细制成的水硬性胶凝材料。混合材料总掺加量按质量百分比计为 15％～50％。

一般根据工程特点、所处环境条件、设计及施工要求选择水泥品种。

2）水泥强度等级的选择。

水泥强度等级应根据混凝土设计强度等级进行选择。一般情况下，混凝土水泥强度等级为混凝土强度等级的 1.5～2.0 倍，高强度等级的混凝土（≥C60）水泥强度等级为混凝土强度等级的 0.9～1.5 倍。

（2）细骨料　砂的颗粒级配和粗细程度、含泥量、泥块含量和石粉含量、坚固性应符合规范规定，混凝土用砂中不应有草根、树叶、树枝、塑料、煤块、炉渣等杂物。砂中如含有云母、轻物质、有机物、硫化物及硫酸盐、氯盐等有害物质，其含量应符合《建筑用砂》GB/T 14684—2011 的规定。

（3）粗骨料　卵石和碎石的颗粒级配，最大粒径，含泥量和泥块含量，针，片状颗粒含量，坚固性，强度，表观密度，堆积密度，空隙率，碱骨料反应应符合规范规定。卵石、碎石中不应混有草根、树叶、树枝、塑料、煤块和炉渣等杂物。卵石、碎石中的有机物、硫化物和硫酸盐等有害物质含量应符合规范规定。

（4）拌合用水　混凝土拌合用水，不得影响混凝土的凝结硬化；不得降低混凝土的耐久性；不会加快钢筋锈蚀和预应力钢丝脆断。混凝土拌合用水，按水源分为饮用水、地表水、地下水、海水以及经适当处理的工业废水。混凝土拌合用水宜选择洁净的饮用水。地表水和地下水必须按标准规定的方法检验合格后方可使用。对于钢筋混凝土结构和预应力混凝土结构，不得采用海水拌制；对有饰面要求的混凝土，也不得采用海水拌制，以免因表面盐析产生白斑而影响装饰效果。工业废水经检验合格后，方可用于拌制混凝土。

2. 普通混凝土的主要技术性质

（1）混凝土拌合物的和易性　和易性是指混凝土拌合物施工操作的难易程度和抵抗离析作用（即保持质量均匀密实）的性质。和易性是一项综合性质，包括流动性、黏聚性、保水性。

对和易性的测定，目前尚没有能全面反映混凝土拌合物和易性的测定方法，在工地和实验室，通常是测定混凝土拌合物的流动性，并辅以直观经验评定黏聚性和保水性。

1）流动性的测定方法：骨料粒径不大于 40mm、坍落度不小于 10mm 的塑性和流动性混凝土拌合物用坍落度与坍落扩展度法测定，骨料粒径不大于40mm 维勃稠度为 5～30s 的干硬性混凝土拌合物用维勃稠度法测定。

2）流动性的选用：坍落度应根据结构种类，钢的疏密程度及捣实方法来确定，正确地选择坍落度对保证工程质量、混凝土强度和耐久性，节约水泥都很重要。见表 1-6。

表 1-6　混凝土浇筑时（机械振捣）坍落度的选择

结 构 种 类	坍落度/mm
垫层、无筋大体积混凝土或配筋稀疏的结构	10～30
板、梁或大型及中型截面的柱子等	30～50
配筋密列结构（薄壁、斗仓、筒仓、细柱）	50～70
配筋特密结构	70～90

（2）混凝土的强度　混凝土的强度有三种。

1）立方体抗压强度（f_{cc}）：混凝土抗压强度是指按标准试验方法制作和

养护的边长为 150mm 的立方体试件，在标准养护条件下养护 28d，用标准试验方法测得的抗压强度值。立方体抗压强度标准值是指按标准试验方法制作和养护的边长为 150mm 的立方体试件，在标准养护条件下养护 28d，用标准试验方法测得的抗压强度整体分布值中的一个值，具有 95％以上的强度保值率。普通混凝土按立方体抗压强度 28d 龄期，用标准试验方法测得有 95％保证率的抗压强度标准值分为 C15、C20、C25、C30、C35、C40、C45、C50、C55、C60、C65、C70、C75、C80 共 14 个强度等级。

混凝土的强度等级是混凝土结构设计时强度计算取值的依据。

2）轴心抗压强度（f_{cp}）：轴心受压构件计算时是以轴心抗压强度为设计取值依据的。轴心抗压强度是以 150mm×150mm×300mm 的棱柱体为标准试件。

3）抗拉强度：是确定混凝土抗裂的重要指标，我国采用立方体或圆柱体试件的劈裂抗拉试验来测定混凝土的抗拉强度，故称为劈裂抗拉强度（f_{ts}）。混凝土按劈裂试验所得的抗拉强度换算成轴拉试验所得的抗拉强度 f_t，应乘以换算系数。

三者的关系：$f_{cp} = 0.7 \sim 0.8 f_{cc}$，$f_{ts} = (1/10 \sim 1/20) f_{cc}$。

（3）混凝土的耐久性　混凝土的耐久性是一项综合性质，包括抗冻性、抗渗性、抗蚀性、抗碳化性能、碱—骨料反应、抗风化性能。

1）混凝土的抗冻性：混凝土的抗冻性用抗冻等级 FN 表示，分为 F10、F15、F25、F50、F100、F150、F200、F250、F300 等，混凝土的密实度和孔隙特征是决定抗冻性的重要因素。

2）抗渗性：是指混凝土抵抗水、油等压力液体渗透作用的性能。用抗渗等级表示，分为 P4、P6、P8、P10、P12 五个等级。混凝土的水胶比对抗渗性起决定性作用。

3）混凝土的碳化：混凝土的碳化过程是 $Ca(OH)_2 + CO_2 + H_2O \longrightarrow CaCO_3 + H_2O$，是混凝土碱度降低的过程。

实践证明：碳化 D 深度与碳化时间 t 的平方根成正比：$D = \alpha \sqrt{t}$，α 是碳化速度系数。

4）碱—骨料反应：水泥中的碱与骨料中的活性物质发生反应，生成吸水膨胀的物质，使水泥石胀裂。

提高混凝土耐久性的措施有：

① 根据工程所处环境，选择合适的水泥品种。

② 选用品质良好、级配良好的骨料。

③ 掺外加剂，改善混凝土性能。

④ 适当控制水灰比和水泥用量。

⑤ 加强浇捣和养护，提高密实度和混凝土的抗压强度。

⑥ 将混凝土表面做处理。

3. 常用混凝土外加剂

混凝土外加剂是在混凝土拌合过程中掺入的，能够改善混凝土性能的化学药剂，掺量一般不超过水泥用量的 5%。

根据国家标准《混凝土外加剂》GB 8076—2008 的规定，混凝土外加剂按照其主要功能分为四类：

1）改善混凝土拌合物流动性能的外加剂，包括各种减水剂、引气剂和泵送剂等。

2）调节混凝土凝结时间、硬化性能的外加剂，包括缓凝剂、早强剂和速凝剂等。

3）改善混凝土耐久性的外加剂，包括引气剂、防水剂和阻锈剂等。

4）改善混凝土其他性能的外加剂，包括加气剂、膨胀剂、防冻剂、着色剂、防水剂和泵送剂等。

（1）减水剂　混凝土减水剂是指在保持混凝土拌合物和易性一定的条件下，具有减水和增强作用的外加剂，又称为"塑化剂"，高效减水剂又称为"超塑化剂"。

在混凝土中掺入减水剂后，具有以下技术经济效果：减少混凝土拌合物的用水量，提高混凝土的强度；提高混凝土拌合物的流动性；节约水泥；改善混凝土拌合物的性能。

根据减水剂的作用效果及功能不同，减水剂可分为普通减水剂、高效减水剂、早强减水剂、缓凝减水剂、引气减水剂、缓凝高效减水剂等。

减水剂按化学成分分为木质素系减水剂、萘系减水剂、树脂系减水剂、糖蜜系减水剂及腐殖酸系减水剂等。

减水剂的掺法主要有先掺法、同掺法、后掺法等，其中以"后掺法"为最佳。后掺法是指减水剂加入混凝土中时，不是在搅拌时加入，而是在运输途中或在施工现场分一次加入或几次加入，再经二次或多次搅拌，成为混凝土拌合物。

（2）早强剂　早强剂是指掺入混凝土中能够提高混凝土早期强度，对后期强度无明显影响的外加剂。早强剂可在不同温度下加速混凝土强度发展，多用于要求早拆模、抢修工程及冬期施工的工程。工程中常用早强剂的品种主要有无机盐类、有机物类和复合早强剂。

（3）引气剂　引气剂是指加入混凝土中能引入微小气泡的外加剂。引气剂具有降低固—液—气三相表面张力、提高气泡强度，并使气泡排出水分而吸附于固相表面的能力。在搅拌过程中使混凝土内部的空气形成大量孔径为

0.05～2mm 的微小气泡，均匀分布于混凝土拌合物中，可改善混凝土拌合物的流动性。同时也改善了混凝土内部孔的特征，显著提高混凝土的抗冻性和抗渗性。但混凝土含气量的增加，会降低混凝土的强度。一般引入体积百分数为 1％的气体，可使混凝土的强度下降 4％～6％。

工程中常用的引气剂为松香热聚物，其掺量为水泥用量的 0.01％～0.02％。

4. 普通混凝土的质量控制

（1）混凝土生产质量控制的必需性　质量波动的原因：原材料的影响；施工操作的影响；试验条件的影响。

（2）混凝土质量的波动规律　在一定的施工条件下，对同一种混凝土进行随机取样，制作 n 组试件（$n \geqslant 25$）测其 28d 龄期的抗压强度。

（3）混凝土拌合物的质量检查与控制

1）原材料计量，允许偏差：水泥、水、掺合料、外加剂（±2％）、粗、细骨料（±3％）。

2）混凝土搅拌时间控制为 1～2.5min。

3）坍落度检查 $\geqslant 2$ 次/工作班。

业务要点 2：砂浆

建筑砂浆由胶凝材料、细骨料、掺加剂、水按适当的比例配制而成。

建筑砂浆的应用范围很广。主要用于组砌块体材料形成砌体，做结构、墙体等表面涂层，起到修饰、保护作用，用作墙体勾缝、墙板接缝，镶贴大理石、面砖等。

建筑砂浆的种类很多，按用途分为砌筑砂浆、防水砂浆、装饰砂浆、抹面砂浆、隔热砂浆、保温砂浆、防腐砂浆。按胶凝材料分为水泥砂浆、石灰砂浆、石膏砂浆、混合砂浆。

1. 砌筑砂浆

将块状材料黏结成砌体的砂浆，起胶结和传递荷载作用。

（1）砌筑砂浆的组成材料

1）水泥：根据所有部位、环境条件及砂浆强度等级选择合适的水泥品种、强度等级。水泥的强度等级为砂浆强度等级的 4.0～5.0 倍，用于配制水泥砂浆的水泥其强度等级不宜大于 32.5 级，用于配制水泥混合砂浆的水泥其强度等级不宜大于 42.5 级。

2）掺加料（外掺料）：为改善砂浆的和易性，节约水泥而掺入。外掺料的品种有石灰膏、黏土膏、细生石灰粉等。石灰、黏土均应调制成稠度为 12cm 膏状体掺入砂中。

3）砂：主要为天然砂，且符合混凝土用砂的技术要求。使用时要过筛、用不含杂质的中砂。对砂的最大粒径限制：毛石砌体⌀max≯(1/5～1/4) 砂浆层厚，砖砌体⌀max≯2.5mm，抹面和勾缝用细砂。对砂中杂质含量要求大于等于 M5 的含泥量≯5％，小于 M5 的含泥量≯10％。

4）水：符合混凝土用水标准。

（2）砌筑砂浆的性质　与混凝土性质相近，如和易性、强度理论等，但又不完全相同。

1）和易性：新拌砂浆要求有良好的和易性。砂浆的和易性包括流动性和保水性。

① 流动性是砂浆在自重或外力作用下是否易于流动的性质。流动性用砂浆稠度仪器测定，用"沉入度"（cm）计量，标准圆锥沉入 10s 后的下沉深度。沉入度大，砂浆流动性大，但过大会影响砂浆强度。砂浆流动性的大小与砌体材料种类、施工气候条件、胶凝材料用量、用水量、砂的粗细、搅拌时间等有关。

② 保水性是指砂浆保持水分的能力。用砂浆分层度测定仪测定，用"分层度"（cm）表示。测法：试锥沉入砂浆深度静置 30min，去掉上面 20cm 厚，将余下的 10cm 重拌好后测沉入度，两次之差。1～2cm 保水性好；大于 2cm 易离析，不便施工。趋于 0cm 时，易裂，不宜做拌和砂浆。保水性与材料组成有关。

2）砂浆硬化后的性质：

① 强度等级以边长 70.7mm 的立方体试块、标养（20±2℃，一定湿度）28d，由标准试验方法测得的抗压强度值确定，划分为 M20、M15、M10、M7.5、M5、M2.5 六个强度等级。

② 影响强度等级的因素与砂浆本身的组成材料和配合比有关，还与基层材料的吸水性有关。

不吸水底面材料 $f_{m,o}$ 主要取决于水泥的强度等级（标号）和水灰比。

$$f_{m,o}=0.29f_{ce}(W/C-0.4) \tag{1-1}$$

吸水底面材料 $f_{m,o}$ 主要取决于水泥强度等级和水泥用量，而与 W/C 无关。

$$f_{m,o}=\alpha \cdot M_c \cdot f_{ce}/1000+\beta \tag{1-2}$$

式中　　$f_{m,o}$——砂浆的试配强度（MPa）；

M_c——水泥用量（kg）；

f_{ce}——水泥 28d 实测强度（MPa）；

α、β——砂浆特征系数，$a=3.03$、$\beta=-15.09$。

（3）黏结力　砂浆要求有一定的黏结力。它与块状材料表面状态、清洁程度、湿润情况、养护、施工条件、砂浆强度等有关。砌砖时其含水率保持 10%～15%。

（4）砂浆的变形　在受荷和温度变化时易变形，其变形过大或不均匀，会降低砌体质量，引起裂缝或裂陷。

2. 砂浆配合比设计

设计步骤：

1）计算配制强度 $f_{m,o}$：

$$f_{m,o} = f_2 + 0.64\delta \qquad (1-3)$$

式中　f_2——指设计强度等级；

　　　δ——砂浆现场强度标准差（按统计计算或查表 1-7）。

表 1-7　砂浆现场强度标准差

施工水平　砂浆强度等级	M2.5	M5	M7.5	M10	M15	M20
优良	0.50	1.00	1.50	2.00	3.00	4.00
一般	0.62	1.25	1.88	2.50	3.75	5.00
较差	0.75	1.50	2.25	3.00	4.50	6.00

2）计算水泥用量 M_c：

$$M_c = \frac{1000(f_{m,o} - \beta)}{\alpha \cdot f_{ce}} \qquad (1-4)$$

3）计算掺合料（石灰膏或黏土膏）用量：

$$M_D = M_A - M_C \qquad (1-5)$$

式中　M_D——掺合料用量；

　　　M_A——水泥和掺合料的总量；一般应为 $300～350 kg/m^3$。

4）确定砂用量：砂含水 $<0.5\%$ 时，$1m^3$ 砂浆需 $1m^3$ 砂。

5）确定用水量：根据砂浆的稠度等级可选用 240～310kg。

6）试配与调整：按配合比测其拌合物的和易性，通过调整用水量或掺合料确保稠度和分层度满足要求，得基准配合比。

在基准配合比基础上增、减 10% 的水泥用量，做三组不同配合比试块（确保和易性良好），测砂浆 28d 的强度，选择合适的强度且水泥用量较小的砂浆配合比。

3. 抹面砂浆

抹涂在建筑物或构筑物表面的砂浆。对建筑物、构筑物起保护、装饰作用，提高其耐久性。要求有良好的和易性，便于施工，较高的黏结力。

（1）一般抹面砂浆　底层抹灰：起黏结牢固（与基层）作用。稠度 10～

12cm，砂粒径 3mm 以下。

中层抹灰：起找平作用。稠度 7～9cm，砂粒径 2.6mm，用混合、石灰砂浆。

面层抹灰：起装饰作用。稠度 7～8cm，砂粒径 1.21mm，用混合、麻刀、石灰砂浆。

砖墙底层常用石灰砂浆，有防水、防潮的用水泥砂浆。

板条顶棚用混合或石灰砂浆。

混凝土墙、梁、柱用混合砂浆。

（2）装饰砂浆　涂在建筑物内外表面起美观装饰效果的抹面砂浆。底中层与普通抹面砂浆同，面层主要是装饰作用。常用胶凝材料：普通水泥、矿渣水泥、火山灰水泥、白水泥、彩色水泥。外墙面装饰砂浆的常用工艺做法：拉毛、水刷石、水磨石、干黏石、斩假石。

（3）防水砂浆　有防水作用的砂浆，又叫刚性防水层。宜于受振动和具有一定刚度的混凝土或砖石砌体工程，可在普通水泥砂浆中掺防水剂。防水砂浆的施工对操作要求高，先将水泥，砂干拌均匀，再将调好的防水剂（水溶液）与水泥砂拌制好，即可使用，涂抹时每层涂 5mm 厚，共涂 4～5 层，抹前清洁底层再抹一层纯水泥浆，每层在初凝前用木抹子压实一遍，最后一层要压光，确保其密实。

◉ 业务要点 3：建筑钢材

建筑钢材是指建筑工程中使用的各种钢材，建筑钢材的主要品种和用途见表 1-8。

表 1-8　常用建筑钢材的主要品种和用途

建筑钢材品种	主 要 品 种	用 途
型钢	热轧工字钢、热轧轻型工字钢；热轧槽钢、热轧轻型槽钢；热轧等边角钢、热轧不等边角钢；钢轨等	钢结构
钢筋	热轧光圆钢筋、热轧带肋钢筋、低碳钢热轧圆盘条、热处理钢筋、冷轧带肋钢筋等	钢筋混凝土结构和部分受轻荷载作用的预应力混凝土结构
钢丝和钢绞线	高强圆形钢丝、钢绞线	大跨度、重荷载的预应力混凝土结构

1. 型钢

主要用于钢结构工程中。

2. 钢筋

（1）热轧钢筋　钢筋混凝土用热轧钢筋分为光圆钢筋和带肋钢筋两种。热轧直条光圆钢筋强度等级代号为 HPB235。热轧带肋钢筋的牌号由 HRB 和牌号的屈服点最小值构成。H、R、B 分别为热轧、带肋、钢筋三个词的英文首位字母。热轧带肋钢筋有 HRB335、HRB400、HRB500 三个牌号。其意义如下：

此牌号为屈服点不小于 335MPa 的热轧带肋钢筋。

热轧光圆钢筋的公称直径范围为 8～20mm，推荐公称直径为 8mm、10mm、12mm、16mm、20mm。钢筋混凝土用热轧带肋钢筋的公称直径范围为 6～50mm，推荐公称直径为 6mm、8mm、10mm、12mm、16mm、20mm、25mm、32mm、40mm 和 50mm。

带肋钢筋与混凝土有较大的黏结能力，因此能更好地承受外力作用。热轧带肋钢筋广泛应用于各种建筑结构，特别是大型、重型、轻型薄壁和高层建筑结构。

（2）低碳热轧圆盘条　低碳热轧圆盘条的公称直径为 5.5～30mm，大多通过卷线机成盘卷供应。低碳热轧圆盘条是由屈服强度较低的碳素结构钢轧制的盘条，是目前用量最大、使用最广的线材，也称普通线材。除大量用作建筑工程中钢筋混凝土的配筋外，还适用于拉丝、包装及其他用途。

（3）冷轧带肋钢筋　冷轧带肋钢筋由热轧圆盘条经冷轧或冷拔减径后，在表面冷轧成两面或三面有肋的钢筋。钢筋冷轧后允许进行低温回火处理。

根据《冷轧带肋钢筋》GB 13788—2008 规定，冷轧带肋钢筋按抗拉强度分为 CRB550、CRB650、CRB800、CRB970、CRB1170 共五个牌号。C、R、B 分别为冷轧、带肋、钢筋三个英文单词的首位字母，数字为抗拉强度的最小值。

冷轧带肋钢筋用于非预应力构件，与热轧圆盘条相比，强度提高 17% 左右，可节约钢材 30% 左右；用于预应力构件，与低碳冷拔丝比，伸长率高，钢筋与混凝土之间的黏结力较大，适用于中、小预应力混凝土结构构件，也适用于焊接钢筋网。

（4）热处理钢筋　热处理钢筋是经过淬火和回火调质处理的螺纹钢筋。分有纵肋和无纵肋两种，代号为 RB150。热处理钢筋规格，有公称直径 6mm、8.2mm、10mm 三种。钢筋经热处理后应卷成盘。

热处理钢筋具有较高的综合力学性能，除具有很高的强度外，还具有较好的塑性和韧性，特别适合于预应力构件。钢筋成盘供应，可省去冷拉、调直和对焊工序，施工方便。但其应力腐蚀及缺陷敏感性强，应防止产生锈蚀及刻痕等现象。热处理钢筋不适用于焊接和点焊的钢筋。

3. 钢丝和钢绞线

（1）钢丝　预应力混凝土用钢丝简称预应力钢丝，是以优质碳素结构钢盘条为原料，经淬火、酸洗、冷拉制成的用作预应力混凝土骨架的钢丝。

钢丝的抗拉强度比低碳钢热轧圆盘条、热轧光圆钢筋、热轧带肋钢筋的强度高1～2倍。在构件中采用钢丝可节约钢材、减小构件截面积和节省混凝土。钢丝主要用作桥梁、吊车梁、电杆、楼板、大口径管道等预应力混凝土构件中的预应力筋。

（2）钢绞线 预应力混凝土用钢绞线简称预应力钢绞线，是由多根圆形断面钢丝捻制而成。钢绞线按左捻制成并经回火处理消除内应力。

钢绞线与其他配筋材料相比，具有强度高、柔性好、质量稳定、成盘供应不需接头等优点。适用于作大型建筑、公路或铁路桥梁、吊车梁等大跨度预应力混凝土构件的预应力钢筋，广泛应用于大跨度、重荷载的结构工程中。

业务要点4：砌体材料

砌体材料是房屋建筑主要的围护和结构材料。合理选用砌体材料对建筑的功能、安全以及造价等均有重要意义。目前常用的砌体材料主要有砌墙砖、墙用砌块、墙用板材等。

砌体材料的特点：占建筑物自重的1/2，占造价的1/3左右，砌体结构占工期1/3。

砌体材料的分类：

（1）砌墙砖 按生产工艺分为烧结砖和非烧结砖；按孔洞率的大小分为实心砖、多孔砖和空心砖。

（2）砌块 按规格分为小型砌块（115～380mm）、中型砌块（380～980mm）、大型砌块；按在结构中的作用分为承重砌块和非承重砌块；按材质分为混凝土砌块、硅酸盐砌块、轻骨料混凝土砌块、墙板。

1. 烧结普通砖

烧结普通砖是以黏土、页岩、煤矸石、粉煤灰为主要原料，经焙烧而成的普通砖。烧结普通砖的规格为240mm×115mm×53mm。烧结普通砖主要技术性质：

（1）外观质量和尺寸偏差 外观质量包括两条面高度差、弯曲、杂质突出高度、缺棱掉角、裂纹、完整面、颜色等。优等品颜色要求基本一致，一等品、合格品无颜色要求。

尺寸偏差允许值详见规范《烧结普通砖》GB 5101—2003。

（2）强度等级 按试验方法《砌墙砖试验方法》GB/T 2542—2003进行，取10块砖进行抗压强度试验，根据试验结果，按平均值—标准值方法（变异系数$\delta \leqslant 0.21$时）或平均值—最小值方法（变异系数$\delta > 0.21$时）评定砖的强度等级，分为MU30、MU25、MU20、MU15、MU10五个强度等级，见表1-9。

表1-9　烧结普通砖的强度等级

强度等级	抗压强度平均值 $\bar{f} \geqslant$/MPa	变异系数 $\delta \leqslant 0.21$ 强度标准值 $f_k \geqslant$/MPa	变异系数 $\delta > 0.21$ 单块最小抗压强度值 $f_{min} \geqslant$/MPa
MU30	30.0	22.0	25.0
MU25	25.0	18.0	22.0
MU20	20.0	14.0	16.0
MU15	15.0	10.0	12.0
MU10	10.0	6.5	7.5

（3）质量等级　规范《烧结普通砖》GB 5101—2003 规定：强度、抗风化性能和放射性物质合格的砖，根据尺寸偏差、外观质量、泛霜和石灰爆裂分为优等品（A）、一等品（B）、合格品（C）。

泛霜是黏土原料中可溶性盐类随着砖内水分蒸发而在砖表面产生的盐析现象，它是一种白色粉末，影响外观，结晶膨胀会引起砖的表层酥松，甚至剥落。

抗风化性能是指在干湿变化、温度变化、冻融变化等物理因素作用下，材料不破坏并长期保持原有性质的能力，是材料耐久性的重要指标之一。

我国用风化指数来划分风化区，风化指数≥12700 的为严重风化区，风化指数＜12700 的为非严重风化区。

风化指数是指日气温从正温降至负温或负温升至正温的每年平均天数与每年从霜冻之日起至霜冻解冻之日止这一期间降雨总量（以 mm 计）的平均值的乘积。

酥砖是生产中砖坯淋雨、受潮、受冻，或焙烧中预热过急、冷却太快等原因，使成品砖产生大量程度不等的网状裂纹，严重降低砖的强度和抗冻性。

螺旋纹砖是生产中挤泥机挤出的泥条上存有螺旋纹，它在烧结时难以被消除而使成品砖上形成螺旋状裂纹，导致砖的强度降低，并受冻后会产生层层脱皮现象。

（4）应用　优等品应用于清水墙和墙体装饰，其他用于混水墙，用时吸水率为 15％左右。

2. 烧结多孔砖

烧结多孔砖是指砖内孔径≯22mm（非圆孔内切圆Φ≯15mm），孔洞率≮

15%，孔的尺寸小而数量多的烧结砖。烧结多孔砖是以黏土、页岩、煤矸石、粉煤灰为主要原料，经焙烧而成的主要用于承重部位的多孔砖。

（1）质量等级　根据《烧结多孔砖和多孔砌块》GB 13544—2011 的规定，强度和抗风化性能合格的烧结多孔砖，根据尺寸偏差、外观质量、孔型及孔洞排列、泛霜及石灰爆裂分为优等品（A）、一等品（B）、合格品（C）。

（2）主要规格　190mm×190mm×90mm（M 型）；240mm×115mm×90mm（P 型）。

（3）强度等级　根据抗压强度划分为 MU30、MU25、MU20、MU15、MU10 五个等级，见表 1-10。

表 1-10　烧结多孔砖的强度等级

强度等级	抗压强度平均值 $\overline{f} \geqslant$/MPa	强度标准值 $f_k \geqslant$/MPa
MU30	30.0	22.0
MU25	25.0	18.0
MU20	20.0	14.0
MU15	15.0	10.0
MU10	10.0	6.5

（4）应用　烧结多孔砖可用于砌筑 6 层以下的承重墙。

3. 烧结空心砖和空心砌块

烧结空心砖和空心砌块是以黏土、页岩、煤矸石、粉煤灰为主要原料，经焙烧而成的主要用于建筑物非承重部位的空心砖和空心砌块。其孔洞率≮15%，孔的尺寸大而数量少。规范《烧结空心砖和空心砌块》GB 13545—2003 对技术要求有规定。

（1）质量等级　强度、密度、抗风化性能和放射性物质合格的烧结空心砖，根据尺寸偏差、外观质量、孔型及孔洞排列、泛霜、石灰爆裂、吸水率分为优等品（A）、一等品（B）、合格品（C）。

每个级别的产品根据其孔洞及孔排列数、尺寸偏差、外观质量、强度等级和耐久性分为 A、B、C 三个产品等级。

（2）尺寸偏差和外观质量　烧结空心砖和空心砌块的尺寸偏差应符合规范要求。烧结空心砖和空心砌块的外观质量应符合规范要求。

（3）强度等级　烧结空心砖和空心砌块根据大面抗压强度划分为 MU10、MU7.5、MU5.0、MU3.5、MU2.5 五个等级，见表 1-11。

表1-11　烧结空心砖和空心砌块的强度等级

强度等级	抗压强度平均值 $\bar{f} \geqslant$/MPa	变异系数 $\delta \leqslant 0.21$ 强度标准值 $f_k \geqslant$/MPa	变异系数 $\delta > 0.21$ 单块最小抗压强度值 $f_{min} \geqslant$/MPa	密度等级范围/ (kg/m³)
MU10	10.0	7.0	8.0	
MU7.5	7.5	5.0	5.8	
MU5.0	5.0	3.5	4.0	$\leqslant$1100
MU3.5	3.5	2.5	2.8	
MU2.5	2.5	1.6	1.8	$\leqslant$800

（4）应用　主要用于非承重墙和框架结构的填充墙。

多孔砖与空心砖与普通砖相比，可使建筑物自重减轻1/3左右，节约黏土20%～30%，省燃料10%～20%，造价降低20%，施工效率提高40%，能改善隔声、隔热性能。

4. 蒸压加气混凝土砌块

蒸压加气混凝土砌块是以钙质材料（水泥、石灰等）和硅质材料（砂、矿渣、煤灰等），以及加气剂（铝粉等）经配料、搅拌、浇注、发气、切割和蒸压养护而成多孔硅酸盐砌块。

（1）质量等级　根据规范《蒸压加气混凝土砌块》GB 11968—2006的规定，按尺寸偏差、外观质量、干密度、抗压强度和抗冻性分为优等品（A）、合格品（B）。

（2）抗压强度和强度级别　砌块按抗压强度分为A1.0、A2.0、A2.5、A3.5、A5.0、A7.5、A10.0七个强度级别，见表1-12、表1-13。

表1-12　蒸压加气混凝土砌块的抗压强度

强度级别		A1.0	A2.0	A2.5	A3.5	A5.0	A7.5	A10.0
立方体抗压强度/MPa	平均值$\geqslant$	1.0	2.0	2.5	3.5	5.0	7.5	10.0
	单块最小值$\geqslant$	0.8	1.6	2.0	2.8	4.0	6.0	8.0

表1-13　蒸压加气混凝土砌块的强度级别

干密度级别		B03	B04	B05	B06	B07	B08
强度级别	优等品（A）$\leqslant$	A1.0	A2.0	A3.5	A5.0	A7.5	A10.0
	合格品（B）$\leqslant$			A2.5	A3.5	A5.0	A7.5

砌块按干密度分为B03、B04、B05、B06、B07、B08六个密度级别，见表1-14。

表 1-14　蒸压加气混凝土砌块的干密度

干密度级别		B03	B04	B05	B06	B07	B08
强度级别	优等品（A）≤	300	400	500	600	700	800
	合格品（B）≤	325	425	525	625	725	825

（3）特点与应用　蒸压加气混凝土砌块自重轻、抗震性强，保温、隔热、隔声性能好，传热慢，耐久性好，但耐水、耐腐蚀性差，易于加工，施工方便。主要适用于低层建筑的承重墙、多层建筑的间隔墙和高层框架结构的填充墙。

业务要点 5：防水材料

1. 沥青及沥青防水制品

沥青类防水材料有石油沥青、煤沥青防水卷材、防水涂料、防水密封材料等。

（1）石油沥青

1）石油沥青的主要技术性质包括黏滞性、塑性、温度敏感性（温度稳定性）、大气稳定性。

2）石油沥青的应用。道路石油沥青黏度低、塑性好，主要用于配制沥青混凝土和沥青砂浆，用于道路路面和工业厂房地面等工程。

建筑石油沥青黏性较大，耐热性较好，塑性较差，主要用于生产防水卷材、防水涂料、防水密封材料等，广泛应用于建筑防水工程及管道防腐工程。

（2）沥青防水卷材　沥青防水卷材是在基胎（如原纸、纤维织物等）上浸涂沥青后，在表面撒布粉状或片状的隔离材料而制成的可卷曲的片状防水材料。有石油沥青纸胎油毡、煤沥青纸胎油毡、其他纤维胎油毡（如沥青玻璃布油毡、沥青玻璃纤维胎油毡）。沥青防水卷材仅适用于屋面防水等级为Ⅲ级（一般的工业与民用建筑，防水耐用年限为 10 年）和Ⅳ级（非永久性的建筑，防水耐用年限为 5 年）的屋面防水工程。

（3）水性沥青基防水涂料　水性沥青基防水涂料是以乳化沥青为基料的防水涂料（不包括改性沥青基防水涂料）。根据所用乳化剂、成品外观和施工工艺的差别，又将其分为水性沥青基厚质防水涂料和水性沥青基薄质防水涂料两类水性沥青基防水涂料。主要适用于Ⅲ级和Ⅳ级防水等级的工业与民用建筑屋面、混凝土地下室和卫生间防水等。

2. 改性沥青防水材料

对沥青进行氧化、乳化、催化，或者掺入橡胶、树脂等物质，使沥青的性质得到不同程度改善的产品称为改性沥青。按掺用高分子材料的不同，改性沥青可分为橡胶改性沥青、树脂改性沥青、橡胶树脂共混改性沥青三类。

改性沥青防水材料克服了沥青防水材料温度稳定性差、延伸率小、易老化等不足，具有高温不流淌、低温不脆裂、拉伸强度高、延伸率较大等优异性能。常用的改性沥青防水材料有：

1）SBS 改性沥青防水卷材：广泛适用于各类建筑防水、防潮工程，尤其适用于寒冷地区和结构变形频繁的建筑物防水。

2）APP 改性沥青防水卷材：广泛适用于各类建筑防水、防潮工程，尤其适用于高温或有强烈太阳辐照地区的建筑物防水。

3）铝箔塑胶改性沥青防水卷材：对阳光的反射率高，具有一定的抗拉强度和延伸率，弹性好，低温柔性好，在－20～80℃温度范围内适应性能较强，可满足工业与民用建筑的屋面防水需要，也可用于管道防水。

4）溶剂型改性沥青防水涂料（如再生橡胶沥青防水涂料、氯丁橡胶沥青防水涂料、丁基橡胶沥青防水涂料等）、水乳型改性沥青防水涂料（如水乳型氯丁橡胶沥青防水涂料、水乳型再生橡胶沥青防水涂料）等，适用于Ⅱ、Ⅲ、Ⅳ级防水等级的屋面、地面、混凝土地下室和卫生间等。

3. 合成高分子防水材料

合成高分子防水材料具有抗拉强度高、延伸率大、弹性强、高低温特性好、防水性能优异、使用寿命长等特性。合成高分子防水材料中常用的有：

1）三元乙丙橡胶防水卷材：适用于防水要求较高、防水层耐用年限要求长的工业与民用建筑，单层或复合使用。

2）聚氯乙烯（PVC）防水卷材：单层或复合使用，适用于外露或有保护层的防水工程。

3）氯化聚乙烯防水卷材：单层或复合使用，宜用于紫外线强的炎热地区。

4）氯化聚乙烯—橡胶共混防水卷材：单层或复合使用，尤其宜用于寒冷地区或变形较大的防水工程。

5）氯磺化聚乙烯防水卷材：适用于有腐蚀介质影响及在寒冷地区的防水工程。

6）聚氨酯防水涂料：防水、延伸及温度适应性能优异，施工简便，故在高级公用建筑的卫生间、水池等防水工程及地下室和有保护层的屋面防水工程中得到广泛应用。

业务要点 6：常用建筑石材和木材

1. 天然石材

天然石材是采自地壳、经加工或不加工的岩石，如天然花岗石、石灰石、大理石等。

建筑上常用的天然石材常加工为散粒状、块状、板材等类型的石制品。根据这些石制品的用途不同,可分为以下三类:

(1) 砌筑用石材　分为毛石和料石两种。毛石(又称片石或块石)是由爆破直接得到的石块。按其表面的平整程度分为乱毛石和平毛石两类:

1) 乱毛石:是形状不规则的毛石。一般在一个方向的尺寸达 300～400mm。常用于砌筑基础、勒脚、墙身、堤坝、挡土墙等。

2) 平毛石:是乱毛石略经加工的石块。形状较整齐,但表面粗糙,其中部厚度不应小于 200mm。

料石(又称条石)系由人工或机械开采出的较规则的并略加工的六面体石块。可分为毛料石、粗料石、半细料石和细料石四种。料石常用致密的砂岩、石灰岩、花岗岩等开采凿制,至少应有一个面的边角整齐,以便相互合缝。料石常用于砌筑墙身、地坪、踏步、拱和纪念碑等。形状复杂的料石可用于柱头、柱基、窗台板、栏杆和其他装饰等。

(2) 颗粒状石料

1) 碎石:天然岩石经人工或机械破碎而成的粒径大于 5mm 的颗粒状石料。主要用于配制混凝土或做道路、基础等的垫层。

2) 卵石:用途同碎石,还可作为园林庭院地面的铺砌材料等。

3) 石渣:可作为人造大理石、水磨石、斩假石、水刷石等的骨料,还可用于制作干粘石制品。

(3) 装饰用板材　用致密岩石凿平或锯解而成的厚度为 20mm 的石材。常用的有天然大理石板材和天然花岗石板材。

天然大理石板材主要用于建筑物室内饰面,如地面、墙面、柱面、台面、栏杆、踏步等。因大理石抗风化能力差,通常只有汉白玉、艾叶青等少数几种致密、质纯的品种可用于室外。

天然花岗石板材具有华丽高贵的装饰效果,质地坚硬、耐久性好。可用于各类高级建筑物的墙、柱、地、楼梯、台阶等的表面装饰及服务台、展示台及家具等。

2. 人造石材

人造石材是用无机或有机胶结料、矿物质原料及各种外加剂配制而成,如人造大理石、人造花岗石、水磨石等,从广义而言,各种混凝土也属于这一类。它们具有天然石材的装饰效果,而且花色、品种、形状等多样化,并具有质量轻、强度高、耐腐蚀、耐污染、施工方便等优点,缺点是色泽、纹理不及天然石材自然、柔和。可用于墙、柱、地、楼梯、台阶等的表面装饰及服务台、展示台等。

3. 天然木材

（1）天然木材的技术性质

1）木材的含水率

当吸附水已达饱和状态而又无自由水存在时，木材的含水率称为该木材的纤维饱和点含水率。木材的含水率与周围空气相对湿度达到平衡时，称为木材的平衡含水率。木材的平衡含水率随大气的温度和相对湿度变化而变化。

2）木材的强度

木材的强度主要有抗压、抗拉、抗剪及抗弯强度，而抗压、抗拉、抗剪强度又有顺纹、横纹之分。所谓顺纹，是指作用力方向与纤维方向平行；横纹是指作用力方向与纤维方向垂直。

① 抗压强度：木材顺纹抗压强度是木材各种力学性质中的基本指标，广泛用于受压构件中。如柱、桩、桁架中承压杆件等。横纹抗压强度又分弦向与径向两种。顺纹抗压强度比横纹弦向抗压强度大，而横纹径向抗压强度最小。

② 抗拉强度：顺纹抗拉强度在木材强度中最大，而横纹抗拉强度最小。

③ 剪切和切断强度：木材的剪切有顺纹剪切、横纹剪切和横纹切断三种。横纹切断强度大于顺纹剪切强度，顺纹剪切强度又大于横纹剪切强度，用于建筑工程中的木构件受剪情况比受压、受弯和受拉少得多。

④ 抗弯强度：木材具有较高的抗弯强度，因此在建筑中广泛用作受弯构件，如梁、桁架、脚手架、瓦条等。一般抗弯强度高于顺纹抗压强度 1.5～2.0 倍。木材种类不同，其抗弯强度也不同。

（2）天然木材的应用　天然木材在经济建设中有广泛应用。在建筑工程中木材主要用作木结构、模板、支架、墙板、吊顶、门窗、地板、家具及室内装修等。木材除以原木、锯材形式使用外，还可加工成木制品，广泛用于建筑工程及其他各行各业中。

4. 人造板材

人造板材是利用木材或含有一定量纤维的其他植物作原料，采用一般物理和化学方法加工而成的。

（1）胶合板　胶合板一般多用单数层（3、5、7层）由原木旋切成的单板按木材纹理纵横向交错重叠黏合而成。

在建筑中胶合板可用作顶棚板、隔墙板、门心板及室内装修等。

（2）硬质纤维板　以植物纤维为原料，加工成密度大于 $0.8g/cm^3$ 的纤维板，称为硬质纤维板。

（3）刨花板、木丝板　刨花板是利用施加或未加胶料的木质刨花或木质纤维材料（如木片、锯屑和亚麻等）压制的板材。

刨花板具有隔声、绝热、防蛀及耐火等优点，可用作隔墙板、顶棚板等。木丝板是利用木材的短残料刨成木丝，再与水泥、水玻璃等搅拌在一起，加压凝固成型。木丝板具有隔声、绝热、防蛀及耐火等优点，可用作隔墙板、顶棚板等。

◉ 业务要点 7：防火、防腐材料

1. 防火涂料

将涂料涂刷在基层材料表面形成防火阻燃涂层或隔热涂层，并能在一定时间内保证基层材料不燃烧或不破坏、不失去使用功能，为人员撤离或灭火提供充足时间，这类涂料称为防火涂料，也叫阻燃涂料。防火涂料既具有普通涂料所拥有的良好的装饰性及其他性能，又具有出色的防火性。

（1）防火涂料的类型　防火涂料按用途可分为钢结构用防火涂料、混凝土结构用防火涂料、木结构用防火涂料等；按其组成材料和防火原理的不同，一般分为膨胀型防火涂料和非膨胀型防火涂料两大类。

非膨胀型防火涂料是由难燃性或不燃性树脂及阻燃剂、防火填料等组成。其涂膜具有较好的难燃性，能阻止火焰的蔓延。厚质非膨胀型防火涂料常掺入大量的轻质填料，因而，涂层的导热系数小，具有良好的隔热作用，从而起到防火和保护基层材料的作用。

膨胀型防火涂料是由难燃性树脂、阻燃剂及成炭剂、脱水成炭催化剂、发泡剂等组成。涂层在火焰的作用下会发生膨胀，形成比原来涂层厚度大几十倍的泡沫炭质层，能有效地阻挡外部热源对基层材料的作用，从而阻止燃烧的发生或减少火焰对基层材料的破坏作用。其阻燃效果大于非膨胀型防火涂料。

（2）常用防火涂料

1）饰面型防火涂料：饰面型防火涂料是指涂于可燃基材（如木材、塑料及纤维板等）表面，形成具有防火阻燃保护和装饰作用涂膜的一类防火涂料的总称。

饰面型防火涂料按防火性分为一、二两级。饰面型防火涂料的防火性能、级别与指标应满足《饰面型防火涂料防火性能级别与指标》GB 12441—2005的规定（如表 1-15 所示），其他技术性质应满足《饰面型防火涂料通用技术条件》GB 12441—2005 的规定（如表 1-16 所示）。饰面型非膨胀防火涂料可参照执行。

表 1-15 饰面型防火涂料的防火性能、级别与指标要求

项 目		指 标	
		一级	二级
耐燃时间		≥20min	≥10min
火焰传播比值		≤25	≤75
阻火性	质量损失	≤5g	≤15g
	碳化体积	≤25cm³	≤75cm³

表 1-16 饰面型防火涂料通用技术条件

项 目		指 标	
在容器中的状态		无结块，搅拌后呈均匀状态	
细度		≤100μm	
干燥时间	表干	≤4h	
	实干	≤24h	
附着力		≥3 级	
柔韧性		≤3mm	
耐冲击性/[N·m(kg·cm)]		≥1.96(20)	
耐水性（24h）		无起皱、无剥落、允许轻微失光和变色	
耐湿热性（48h）		不起泡、不脱落、允许轻微失光和变色	

防火涂料的耐燃时间是指在规定的基材和特定的燃烧条件下，试板背面温度达到 220℃或试板出现穿透所需的时间。防火涂料的火焰传播比值是指当石棉板的火焰传播比值为 0，橡树木板的火焰传播比值为 100 时，受试材料具有的表面火焰传播特性数据。防火涂料的阻火性能以质量损失和碳化体积表示。碳化体积是指试件在规定的燃烧条件下，基材被碳化的最大长度、最大宽度和最大深度的乘积。饰面型防火涂料的色彩多样、耐水性好、耐冲击性高、耐燃时间长，可使可燃基材的耐燃时间延长 10~30min。饰面型防火涂料可喷涂、刷涂和滚涂，涂膜厚度一般为 1mm 以下，通常为 0.2~0.4mm。

2）钢结构防火涂料：钢结构防火涂料是指施涂于建筑物及构筑物的钢结构表面，形成耐火隔热保护层，以提高钢结构的耐火极限的涂料。

钢结构防火涂料按其涂层的厚度及性能特点分为：

① B 类：即薄涂型钢结构防火涂料，又称钢结构膨胀防火涂料。其涂层厚度一般为 2~7mm，有一定的装饰效果，高温时膨胀增厚，耐火隔热，耐火极限可达 0.5~1.5h。该类防火涂料的基料主要为难燃树脂。

② H 类：即厚涂型钢结构防火涂料，又称钢结构防火隔热涂料。其涂层

厚度一般为 8～50mm，粒状表面体积密度较小，导热系数低，耐火极限可达 0.5～3.0h。该防火涂料以难燃树脂和无机胶结材料为主，并大量使用了轻质砂，如膨胀珍珠岩等。

钢结构防火涂料涂层厚度大，耐火极限长，可大大提高钢结构抵御火灾的能力。并且具有一定的黏结力，较高的耐候性、耐水性和抗冻性；膨胀型防火涂料还具有一定的装饰效果，并且可喷涂、辊涂、抹涂、刮涂或刷涂，能在自然条件下干燥固化，适用于钢结构的防火处理。

此外，还有用于混凝土结构的防火涂料，其涂膜厚度为 5mm 时，可使混凝土的耐火极限由 30min 提高到 1.8～2.4h。

2. 防腐材料

由于酸、碱、盐及有机溶剂等介质的作用，使各类建筑材料在使用过程中遭受腐蚀，短期虽不显其后果，而一旦造成危害则相当严重，对防腐工程应选择好防腐材料。常用的防腐材料有：涂料类防腐材料、树脂类防腐材料、聚合物水泥砂浆防腐材料、聚氯乙烯塑料防腐材料、沥青类防腐涂料。

防腐工程所用的涂料是由成膜物质（油脂、树脂）与填料、颜料、增韧剂、有机溶剂等按一定比例配制而成。常用的防腐涂料有氯化橡胶涂料、环氧树脂涂料、聚氨酯树脂涂料、氟碳涂料、防火防霉涂料等。常用防腐材料品种见表 1-17。

表 1-17　常用防腐材料品种

品　种	特　性	应　用
氯化橡胶涂料	耐气候性好，抗渗能力强，施工方便，气干性好，可低温施工	用于室内外钢构及混凝土结构保护层
环氧树脂涂料	涂膜坚韧耐久，有较好的附着力，耐水、耐溶剂、耐碱性与抗潮，可常温固化、不宜阳光照射	地下管道、水下设施混凝土表面、钢构表面
聚氨酯树脂涂料	耐磨、耐腐蚀性好、防腐蚀性好、涂膜坚韧、耐油、耐水、耐化学腐蚀、耐大气腐蚀	金属制品涂装、钢板、墙体防腐涂装
氟碳涂料	耐酸碱、抗化学药品、耐温、抗辐射、抗污染、阻燃、易维修保养、有优异的附着力和硬度，使用寿命≥20a	高空结构表面、维修保养困难的结构表面
有机硅涂料	附着力强、耐腐耐油、防潮抗冲击、耐高温	受高温作用的设备和零件表面
不饱和聚酯树脂涂料	良好的工艺性、固化过程无挥发物、抗老化性好、耐腐能力强	适用范围广

第三节　建筑力学基础知识

本节导图：

本节主要介绍建筑力学基础知识，内容包括力的基本概念与性质，物体的平衡，杆件的强度、刚度及稳定，杆件变形的基本形式等。其内容关系框图如下：

业务要点1：力的基本概念与性质

1. 力

力是物体间相互的机械作用，这种作用使物体的运动状态发生改变（力的运动效应），或使物体形状发生变化（力的变形效应）。

力对物体的作用效应取决于三个要素：大小、方向、作用点。

2. 力对点的矩（力矩）

力对刚体的作用效应使刚体的运动状态发生改变（包括移动和转动），其中力对刚体的移动效应可用力矢来度量；而力对刚体的转动效应可用力对点的矩（简称力矩）来度量，即力矩是度量力对刚体转动效应的物理量。

用扳手拧紧螺母时，作用于扳手上的力 F 使扳手绕 O 点转动，如图1-5所示，其转动效应与力的大小、方向和 O 点到作用线的距离有关。我们把 O 点称为力矩中心，简称矩心，矩心 O 到力的作用线的垂直距离 d 称为力臂，则平面力对点的矩的定义就为：力对点的矩是一个代数量，其大小等于力与力臂的乘积。正负号规定如下：力使物体绕矩心逆时针方向转动为正；反之为负。

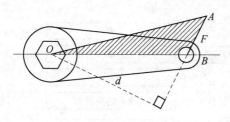

图1-5　力矩的示意图

若以 $M_O(F)$ 表示 F 对点 O 之矩，则 $M_O(F) = \pm F \cdot d$，力矩的单位常用 N·m 或 kN·m。

3. 力偶

（1）力偶的概念　在日常生活或实践中，经常会遇到物体受大小相等、方向相反、作用线互相平行的两个力作用的情形。这种大小相等、方向相反、作用线平行，但不在同一直线上的两个力组成的力系称为力偶。

力 F 和 F' 组成一个力偶，记作 (F, F')，力偶中两个力作用线之间的垂直距离 d 称为力偶臂，力偶所在的平面称为力偶作用面。见图1-6。

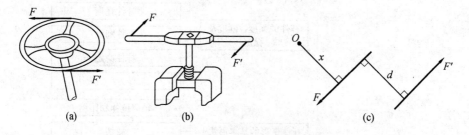

（a）　　　　　　　　（b）　　　　　　　　（c）

图1-6　力偶的示意图

力偶对物体所产生的转动效应由组成力偶的力的大小与力偶臂的乘积，即力偶矩所确定。力偶矩是一个代数量，正负号表示力偶的转向，逆时针转向为正；反之则为负。力偶矩记作 $M(F, F')$，或简记为 M，则有 $M = M(F, F') = \pm F \cdot d$。力偶矩的单位与力矩的单位相同，也是用 N·m 或 kN·m 表示。

（2）力偶的性质　性质1：力偶没有合力，故力偶只能与力偶平衡。

性质2：力偶对其作用平面内任一点之矩恒等于力偶矩，与矩心的位置无关。

设有力偶 (F, F) 作用于某物体上，其力偶矩为 $M = F \cdot d$（见图1-7）。

在力偶作用平面内任取一点 O 为矩心，用 z 表示矩心 O 到力 F 作用线的垂直距离。力偶（F、F'）对 O 点的力矩是力 F 和 F' 分别对 O 点的力矩的代数和，其中 $M_O(F、F') = M_O(F') + M_O(F)$ ——$F'_x + F(x+d)$。

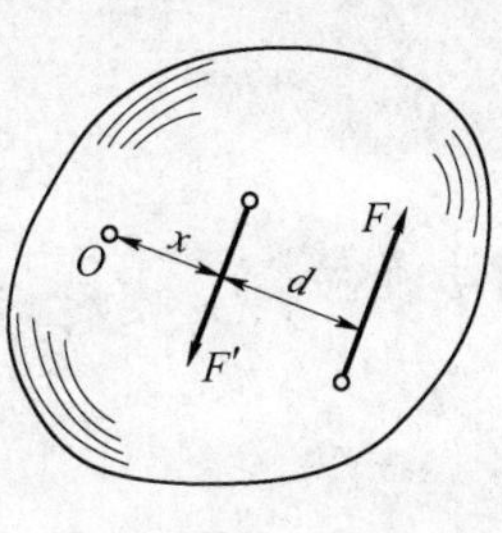

性质 3：只要保证力偶矩的大小和转向不变，力偶可在其作用平面内任意移转，或同时改变力和力偶臂的大小，它对物体的外作用效应不变。

图 1-7　力偶的性质示意图

性质 4：力偶在任一坐标轴上的投影的代数和为零。

由于力偶的两个力大小相等、方向相反、作用线平行，因此，组成力偶的二力在任一坐标轴上的投影必然是大小相等、正负号相反，代数和为零。

4. 约束和约束反力

（1）约束及约束反力的概念　位移不受限制的物体称为自由体，例如火箭、人造卫星等；位移受限制的物体称为非自由体，如吊绳上的重物、支撑在桥墩上的桥梁的桁架等。对非自由体的某些位移起限制作用的周围物体称为约束。

约束能够起到改变物体运动状态的作用，所以约束对物体的作用，实际上就是力，这种力称为约束反力，简称反力。因此，约束反力的方向必与该约束所能够阻碍的位移方向相反。

（2）工程中常见约束及约束反力的特征

1）柔体约束

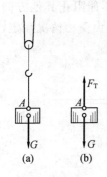

由绳索、链条等柔性物体形成的约束称为柔体约束。由于柔体约束只能限制物体沿柔体中心线伸长的方向运动，故其约束反力的方向一定沿着柔体中心线，背离被约束物体。即柔体约束的反力恒为拉力，通常用 F 或 F_T 表示这类约束反力，见图 1-8。

2）光滑接触面约束

当物体与光滑支承面接触时，在摩擦力很小可略去不计的情况下，光滑面对物体的约束就称为光滑接触面约束。光滑支承面对物体的约束反力，作用在接触点处，方向沿接触表面的公法线，并指向受力物体。这种约束反力称为法向反力，通常用 F_N 表示，见图 1-9。

图 1-8　柔体约束示意图

3）铰链约束

由两个圆柱销钉联接的两构件为铰链，一般用通过铰心的互相垂直的两个力 F_{CX} 和 F_{CY} 表示，见图 1-10。

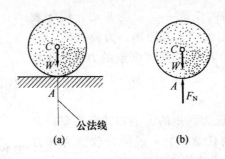

图 1-9　光滑接触面约束示意图

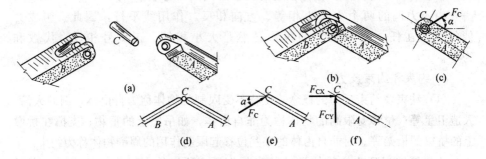

图 1-10　铰链约束示意图

4）链杆约束

链杆就是两端用光滑销钉与物体相连而中间不受力的直杆，见图 1-11 （a）中的 AB 杆。它能阻止物体沿链方向分开或趋近，但不能阻止其他方向的运动，所以链杆的约束反力只能是沿链杆的轴线。其指向由受力情况而定，或指向杆件，或离开杆件。

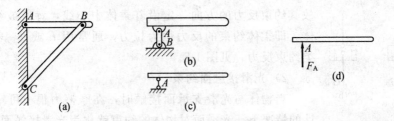

图 1-11　链杆约束示意图

（3）支座的简化和支座反力　支座对它所支承的构件的约束反力叫支座反力。土木工程中常见的支座介绍如下：

1）可动铰支座

这种支座的支座反力通过销钉中心，垂直于支承面，指向未定。其简图及支反力见图 1-12。

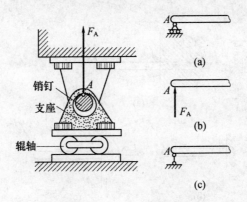

图 1-12　可动铰支座示意图

2）固定铰支座

当圆柱铰链连接的两构件的任一构件固定于地面、墙、柱和机身等支承物上时，便构成固定铰支座。构件只能绕销钉转动，而不能沿任意方向移动，见图 1-13。

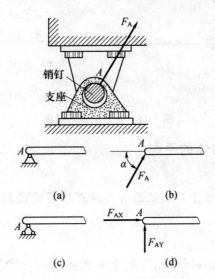

图 1-13　固定铰支座示意图

3）固定端支座

这种支座不仅限制了被约束物体任意方向的移动，而且限制了物体的转动，见图 1-14。

4）定向支座

这种支座只允许沿一个方向发生滑动，限制物体的转动及一个方向的移动，见图 1-15。

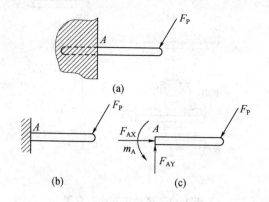

图 1-14　固定端支座示意图

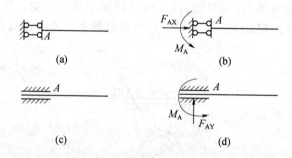

图 1-15　定向支座示意图

业务要点 2：物体的平衡

1. 物体的平衡状态

物体相对于地球处于静止状态和等速直线运动状态，力学上把这两种状态都称为平衡状态。

2. 平衡条件

物体在许多力的共同作用下处于平衡状态时，这些力（称为力系）之间必须满足一定的条件，这个条件称为力系的平衡条件。两个力大小相等、方向相反，作用线相重合，这就是二力的平衡条件。

3. 平面汇交力系的平衡条件

一个物体上的作用力系，作用线都在同一平面内，且汇交于一点，这种力系称为平

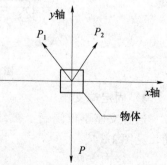

图 1-16　汇交力系的平衡

面汇交力系。平面汇交力系的平衡条件是，$\sum X=0$ 和 $\sum Y=0$，见图 1-16。

4. 利用平衡条件求未知力

一个物体，重量为 w，通过两条绳索 AC 和 BC 吊着。计算 AC、BC 拉力的步骤为：首先取隔离体，作出隔离体受力图。然后再列平衡方程，$\sum X=0$，$\sum Y=0$，求未知力 T_1、T_2，见图 1-17。

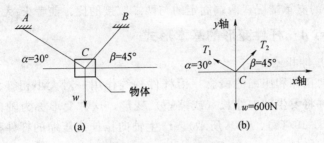

(a)   (b)

图 1-17 隔离体分析图

（a）隔离体图 （b）隔离体受力图

🔊 业务要点 3：杆件的强度、刚度及稳定

1. 杆件的基本受力形式

结构杆件的基本受力形式按其变形特点可归纳为以下五种：拉伸、压缩、弯曲、剪切和扭转。

2. 杆件强度

结构杆件在规定的荷载作用下，保证不因材料强度发生破坏的要求，称为强度要求。

3. 杆件刚度

结构杆件在规定的荷载作用下，虽有足够的强度，但其变形也不能过大，超过了允许的范围，也会影响正常的使用。限制过大变形的要求即为刚度要求。

4. 杆件稳定

在工程结构中，受压杆件比较细长，受力达到一定的数值时，杆件突然发生弯曲，以致引起整个结构的破坏，这种现象称为失稳。因此受压杆件要有稳定的要求。

图 1-18 为一个细长的压杆，承受轴向压力 P，当压力 P 增加到 P_{lj} 时，压杆的直线平衡状态失去了稳定。P_{lj} 具有临界的性质，因此称为临界力。

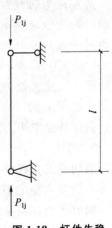

图 1-18 杆件失稳 受力图

5. 临界力 P_{lj} 的大小

临界力 P_{lj} 的大小与下列因素有关：

1）压杆的材料：钢柱的 P_{lj}，比木柱大。

2）压杆的截面形状与大小：截面大不易失稳。

3）压杆的长度 l：长度大，P_{lj} 小，易失稳。

4）压杆的支承情况：两端固定的与两端铰接的比，前者 P_{lj} 大。

业务要点 4：杆件变形的基本形式

1. 轴向拉伸和压缩

（1）轴向拉伸和压缩的概念　沿杆件轴线作用一对大小相等、方向相反的外力，杆件将发生轴向伸长（或缩短）变形，这种变形称为轴向拉伸（或压缩）（如图 1-19（a）、（b）所示）。产生轴向拉伸或压缩的杆件称为拉杆或压杆。

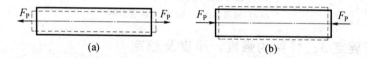

图 1-19　轴向拉伸和压缩示意图

（2）轴向拉伸（或压缩）杆的内力　内力是指由外力作用所引起的、物体内相邻部分之间分布内力系的合成。

内力的计算是分析构件强度、刚度、稳定性等问题的基础。由于内力是物体内相邻部分之间的相互作用力，为了显示内力，可应用截面法。见图 1-20（a）的拉杆，要计算 $m-m$ 截面上的内力。假想将杆从 $m-m$ 处截开，选左段为研究对象。左段所受的外力只有 F_P，截面上的内力应该和 F_P 平衡，内力也应和 F_P 共线。所以，轴向拉伸（或压缩）杆件截面上的内力是通过截面形心并和截面垂直的一个力，这个力称为轴力，用 F_N 表示，如图 1-20（b）所示，箭头离开截面的轴力为拉力，指向截面的轴力为压力。在计算中规定：拉力为正，压力为负。若选用右段分析，也可以得到相同的结果，见图 1-20（c）。

截面法是求内力的一般方法，也是材料力学中的基本方法之一。

2. 剪切

剪切变形是杆件的基本变形形式之一。在日常生活中，人们用剪刀剪断物体，就是典型的剪切破坏的实例。在机器和结构中的一些连接件如螺栓、键、销钉等也都是承受剪切作用的构件，见图 1-21。

构件受剪切作用时，剪切面上的内力叫剪力，通常用 F_Q 表示，它是剪切面上各点平行于截面的分布内力的合力。

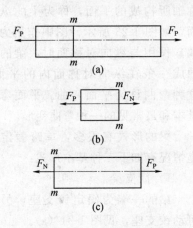

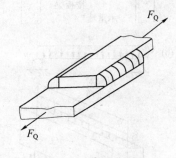

图 1-20　轴向拉伸（或压缩）杆的内力　　　　图 1-21　剪切示意图

3. 扭转

扭转变形是杆件的一种基本变形，见图 1-22。

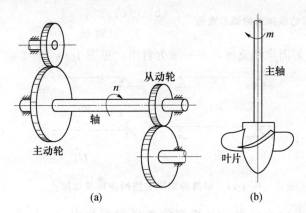

图 1-22　扭转示意图

扭转变形的受力特点是：在垂直于杆件轴线的两个平面内，作用有大小相等、转向相反的一对力偶。其变形特点是：各横截面绕杆件轴线发生相对转动，这时任意两横截面间产生的相对角位移，称为扭转角，用 φ 表示。

计算圆轴扭转时横截面上内力叫扭矩。

4. 弯曲

（1）平面弯曲概念　当杆件受到垂直于其纵轴线的横向荷载作用时，杆件的轴线由直线变形成一条曲线，这种变形称为弯曲，以弯曲变形为主的杆称为梁。

实际工程中，大多数的横截面都有一个对称轴，梁的轴线与横截面的对

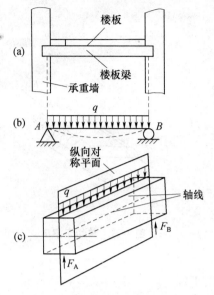

图 1-23　梁的纵向对称面示意图

称轴所构成的平面，称为梁的纵向对称面，如图 1-23 所示。图中作用力（或力偶）作用与纵向对称面时，梁的轴线弯曲成一条在纵向对称面内的平面曲线，这种弯曲称为平面弯曲。平面弯曲是最基本和最常见的一种弯曲变形。

梁的形式有很多，单跨静定梁按支座情况有如下三种基本形式：

1）简支梁

梁的一端为固定铰支座，另一端为可动铰支座，见图 1-24（a）。

2）外伸梁

梁的支座形式与简支梁相同，但梁的一端或两端伸出支座之外，见图 1-24（b）、（c）。

3）悬臂梁

梁的一端为固定端支座，另一端为自由，见图 1-24（d）。

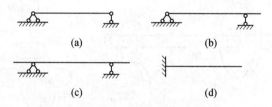

(a)　　　　　　　　　　(b)

(c)　　　　　　　　　　(d)

图 1-24　单跨静定梁支座的四种基本形式

（2）梁弯曲时的内力　分析弯曲梁横截面的内力，还是采用截面法，图 1-25（a）为简支梁，现在分析梁上任选一个截面 $m-m$ 上的内力，首先用一假想的横截面 $m-m$ 把梁分成两段，因为梁原来处于平衡状态，所以被截出来的任一段也应保持平衡状态。现在取其中的任一段梁，例如左段梁为脱离体，并将右段的作用以截面上的内力代替。如图 1-25（b）可以看出，要使左段梁平衡，在截面 $m-m$ 上必然存在一个平行于截面方向的内力 F_Q，F_Q 称为剪力。因剪力 F_Q 与支座反力 F_A 组成一力偶，要保证被截出的左段梁不发生任何转动，在横截面 $m-m$ 上必然会有一个与上述力偶大小相等而转动相反的力偶 M 与之平衡，这个内力偶 M 称为弯矩。为了在计算过程中无论取左段为研究对象，还是取右段为研究对象，保证同一截面上剪力和弯矩不但数值相同而且符号也一致，特对剪力和弯矩的符号作如下规定（见图 1-26）。

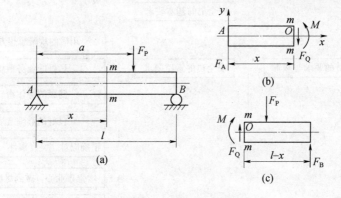

图 1-25　梁弯曲时的内力示意图

1）剪力

使脱离体绕顺时针转动的剪力为正；反之为负。

2）弯矩

使脱离体产生下凹变形的弯矩为正；反之为负。

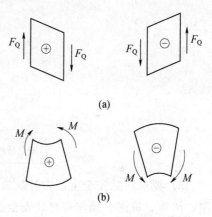

将梁的剪力和弯矩的变化规律也用绘制成图形的方法直观的表达出来，这就是工程上常用的剪力图和弯矩图。正剪力画在 x 轴的上方，负剪力画在 x 轴的下方；而弯矩画在受拉的一侧，即正弯矩画在 x 轴的下方，负弯矩画在 x 轴的上方。

图 1-26　剪力和弯矩的符号

第四节　安全员的要求与职责

本节导图：

本节主要介绍安全员的要求与职责，内容包括安全员的基本要求、安全员的素质要求、安全员的工作内容、安全员的岗位职责等。其内容关系框图如下页所示。

业务要点 1：安全员的基本要求

1）要求每个安全员应经培训合格后持证上岗，要有高度的热情和强烈的责任感、事业心，热爱安全工作，且在工作中敢于坚持原则，秉公执法。

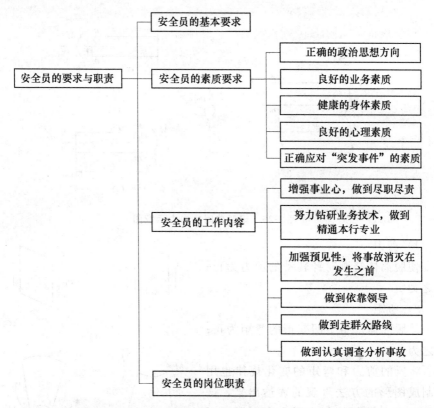

2）要求熟悉安全生产方针政策，了解国家及行业有关安全生产的所有法律、法规、条例、操作规程、安全技术要求等。

3）要求熟悉工程所在地建筑管理部门的有关规定，熟悉施工现场各项安全生产制度。

4）要求有一定的专业知识和操作技能，熟悉施工现场各道工序的技术要求，熟悉生产流程，了解各工种、各工序之间的衔接，善于协调各工种、各工序之间的关系。

5）要求有一定的施工现场工作经验和现场组织能力，有分析问题和解决问题的能力，善于总结经验和教训，有洞察力和预见性，及时发现事故苗头并提出改进措施，对突发事故能够沉着应对。

6）要求对工地上经常使用的机械设备和电气设备的性能和工作原理有一定的了解，对起重、吊装、脚手架、爆破等容易出事故的工种或工序应有一定程度的了解，懂得脚手架的负荷计算、架子的架设和拆除程序，土方开挖坡度计算和架设支撑，电气设备接零接地的一般要求等，发现问题能够正确处理。

7）要求有一定的防火防爆知识和技术，能够熟练地使用工地上配备的消防器材。懂得防尘防毒的基本知识，会使用防护设施和劳保用品。

8）要求熟悉工伤事故调查处理程序，掌握一些简单的急救技术，进行现场初级救生。

9）大工程和特殊工程施工现场安全员应该具有建筑力学、结构力学、建筑施工技术等学科的一般知识。

◎ 业务要点 2：安全员的素质要求

安全是施工生产的基础，是企业取得效益的保证。一个合格的安全员应当具备以下素质：

1. 正确的政治思想方向

安全管理是一门政策性很强的管理学科，这就要求安全员应具有高度的政治责任感，认真贯彻执行国家的安全生产方针、政策、法律、法规和各项生产规章制度，始终把安全工作摆在各项工作的首位，坚决贯彻执行"安全第一、预防为主、综合治理"的方针，严格履行安全检查监督职责，维护国家和人民生命财产安全，坚决抵制任何违反安全管理的违章、违纪行为。没有坚定正确的政治思想方向，就不可能把国家和人民的生命财产看得重于一切，也不会有与违法、违章、违纪行为作斗争的决心和勇气。具有高尚的职业道德。职业道德是人们从事社会职业、履行职责时思想和行为应遵守的道德规范。

2. 良好的业务素质

安全管理又是一门技术性很强的管理学科，过硬的业务能力是安全员应具有的必备素质。安全员必须不断地学习，丰富自身的安全知识，提高安全技能，增强安全意识。一个合格的安全员应具备如下知识：

1）国家有关安全生产的法律、法规、政策及有关安全生产的规章、规程、规范和标准知识。

2）安全生产管理知识、安全生产技术知识、劳动卫生知识和安全文化知识。还要了解本企业生产或施工专业知识。

3）劳动保护与工伤保险的法律、法规知识；掌握伤亡事故和职业病统计、报告及调查处理方法。更进一步，还要学习事故现场勘验技术，应急处理、应急救援预案编制方法。

4）学习先进的安全生产管理经验、心理学、人际关系学、行为科学等知识。

5）良好的业务素质还要求安全员必须有一定的文字写作能力，企业安全管理离不开文字材料的编写，现代安全管理还离不开计算机应用能力。

3. 健康的身体素质

安全工作是一项既要腿勤又要脑勤的管理工作。无论是晴空万里，还是风雨交加；无论是寒风凛冽，还是烈日炎炎；无论是正常上班，还是放假休息。只要有人上班，安全员就得工作，检查事故隐患，处理违章现象。显然，没有良好的身体素质就无法干好安全工作。

4. 良好的心理素质

良好的心理素质包括：意志、气质、性格三个方面。

安全员在管理中时常会遇到很多困难，比如说，对职工安全违纪苦口婆心的教导，职工却毫不理解；发现隐患几经"开导"仍不进行处理；事故调查"你遮我掩"。面对众多的困难和挫折不畏难，不退缩，不赌气撂挑子，这需要坚强的意志，安全员必须在工作中不断地进行磨炼。

安全员必须具有豁达的性格，工作中做到巧而不滑、智而不奸、踏实肯干、勤劳愿干。安全工作是原则性很强的工作，是管人的工作，总有那么一些人会不服管，不理解安全工作，会发生各种各样的矛盾冲突、争执，甚至受到辱骂、指责、诬告、陷害等不公平事件。因此安全员应当具有"大肚能容天下事"的性格，时刻激励自己保持高昂的工作风貌。

5. 正确应对"突发事件"的素质

建筑施工安全生产形势千变万化，即使安全管理再严格，手段再到位，网络再健全，都有不可预测的风险。作为基层安全员，必须树立"反应敏捷"的意识。不论在何时、何地，遇到何人，事故发生后都应迅速反应，及时处理，把各种损失降低到最大限度。目前，因事故处理不及时、不果断而造成人员伤亡、设备损坏，或是扩大事故后果的教训时有发生。因此，安全员必须具备突发事件发生时临危不乱的应急处理素质。

业务要点3：安全员的配备要求

1）建筑施工企业应当依法设置安全生产管理机构，在企业主要负责人的领导下开展本企业的安全生产管理工作。

2）建筑施工企业安全生产管理机构具有以下职责：

① 宣传和贯彻国家有关安全生产法律法规和标准。

② 编制并适时更新安全生产管理制度并监督实施。

③ 组织或参与企业生产安全事故应急救援预案的编制及演练。

④ 组织开展安全教育培训与交流。

⑤ 协调配备项目专职安全生产管理人员。

⑥ 制订企业安全生产检查计划并组织实施。

⑦ 监督在建项目安全生产费用的使用。

⑧ 参与危险性较大工程安全专项施工方案专家论证会。

⑨ 通报在建项目违规违章查处情况。

⑩ 组织开展安全生产评优评先表彰工作。

⑪ 建立企业在建项目安全生产管理档案。

⑫ 考核评价分包企业安全生产业绩及项目安全生产管理情况。

⑬ 参加生产安全事故的调查和处理工作。

⑭ 企业明确的其他安全生产管理职责。

3）建筑施工企业安全生产管理机构专职安全生产管理人员在施工现场检查过程中具有以下职责：

① 查阅在建项目安全生产有关资料、核实有关情况。

② 检查危险性较大工程安全专项施工方案落实情况。

③ 监督项目专职安全生产管理人员履责情况。

④ 监督作业人员安全防护用品的配备及使用情况。

⑤ 对发现的安全生产违章违规行为或安全隐患，有权当场予以纠正或作出处理决定。

⑥ 对不符合安全生产条件的设施、设备、器材，有权当场作出查封的处理决定。

⑦ 对施工现场存在的重大安全隐患有权越级报告或直接向建设主管部门报告。

⑧ 企业明确的其他安全生产管理职责。

4）建筑施工企业安全生产管理机构专职安全生产管理人员的配备应满足下列要求，并应根据企业经营规模、设备管理和生产需要予以增加：

① 建筑施工总承包资质序列企业：特级资质不少于6人；一级资质不少于4人；二级和二级以下资质企业不少于3人。

② 建筑施工专业承包资质序列企业：一级资质不少于3人；二级和二级以下资质企业不少于2人。

③ 建筑施工劳务分包资质序列企业：不少于2人。

④ 建筑施工企业的分公司、区域公司等较大的分支机构（以下简称分支机构）应依据实际生产情况配备不少于2人的专职安全生产管理人员。

5）建筑施工企业应当实行建设工程项目专职安全生产管理人员委派制度。建设工程项目的专职安全生产管理人员应当定期将项目安全生产管理情况报告企业安全生产管理机构。

6）建筑施工企业应当在建设工程项目组建安全生产领导小组。建设工程实行施工总承包的，安全生产领导小组由总承包企业、专业承包企业和劳务分包企业项目经理、技术负责人和专职安全生产管理人员组成。

7）安全生产领导小组的主要职责：

① 贯彻落实国家有关安全生产法律法规和标准。

② 组织制定项目安全生产管理制度并监督实施。

③ 编制项目生产安全事故应急救援预案并组织演练。

④ 保证项目安全生产费用的有效使用。

⑤ 组织编制危险性较大工程安全专项施工方案。

⑥ 开展项目安全教育培训。

⑦ 组织实施项目安全检查和隐患排查。

⑧ 建立项目安全生产管理档案。

⑨ 及时、如实报告安全生产事故。

8）项目专职安全生产管理人员具有以下主要职责：

① 负责施工现场安全生产日常检查并做好检查记录。

② 现场监督危险性较大工程安全专项施工方案实施情况。

③ 对作业人员违规违章行为有权予以纠正或查处。

④ 对施工现场存在的安全隐患有权责令立即整改。

⑤ 对于发现的重大安全隐患，有权向企业安全生产管理机构报告。

⑥ 依法报告生产安全事故情况。

9）总承包单位配备项目专职安全生产管理人员应当满足下列要求：

① 建筑工程、装修工程按照建筑面积配备：

a. 1 万平方米以下的工程不少于 1 人。

b. 1 万～5 万平方米的工程不少于 2 人。

c. 5 万平方米及以上的工程不少于 3 人，且按专业配备专职安全生产管理人员。

② 土木工程、线路管道、设备安装工程按照工程合同价配备：

a. 5000 万元以下的工程不少于 1 人。

b. 5000 万～1 亿元的工程不少于 2 人。

c. 1 亿元及以上的工程不少于 3 人，且按专业配备专职安全生产管理人员。

10）分包单位配备项目专职安全生产管理人员应当满足下列要求：

① 专业承包单位应当配置至少 1 人，并根据所承担的分部分项工程的工程量和施工危险程度增加。

② 劳务分包单位施工人员在 50 人以下的，应当配备 1 名专职安全生产管理人员；50 人～200 人的，应当配备 2 名专职安全生产管理人员；200 人及以上的，应当配备 3 名及以上专职安全生产管理人员，并根据所承担的分部分项工程施工危险实际情况增加，不得少于工程施工人员总人数的 5‰。

11）采用新技术、新工艺、新材料或致害因素多、施工作业难度大的工程项目，项目专职安全生产管理人员的数量应当根据施工实际情况，在第 13

条、第 14 条规定的配备标准上增加。

12）施工作业班组可以设置兼职安全巡查员，对本班组的作业场所进行安全监督检查。

建筑施工企业应当定期对兼职安全巡查员进行安全教育培训。

13）安全生产许可证颁发管理机关颁发安全生产许可证时，应当审查建筑施工企业安全生产管理机构设置及其专职安全生产管理人员的配备情况。

14）建设主管部门核发施工许可证或者核准开工报告时，应当审查该工程项目专职安全生产管理人员的配备情况。

15）建设主管部门应当监督检查建筑施工企业安全生产管理机构及其专职安全生产管理人员履责情况。

业务要点 4：安全员的工作内容

1. 增强事业心，做到尽职尽责

安全员的职责是保护职工的生命安全和生产积极性，安全检查人员要做到尽职尽责，经常深入工地发现问题、解决问题。

2. 努力钻研业务技术，做到精通本行专业

安全检查员要适应生产的发展需要，抓住建筑施工的特点，掌握其基本知识，精通本行专业，才能真正起到检查督促的作用。为此，首先要熟悉国家的有关安全规程、法规和管理制度；也要熟悉施工工艺和操作方法；要具有本专业的统计、计划报表的编制和分析整理能力；要具有管理基层安全工作的能力和经验；要具有根据过去经验或教训以及现存的主要问题，总结一般事故规律的能力等，这些是做好安全工作的基础。

3. 加强预见性，将事故消灭在发生之前

"安全第一，预防为主"的方针，是搞好安全工作的准则，也是搞好安全检查的关键。国家颁发的劳动安全法则，上级制定的安全规程、制度和办法，都是为了贯彻预防为主的方针，只要认真贯彻，就会收到好的效果。

1）要有正确的学习态度。就是要从思想上认识到，学习是搞好工作的保证。从学习方法上讲，要理论联系实际，善于总结经验教训。从学科上讲，不仅要学习土建施工安全技术，还要学习电气、起重、压力容器、机械等的安全技术，不断提高技术素质。

2）要有积极的思想。要发挥主观能动作用，在施工前有预见性地提出问题、办法，订出措施，做好施工前的准备。

3）要有踏实的作风。就是要深入现场掌握情况，准确地发现问题，做到心中有数。

4）要有正确的方法。就是要既能提出问题，又要善于依靠群众和领导，

帮助施工人员解决问题。要求安全检查人员，既要熟悉安全生产方针政策、法令、安全的基本知识和管理的各项制度，又要熟悉生产流程、操作方法。要掌握分管专业安全方面的原始记录、报表和必要的历史资料，才能做好分析整理工作。

4. 做到依靠领导

一个安全员要做好安全工作，必须依靠领导的支持和帮助，要经常向领导请示、汇报安全生产情况，真正当好领导的参谋，成为领导在安全生产上的得力助手。安全工作中如遇不能处理和解决的问题，对安全工作影响极大，要及时汇报，依靠领导出面解决；安全员组织广大职工群众参观学习安全生产方面的展览、活动等，都必须取得领导的支持。

5. 做到走群众路线

"安全生产、人人有责"，劳动保护工作是广大职工的事业，只有动员群众，依靠群众走群众路线，才能管好。要使广大群众充分认识到安全生产的政治意义与经济意义以及与个人切身利益的关系，启发群众自觉贯彻执行安全生产规章制度。除向职工进行宣传教育外，还要发动群众参加安全管理，定期开展安全检查和无事故竞赛，推动安全生产工作的开展。

6. 做到认真调查分析事故

工人职工伤亡事故的调查、登记、统计和报告，是研究生产中工伤事故的原因、规律和制订对策的依据。因此，对发生任何大小事故以及未遂事故，都应认真调查、分析原因、吸取教训，从而找出事故规律，订出防护措施。安全员应掌握事故发生前后的每一细微情况，以及事故的全过程，全面研究、综合分析论证，才能找出事故真正原因，从中吸取教训。

业务要点 5：安全员的岗位职责

1) 认真贯彻执行《安全生产法》、《建筑法》和有关的建筑工程安全生产法令、法规，坚持"安全第一、预防为主、综合治理"的安全生产基本方针，在职权范围内对各项安全生产规章制度的落实，以及环境及安全施工措施费用的合理使用进行组织、指导、督促、监督和检查。

2) 参与制订施工项目的安全管理目标，认真进行日常安全管理，掌握安全动态，并做好记录，健全各种安全管理台账，当好项目经理安全生产方面的助手。

3) 参与施工安全技术方案的编制和审查，参与安全防护设施、施工用电、特种设备以及施工机械的验收工作。

4) 指导班组开展安全活动，提供安全技术咨询。对施工班组的安全技术交底进行检查和监督。

5）安全员应参与对分包单位的安全技术交底，并对分包单位的安全生产情况进行监督和检查。

6）配合有关部门做好对施工人员的各类安全教育和特殊工种培训取证工作，并做好记录。

7）协助项目负责人组织定期及季节性安全检查。经常巡视施工现场，制止违章作业。对发现的施工现场安全隐患，及时签发整改通知单，应参与制定纠正和预防措施，并对其实施进行跟踪验证。

8）检查劳动防护用品的质量和使用情况，会同有关部门做好防尘、防毒、防暑降温和女工保护工作，预防职业病。

9）具体负责施工现场的文明施工管理，注重施工现场的环境保护，控制施工现场的各种粉尘、废气、废水、固体废弃物以及噪声、振动对环境的污染和危害，抓好工地、食堂、宿舍和厕所的卫生管理工作。

10）参与安全事故的调查和处理。参与或协助组织施工现场应急预案的演练，熟悉应急救援的组织、程序、措施及协调工作。

11）有权制止违章作业，有权抵制并向有关部门举报违章指挥行为。

12）发现直接危及人身安全的紧急情况时，有权停止作业或者在采取紧急措施后组织相关人员撤离作业场所，并不得因此受到对自己不利的处分。紧急避险的作业范围包括：

① 高空作业（高度在 2m 以上，并有可能发生坠落的作业）；

② 在易燃易爆部位的作业；

③ 爆炸或有爆炸危险的作业；

④ 起吊安装大重型设备的作业；

⑤ 带电作业；

⑥ 有急性中毒或窒息危险的作业；

⑦ 处理化学毒品、易燃易爆物资、放射性物质的作业；

⑧ 在轻质屋面（石棉瓦、玻璃瓦、木屑板等）上的作业；

⑨ 其他危险作业。

13）负责事故的组织、协调、指导施工现场的安全救护，参与一般事故的调查、分析，提出处理意见，协助处理重大工伤事故、机械事故。

第五节　施工安全生产管理

⊙ **本节导图：**

本节主要介绍施工安全生产管理，内容包括建筑企业安全生产管理责任制度、施工现场安全色标管理、施工现场文明施工、施工现场环境保护、施工现场伤亡事故的调查与管理、劳动保护管理等。其内容关系框图如下：

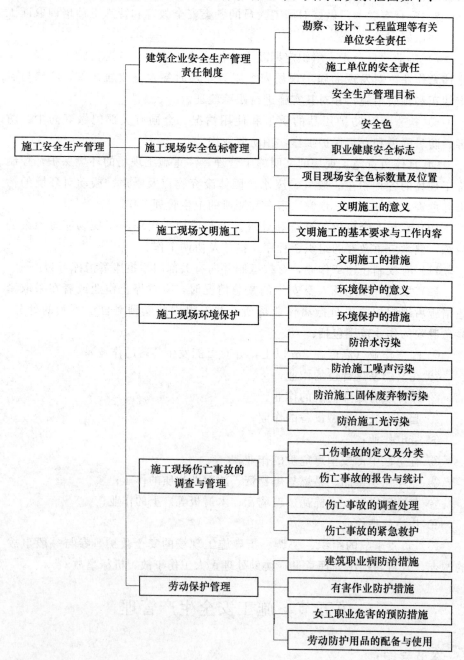

◉ 业务要点 1：建筑企业安全生产管理责任制度

1. 勘察、设计、工程监理等有关单位安全责任

1) 勘察单位的注册资本、专业技术人员、技术装备和业绩应当符合规定，取得相应等级资质证书后，在许可范围内从事勘察活动。勘察单位应当按照法律、法规和工程建设强制性标准进行勘察，提供的勘察文件应当真实、准确，满足建设工程安全生产的需要。

勘察单位在勘察作业时，应当严格执行操作规程，采取措施保证各类管线、设施和周边建筑物、构筑物的安全。

2) 设计单位必须取得相应的等级资质证书，在许可范围内承揽设计业务。设计单位应当按照法律、法规和工程建设强制性标准进行设计，防止因设计不合理导致生产安全事故的发生。

设计单位应考虑施工安全操作和防护的需要，对涉及施工安全的重点部位和环节在设计文件中注明，并对防范生产安全事故提出指导意见。采用新结构、新材料、新工艺的建设工程和特殊结构的建设工程，设计单位应当在设计中提出保障施工作业人员安全和预防生产安全事故的措施建议。

3) 工程监理单位应当审查施工组织设计中的安全技术措施或者专项施工方案是否符合工程建设强制性标准。

工程监理单位在实施监理过程中，发现存在安全事故隐患的，应当要求施工单位整改；情况严重的，应当要求施工单位暂时停止施工，并及时报告建设单位。施工单位拒不整改或者不停止施工的，工程监理单位应当及时向有关主管部门报告。

工程监理单位和监理工程师应当按照法律、法规和工程建设强制性标准实施监理，并对建设工程安全生产承担监理责任。

4) 为建设工程提供机械设备和配件的单位，应当按照安全施工的要求配备齐全有效的保险、限位等安全设施和装置。

① 向施工单位提供安全可靠的起重机、挖掘机械、土方铲运机械、凿岩机械、基础及凿井机械、钢筋、混凝土机械、筑路机械以及其他施工机械设备。

② 应当依照国家有关法律、法规和安全技术规范进行有关机械设备和配件的生产经营活动。

③ 机械设备和配件的生产制造单位应当严格按照国家标准进行生产，保证产品的质量和安全。

5) 出租的机械设备和施工机具及配件，应当具有生产（制造）许可证、产品合格证。

出租单位应当对出租的机械设备和施工机具及配件的安全性能进行检测，在签订租赁协议时，应当出具检测合格证明。禁止出租检测不合格的机械设备和施工机具及配件。

6）在施工现场安装、拆卸施工起重机械和整体提升脚手架、模板等自升式架设设施，必须由具有相应资质的单位承担。其单位在施工中应当编制拆装方案、制定安全施工措施，并由专业技术人员现场监督。

施工起重机械和整体提升脚手架、模板等自升式架设设施安装完毕后，安装单位应当自检，出具自检合格证明，并向施工单位进行安全使用说明，办理验收手续并签字。

7）施工起重机械和整体提升脚手架、模板等自升式架设设施的使用达到国家规定的检验检测期限的，必须经具有专业资质的检验检测机构检测。经检测不合格的不得继续使用，并应当出具安全合格证明文件，并对检测结果负责。

2. 施工单位的安全责任

1）施工单位从事建设工程的新建、扩建、改建和拆除等活动，应当具备国家规定的注册资本、专业技术人员、技术装备和安全生产等条件，并在其资质等级许可的范围内承揽工程。

2）施工单位的项目负责人应当由取得相应执业资格的人员担任，依法对本单位的安全生产工作全面负责。施工单位应当建立、健全安全生产责任制度和安全生产教育培训制度，制定安全生产规章制度和操作规程，保证本单位安全生产条件所需资金的投入，对所承担的建设工程进行定期和专项安全检查，并做好安全检查记录。

3）施工单位对列入建设工程概算的安全作业环境及安全施工措施所需费用，必须用于施工安全防护用具及设施的采购和更新、安全施工措施的落实、安全生产条件的改善，不得挪作他用。

4）施工单位应当设立安全生产管理机构，配备专职安全生产管理人员。

专职安全生产管理人员配备办法由国务院建设行政主管部门会同国务院其他有关部门制定，其负责对安全生产进行现场监督检查。发现安全事故隐患，应当及时向项目负责人和安全生产管理机构报告；对违章指挥、违章操作的，应当立即制止。

5）建设工程实行施工总承包的，由总承包单位对施工现场的安全生产负总责。

总承包单位应当自行完成建设工程主体结构的施工，依法将建设工程分包给其他单位的，分包合同中应当明确各自的安全生产方面的权利、义务。总承包单位和分包单位对分包工程的安全生产承担连带责任。

分包单位应当服从总承包单位的安全生产管理，分包单位不服从管理导致生产安全事故的，由分包单位承担主要责任。

6）特种作业人员包括垂直运输机械作业人员、安装拆卸工、爆破作业人员、起重信号工、登高架设作业人员等，必须按照国家有关规定经过专门的安全作业培训，并取得特种作业操作资格证书后，方可上岗作业。

7）施工单位应当在施工组织设计中编制安全技术措施和施工现场临时用电方案，对达到一定规模的危险性较大的分部分项工程编制专项施工方案，并附具安全验算结果，经施工单位技术负责人、总监理工程师签字后实施，由专业安全生产管理人员进行现场监督。

8）建设工程施工前，施工单位负责项目管理的技术人员应当对有关安全施工的技术要求向施工作业班组、作业人员进行详细说明，并由双方签字确认。

9）施工单位应当在施工现场入口处、施工起重机械、临时用电设施、脚手架、出入通道口、楼梯口、电梯井口、孔洞口、桥梁口、隧道口、基坑边沿、爆破物及有害危险气体和液体存放处等危险部位，设置明显的安全警示标志。其安全警示标志必须符合国家标准。

施工单位应当根据不同施工阶段和周围环境以及季节、气候的变化，在施工现场采取相应的安全施工措施。施工现场暂时停止施工的，施工单位应当做好现场防护，所需要的费用由责任方承担，或者按照合同约定执行。

10）施工单位应当将施工现场的办公区、生活区与作业区分开设置，并保持安全距离；施工现场临时搭建的建筑物应当符合安全使用要求。施工现场使用的装配式活动房屋应当具有产品合格证，施工单位不得在尚未竣工的建筑物内设置员工集体宿舍。

11）施工单位应当遵守有关环境保护法律、法规的规定，在施工现场采取措施，防止或者减少粉尘、废气、废水、固体废物、噪声、振动和施工照明对人和环境的危害与污染。

在城市市区内的建设工程，施工单位应当对施工现场实行封闭围挡。

12）施工单位应当在施工现场建立消防安全责任制度，确定消防安全责任人，制定用火、用电、使用易燃易爆材料等各项消防安全管理制度和操作规程，设置消防通道、消防水源，配备消防设施和灭火器材。

13）作业人员有权对施工现场的作业条件、作业程序和作业方式中存在的安全问题提出批评、检举和控告，有权拒绝违章指挥和强令冒险作业。

施工单位应当向作业人员提供安全防护用具和安全防护服装，并书面告知危险岗位的操作规程和违章操作的危害。

在施工中发生危及人身安全的紧急情况时，作业人员有权立即停止作业或者在采取必要的应急措施后撤离危险区域。

14）作业人员应当遵守安全施工的强制性标准、规章制度和操作规程，正确使用机械设备、安全防护用具等。

15）施工单位租赁采购、租赁的安全防护用具、机械设备、施工机具以及配件，应当具有生产（制造）许可证、产品合格证，并在进入施工现场前进行查验。

施工现场的安全防护用具、机械设备、施工机具及配件必须由专人管理，定期进行检查、维修和保养，建立相应的资料档案，并按照国家相关规定及时报废。

16）施工单位在使用施工起重机械和整体提升脚手架、模板等自升式架设设施前，应当组织有关单位进行验收，也可以委托具有相应资质的检验检测机构进行验收；使用承租的机械设备和施工机具及配件的，由施工总承包单位、分包单位、出租单位和安装单位共同进行验收，验收合格的方可使用。

17）施工单位的主要负责人、项目负责人、专职安全生产管理人员应当经建设行政主管部门或者其他有关部门考核合格后方可任职。每年至少进行一次安全生产教育培训，其教育培训情况记入个人工作档案。安全生产教育培训考核不合格的人员，不得上岗。

18）作业人员进入新的岗位或者新的施工现场前，应当接受安全生产教育培训。未经教育培训或者教育培训考核不合格的人员，不得上岗作业。

施工单位在采用新技术、新工艺、新设备、新材料时，应当对作业人员进行相应的安全生产教育培训。

19）施工单位应当为施工现场从事危险作业的人员办理意外伤害保险。

意外伤害保险费由施工单位支付，意外伤害保险期限自建设工程开工之日起至竣工验收合格为止。

3. 安全生产管理目标

安全生产目标管理是指企业在某一时期内制定出旨在保证生产过程中员工的安全和健康的目标，或为达到这一目标，进行的计划、组织、指挥、协调控制等一系列工作的总称。

推行安全生产目标管理不仅能进一步优化企业安全生产责任制，强化安全生产管理，体现"安全生产、人人有责"的原则，使安全生产工作实现全员管理，而且有利于提高企业全体员工的安全素质。

1）安全生产目标管理的任务是确定奋斗目标，明确责任，落实措施，实行严格的考核与奖惩，以激励企业员工积极参与全员、全方位、全过程的安全生产管理，严格按照安全生产的奋斗目标和安全生产责任制的要求，落实安全措施，消除人或物的不安全状态。

2）项目要制定安全生产目标管理计划，经项目分管领导审查同意，由主管部门与实行安全生产目标管理的单位签订责任书，将安全生产目标管理纳入各单位的生产经营或资产经营目标管理计划，主要领导人应对安全生产目标管理计划的制订与实施负第一责任。

3）安全生产目标管理的基本内容包括目标体系的确立、目标的实施及目标成果的检查与考核。主要包括以下几方面：

① 确定切实可行的目标值，确定合适的目标值，并研究围绕达到目标应采取的措施和手段。

② 根据安全目标的要求，制订实施办法，做到有具体的保证措施，力求量化，以便于实施和考核，包括组织技术措施，明确完成程序和时间、承担具体责任的负责人，并签订承诺书。

③ 规定具体的考核标准和奖惩办法，考核标准不仅应规定目标值，而且要把目标值分解为若干具体要求来考核。

④ 安全生产目标管理必须与安全生产责任制挂钩。层层分解，逐级负责，充分调动各级组织和全体员工的积极性，保证安全生产管理目标的实现。

⑤ 安全生产目标管理必须与企业生产经营资产经营承包责任制挂钩，实行经营管理者任期目标责任制、租赁制和各种经营承包责任制的单位负责人，应把安全生产目标管理实现与他们的经济收入和荣誉挂钩，严格考核兑现奖罚。

4）安全生产管理目标。

① "六杜绝"。杜绝重伤及死亡事故、杜绝坍塌伤害事故、杜绝物体打击事故、杜绝高处坠落事故、杜绝机械伤害事故、杜绝触电事故。

② "三消灭"。消灭违章指挥、消灭违章作业、消灭"惯性事故"。

③ "二控制"。控制年负伤率、控制年安全事故率。

④ "一创建"。创建安全文明示范工地。

业务要点 2：施工现场安全色标管理

1. 安全色

安全色是表达信息含义的颜色，用来表示禁止、警告、指令、指示等，其作用在于使人们能迅速发现或分辨职业健康安全标志，提醒人们注意，预防事故发生。

红色表示禁止、停止、消防和危险的意思；蓝色表示指令，必须遵守的意思；黄色表示通行、安全和提供信息的意思。

2. 职业健康安全标志

职业健康安全标志是指在操作人员容易产生错误，有造成事故危险的场所，为了确保职业健康安全所采取的一种标示。此标示由安全色、几何图形符号构成，是用以表达特定职业健康安全信息的特殊标示，设置职业健康安全标志的目的，是为了引起人们对不安全因素的注意，预防事故发生。

1) 禁止标志，是不准或制止人们的某种行为。

2) 警告标志，是使人们注意可能发生的危险。

3) 指令标志，是告诉人们必须遵守的意思。

4) 提示标志，是向人们提示目标的方向，用于消防提示。

3. 项目现场安全色标数量及位置

项目现场安全色标数量及位置如表 1-18 所示。

表 1-18　项目现场安全色标分布表

类　别		数量/个	位　置
禁止类（红色）	禁止吸烟	8	材料库房、成品库、油料堆放处、易燃易爆堆放场所、材料场地、木工棚、施工现场、打字复印室
	禁止通行	7	外架拆除、坑、沟、洞、槽、吊钩下方、危险部位
	禁止攀登	6	外用电梯出口、通道口、马道出入口
	禁止跨越	6	首层外架四面、栏杆、未验收的外架
指令类（蓝色）	必须戴安全帽	7	外用电梯出入口、现场大门口、吊钩下方、危险部位、马道出入口、通道口、上下交叉作业
	必须系安全带	5	现场大门口、马道出入口、外用电梯出入口、高处作业场所、特种作业场所
	必须穿防护衣	5	通道口、马道出入口、外用电梯出入口、电焊作业场所、油漆防水施工场所
	必须戴防护眼镜	12	通道口、马道出入口、外用电梯出入口、通道出入口、车工操作间、焊工操作场所、抹灰操作场所、机械喷漆场所、修理间、电镀车间、钢筋加工场所
警告类（黄色）	当心弧光	1	焊工操作场所
	当心塌方	2	坑下作业场所、土方开挖
	机械伤人	6	机械操作场所、电锯、电钻、电刨、钢筋加工现场、机械修理场所
提示类（绿色）	安全状态通行	5	安全通道、行人车辆通道、外架施工层防护、人行通道、防护棚

业务要点 3：施工现场文明施工

1. 文明施工的意义

文明施工，是现代化施工的一个重要标志，是施工企业的一项基础性管理工作，坚持文明施工有重大意义，具体来讲有以下几点：

1）它是改善人的劳动条件，提高施工效益，消除施工给城市环境带来的污染，提高人的文明程度和自身素质，确保安全生产、工程质量的有效途径。

2）它是施工企业落实社会主义精神、物质两个文明建设的最佳结合点，是广大建设者几十年心血的结晶。

3）它是文明城市建设的一个必不可少的重要组成部分，文明城市的大环境客观上要求工地必须成为现代化城市的新景观。

4）文明施工对施工现场贯彻"安全第一、预防为主"的指导方针，对坚持"管生产必须管安全"的原则起到保证作用。

5）文明施工以各项工作标准规范施工现场行为，是建筑业施工方式的重大转变。文明施工以文明工地建设为切入点，通过管理出效益，是经济增长方式的一个重大转变。

6）文明施工是企业无形资产原始积累的需要，是在市场经济条件下企业参与市场竞争的需要。文明施工创建了一个安全、有序的作业场所以及卫生、舒适的休息环境，从而带动了其他工作，是"以人为本"思想的具体体现。

2. 文明施工的基本要求与工作内容

1）工地主要入口要设置简朴规整的大门，门旁必须设立明显的标牌，标明工程名称、施工单位和工程负责人姓名等内容。

2）施工现场建立文明施工责任制，划分区域，明确管理负责人，实行挂牌制。

3）施工现场场地平整，道路坚实畅通，有排水措施，地下管道施工完后要及时回填平整，清除积土。

4）现场施工临时水电要有专人管理，不得有长流水、长明灯。

5）施工现场的临时设施，要严格按施工组织设计确定的施工平面图布置、搭设或埋设整齐。

6）工人操作地点和周围必须清洁整齐，做到活完脚下清、工完场地清，丢洒在楼梯、楼板上的砂浆混凝土要及时清除，落地灰要回收过筛后使用。

7）砂浆、混凝土在搅拌、运输、使用过程中要做到不洒、不漏、不剩，砂浆、混凝土必须有容器或垫板，如有洒、漏要及时清理。

8）要有严格的成品保护措施，严禁损坏污染成品，堵塞管道。严禁在建筑物内大小便。

9）建筑物内清除的垃圾渣土，要通过临时搭设的竖井、利用电梯井或采取其他措施稳妥下卸，严禁从门窗口向外抛掷。

10）施工现场不准乱堆垃圾。应在适当地点设置临时堆放点，并定期外运。清运渣土垃圾及流体物品，要采取遮盖防漏措施，运送途中不得遗撒。

11）根据工程性质和所在地区的不同情况，采取必要的围护和遮挡措施，并保持外观整洁。

12）根据施工现场情况设置宣传标语和黑板报，并适时更换内容，切实起到表扬先进、促进后进的作用。

13）施工现场严禁居住家属，严禁居民、家属、小孩在施工现场穿行、玩耍。

14）现场使用的机械设备，要按平面布置规划固定点存放，遵守机械安全规程，经常保持机身及周围环境的清洁，机械的标记、编号明显，安全装置可靠。

15）清洗机械排出的污水要有排放措施，不得随地流淌。

16）在用的搅拌机、砂浆机旁必须设有沉淀池，不得将水直接排放下水道及河流等处。

17）塔吊轨道按规定铺设整齐稳固，塔边要封闭，道渣不外溢，路基内外排水畅通。

18）施工现场应建立不扰民措施，针对施工特点设置防尘和防噪声设施，夜间施工必须有当地主管部门的批准。

3．文明施工的措施

文明施工措施是落实文明施工标准、实现科学管理的重要途径。

（1）组织管理措施

1）健全管理组织。施工现场应成立以项目经理为组长，主管生产副经理、主任工程师、承包队长以及生产、技术、质量、安全、消防、保卫、材料、环保和行政卫生管理人员为成员的施工现场文明施工管理组织。施工现场分包单位应服从总包单位的统一管理，接受总包单位的监督检查，并负责本单位的文明施工工作。

2）健全管理制度。

① 个人岗位责任制：文明施工管理应按专业、岗位、片区、栋号等分片包干，分别建立岗位责任制度。

② 经济责任制：把文明施工列入单位经济承包责任制中，一起"包"、"保"、检查与考核。

③ 检查制度：工地每月至少组织两次综合检查，要按专业标准全面检查，按规定填写表格，算出结果，张榜公布。班、组实行自检、互检、交接检制度。要做到自产自清、工完场清、标准管理。

④ 奖惩制度：文明施工管理实行奖惩制度。要制定奖、罚细则，坚持奖惩兑现。

⑤ 持证上岗制度。

⑥ 会议制度和各项专业管理制度。

a. 资料。主要有上级关于文明施工的标准、规定、法律、法规；施工组织设计及其附件；施工现场施工日记；文明施工自检资料；文明施工教育、培训、考核记录；文明施工活动记录；施工管理各方面的专业资料等。

b. 施工竞赛。

c. 培训工作，积极应用推广新技术、新工艺、新设备和现代管理方法，提高机械化作业程度。

d. 管理措施。

（a）"5S"活动。"5S"是指施工现场各生产要素所处状态不断地进行整理、整顿、清扫、清洁和素养。由于这五个词语中罗马拼音的第一个字母都是"S"，所以简称"5S"。"5S"活动在日本和西方国家企业中广泛实行。

整理：对施工现场现实存在的人、事、物进行调查分析，按照有关要求区分需要和不需要，合理和不合理，把施工现场不需要和不合理的人、事、物做及时处理。

整顿：所谓整顿，就是合理定位。通过上一步整理后，把施工现场所需要的人、机、物、料等按照施工现场平面布置图规定的位置，并根据有关法规、标准以及企业规定，科学合理地安排布置和堆码，使人才合理使用，物品合理定置，实现人、物、场所在空间上的最佳结合，从而达到科学地施工，文明安全生产，培养人才，提高效率和质量的目的。

清扫：就是要对施工现场的设备、场地和物品勤加维护打扫。

3）健全管理资料。主要有上级关于文明施工的标准、规定、法律、法规；施工组织设计及其附件；施工现场施工日记；文明施工自检资料；文明施工教育、培训、考核记录；文明施工活动记录；施工管理各方面专业资料等。

4）开展文明施工竞赛。

5）加强教育培训工作，积极应用推广新技术、新工艺、新设备和现代管理方法，提高机械化作业程度。

（2）现场管理措施

1）开展"5S"活动。

2）合理安置。是指把全工地施工期间所需要的物在空间上合理布置，实现人与物、人与场所、物与场所、物与物之间的最佳结合，使施工现场秩序化、标准化、规范化、体现文明施工水平。

① 合理安置原则：

a. 在保证施工原则顺利进行的前提下，尽量减少施工用地，利用荒地，不占或少占农田。

b. 要尽量减少临时设施工程量，充分利用原有建筑物及给水排水、暖卫管线、道路等，节省临设费用。

c. 要降低运输费用。

d. 施工现场定置过程中，一定要按照上级有关部门劳动保护、质量、安全、消防、保卫、场容、料具、环境保护、环境卫生等施工管理标准、规定等要求，一次定置到位。

e. 施工现场各物的布置方案要有比较，从优选择，做到降低成本、有利生产、方便生活，使人、物、场所相互间形成最佳组合。

② 合理定置内容：一切拟建的永久性建筑物、构筑物、建筑坐标网、测量放线标桩和弃土、取土场地，垂直运输设备的位置，生产、生活用的临时设施以及各种材料、加工半成品、构件和各类机具存放位置，安全防火设施等。

业务要点 4：施工现场环境保护

1. 环境保护的意义

1）保护和改善施工现场环境是保证人们身体健康的需要。

2）保护和改善施工现场环境是消除外部干扰，保证施工顺利进行的需要。

3）保护和改善施工现场环境是现代化大生产的客观要求。

4）环境保护是国家和政府的要求，是企业的行为准则。

2. 环境保护的措施

（1）产生大气污染的施工环节

1）扬尘污染：应当重点控制的施工环节有：搅拌桩、灌注桩施工的水泥扬尘；土方施工过程及土方堆放的扬尘；建筑材料堆放的扬尘；脚手架清理、拆除过程的扬尘；混凝土、砂浆拌制过程的水泥扬尘；木工机械作业的木屑扬尘；道路清扫扬尘；运输车辆扬尘；砖槽、石切割加工作业扬尘；建筑垃圾清扫扬尘；生活垃圾清扫扬尘。

2）空气污染：空气污染主要发生在：某些防水涂料施工过程；化学加固施工过程；油漆涂料施工过程；施工现场的机械设备、车辆的尾气排放；工地擅自焚烧对空气有污染的废弃物。

（2）防治大气污染的主要措施

1）施工现场主要道路及堆料场地进行硬地化处理。施工现场采取覆盖、固化、绿化、洒水等有效措施，做到不泥泞、不扬尘。

2）建筑结构内的施工垃圾清运采用封闭式专用垃圾通道或封闭式容器吊运，严禁凌空抛撒。施工现场设密闭式垃圾站，施工垃圾、生活垃圾分类存放，所有垃圾及渣土必须在当天清出现场，以确保现场没有灰尘垃圾、渣土及废料，并按政府规定运送到指定的垃圾消纳场。施工垃圾清运时提前适量洒水，并按规定及时清运，减少粉尘对空气的污染。

3）施工阶段对施工区域进行封闭隔离，建筑主体及装饰装修的施工，从底层外围开始搭设防尘密目网封闭，高度高于施工作业面1.2m以上，拆除旧有建筑物时，应采用隔离、洒水等措施防止扬尘，并应在规定期限内将废弃物清理完毕。

4）水泥和其他易飞扬的细颗粒建筑材料应密闭存放，砂石等散料应采取覆盖措施；施工现场混凝土搅拌场所应采取封闭、降尘措施。

5）严禁在任何临时和永久性工程中使用政府明令禁止使用的对人体有害的任何材料（如放射性材料、石棉制品）和施工方法，同时不能在使用政府明令禁止但会给居住或使用人带来不适感觉或味觉的任何材料和添加剂，如含尿素的混凝土抗冻剂等。

6）严禁在施工现场熔融沥青或者焚烧油毡、油漆以及其他产生有毒有害烟尘和恶臭气体的物质，防止有毒烟尘和恶臭气体产生。

7）施工现场应根据风力和大气湿度的具体情况，进行土方回填、转运作业。

8）现场使用的施工机械、车辆尾气排放应符合国家环保排放标准要求。

9）施工现场设专人负责环保工作，配备相应的洒水喷淋设备，及时洒水喷淋以减少扬尘污染。

3. 防治水污染

（1）产生水污染的施工环节

1）桩基施工、基坑护壁施工过程的泥浆。

2）混凝土（砂浆）搅拌机械、模板、工具的清洗产生的水泥浆污水。

3）现浇水磨石施工的水泥浆。

4）油料、化学溶剂泄漏。

5）生活污水。

（2）防治水污染的主要措施

1）施工现场应设置排水沟及沉淀池，现场废水不得直接排入市政污水管网和河流。

2）现场存放的油料、化学溶剂等应设有专门的库房，地面应进行防渗漏处理。

3）食堂、盥洗室、淋浴间的下水管线应设置隔离网，并应与市政污水管线连接，保证排水通畅。

4）食堂应设隔油池，并应及时清理。

5）厕所的化粪池应进行抗渗处理。

4. 防治施工噪声污染

建筑施工噪声是指在建筑施工过程中产生的干扰周围生活环境的声音。

1）城市市区范围内向周围生活环境排放建筑施工噪声，应当符合国家规定的建筑施工环境噪声排放标准。

2）可能产生环境噪声污染的城市建筑施工项目，必须在开工 15 日以前向当地环保部门领取《建筑施工噪声排放申报登记表》，并按要求如实申报工程的项目名称、施工场所和期限、可能产生的环境噪声值以及所采取的环境噪声污染防治措施的情况。

3）施工项目必须取得环保部门发放的《建筑施工噪声排放许可证》，并严格按照排放许可证规定的要求施工。

4）在城市市区噪声敏感区域内，禁止夜间（晚 22：00 至次日早 6：00）进行产生环境噪声污染的建筑施工作业。因特殊需要必须连续工作的，施工单位必须办理县级以上人民政府或者有关主管部门的证明，提前 5 日向当地环保部门审批夜间施工许可事宜，批准后，夜间作业还必须公告附近居民。

5）在施工过程中应尽量选用低噪声或备有消声降噪的施工机械。牵扯到产生强噪声的成品、半成品加工、制作作业（如预制构件、木门窗制作等），应尽量放在工厂、车间完成，减少因施工现场加工制作产生的噪声。施工现场的强噪声机械（如搅拌机、电锯、电刨、砂轮机等）要设置封闭的机械棚，以减少强噪声的扩散。根据《建筑施工场界噪声限值》GB 12523—2011，不同施工阶段作业噪声限值见表 1-19。

表 1-19　不同施工阶段作业噪声限值　　　（单位：dB）

施工阶段	主要噪声源	噪声限值（昼间/夜间）
土石方	推土机、挖掘机、装载机等	75/55
打桩	各种打桩机等	85/禁止施工
结构	混凝土搅拌机、振捣棒、电锯等	70/55
装修	吊车、升降机等	65/55

建筑单位应根据相应要求合理安排施工，加强施工环境噪声管控。

6）现场环境噪声的长期监测，采取专人管理的原则，根据测量结果填写建筑施工场地噪声测量记录表，凡超过《建筑施工场界噪声限值》GB 12523—2011 标准的，要及时对施工现场噪声超标的有关因素进行调整，达到施工噪声不扰民的目的。

5. 防治施工固体废弃物污染

1）施工车辆运输砂石、土方、渣土和建筑垃圾应当采取密封、覆盖措施，并按指定地点倾卸。

2）对可能产生二次污染的物品要对放置的容器加盖，防止因雨、风、热等原因引起的再次污染。

3）放置危险废弃物的容器（如废胶水罐、清洁剂罐），要有特别的标识，以防止该废弃物的泄漏、蒸发和与其他废弃物相混淆。

4）项目部产生的废弃物应按废弃物类别投入指定垃圾箱（桶）或堆放场地，禁止乱投滥放。放置属非危险废弃物的指定收集箱，严禁危险废弃物放置。

5）一般废弃物由专人负责，外运处置危险废弃物由分包队设置专门场地保管，定期让有资质的部门处置。处置危险废弃物的承包方必须出示行政主管部门核发的处置废弃物的许可证营业执照，必须和承包方签订协议/合同，在协议/合同中要明确双方责任和义务，以确保该承包方按规定处置废弃物。

6）项目部负责工程项目、建设施工中的废弃物及建筑垃圾处置管理，应在施工协议中明确处置的责任方和处置方式。

7）项目部要对废弃物处置承包方进行定期的资格确认，确认承包方的合法性。

6. 防治施工光污染

1）电焊、金属切割产生的弧光必须采用围板与周围环境进行隔离，防止弧光满天散发。

2）现场围墙上布设的灯具原则上不得超过围墙高度；塔吊及周围场地照明的大镝灯必须调整照射方向向场内，不得直接照射到居民住宅区，施工场地外围的照明采用柔光灯，不可采用强光灯具。

3）夜间施工严格按照建设行政主管部门和有关部门的规定执行，对施工照明器具的种类、灯光亮度严格控制，特别是在城市市区居民居住区内，减少施工照明对城市居民的危害。原则上现场施工时间定到 12 点，晚上 12 点以后关闭大镝灯，施工现场开启柔光灯进行现场照明、保护；如必须晚上加班工作的，则必须将不使用的大镝灯关闭。

业务要点 5：施工现场伤亡事故的调查与管理

1. 工伤事故的定义及分类

（1）工伤事故的定义　企业职工发生伤亡一般分为两类，一类是因公伤亡，即因生产（工作）而发生的；另一类是非因工伤亡，即与生产（工作）无关而造成伤亡的。

《企业职工伤亡事故报告和处理规定》中规定：统计的因工伤亡是指"职工在劳动过程中发生的"伤亡。具体来说，就是在企业生产活动所涉及的区域内、在生产时间内、与生产直接有关的伤亡事故，及生产过程中存在的有害物质在短期内大量侵入人体，使职工工作中断并须进行急救的中毒事故，或虽不在生产和工作岗位上，但由于企业设备或劳动条件不良而引起的职工伤亡，都应该算作因工伤事故加以统计。

有些非生产性事故，如企业或上级机关举办的体育运动和比赛时发生的伤亡事故，文艺宣传队在演出过程中摔伤等，虽不属于"规定"统计范围，但应根据实际情况具体分析，可以按劳动保险方面的规定，分别确定享受因工、比照因工或非因工待遇。

（2）伤亡事故的分类　根据生产安全事故（以下简称事故）造成的人员伤亡或者直接经济损失，事故一般可分为下列等级。

1）特别重大事故。是指造成 30 人以上死亡，或者 100 人以上重伤（包括急性工业中毒，下同），或者 1 亿元以上直接经济损失的事故。

2）重大事故。是指造成 10 人以上 30 人以下死亡，或者 50 人以上 100 人以下重伤，或者 5000 万元以上 1 亿元以下直接经济损失的事故。

3）较大事故。是指造成 3 人以上 10 人以下死亡，或者 10 人以上 50 人以下重伤，或者 1000 万元以上 5000 万元以下直接经济损失的事故。

4）一般事故。是指造成 3 人以下死亡，或者 10 人以下重伤，或者 1000 万元以下直接经济损失的事故。

2. 伤亡事故的报告与统计

（1）事故报告

1）事故报告的时限与程序。事故发生后，事故现场有关人员应当立即向施工单位负责人报告，施工单位负责人应当于 1h 内向事故发生地县级以上人民政府建设主管部门和有关部门报告。情况紧急时，事故现场有关人员可以直接向事故发生地县级以上人民政府建设主管部门和有关部门报告。建设主管部门接到事故报告后，应同时报告本级人民政府并通知安全生产监督管理部门、公安机关、劳动保障行政主管部门、工会和人民检察院。对于较大事故、重大事故及特别重大事故，建设主管部门在接到事故报告后，应逐级上报至国务院建设主管部门，国务院建设主管部门再报告国务院；对于一般事故，应逐级上报至省、自治区、直辖市人民政府建设主管部门。必要时，可以越级上报，并且每级上报时间不得超过 2h。事故报告流程图如图 1-27 所示。

2）事故报告内容。重大事故发生后，事故发生单位应根据建设部 3 号令的要求，在 24h 内写出书面报告，按规定逐级上报。重大事故书面报告（初报表）应当包括的内容有：

① 事故发生的时间、地点和工程项目、有关单位名称。

② 事故的简要经过。

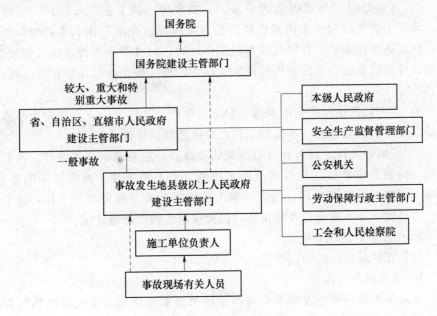

图 1-27　事故报告流程图

注：1）一般伤亡事故在 24h 内逐级上报。

2）重特大伤亡事故在 2h 内除可逐级上报外，亦可越级上报。

③ 事故已经造成或者可能造成的伤亡人数（包括下落不明的人数）和初步估计的直接经济损失。

④ 事故的初步原因。

⑤ 事故发生后采取的措施及事故控制情况。

⑥ 事故报告单位或报告人员。

⑦ 其他应当报告的情况。

3）事故发生地的建设主管部门接到事故报告后，其负责人应立即赶赴事故现场，组织事故救援。发生一般及以上事故或领导对事故有批示要求的，设区的市级建设主管部门应派员赶赴现场了解事故有关情况。发生较大及以上事故或领导对事故有批示要求的，省、自治区建设厅，直辖市建委应派员赶赴现场了解事故有关情况。发生重大及以上事故或领导对事故有批示要求的，国务院建设主管部门应根据相关规定派员赶赴现场了解事故有关情况。

（2）事故的统计上报　发生事故，应按职工伤亡事故统计、报告。职工发生的伤亡大体分成两类，一类是因工伤亡，即因生产或工作而发生的伤亡；另一类是非因工伤亡。在具体工作中，主要要区别下述 4 种情况：

1）区别好与生产（工作）有关和无关的关系。如职工参加体育比赛或政治活动发生伤亡事故，因与生产无关，故不作职工伤亡事故统计、报告。

2）区别好因工与非因工的关系。一般来说，职工在工作时间、工作岗位、为了工作而招致外来因素造成的伤亡事故都应按职工伤亡事故统计、报告；职工虽不在本职工作岗位或本职工作时间，但由于企业设备或其他安全、劳动条件等因素在企业区域内致使职工伤亡，也应按企业职工伤亡事故统计、报告。

3）区别好负伤与疾病的关系。职工在生产（工作）中突发脑溢血、心脏病等急性病引起死亡的，不按职工伤亡事故统计、报告。

4）区别好统计、报告和善后待遇的关系。一般来说，凡是统计、报告的事故，均属工伤事故，都可享受因工待遇。而不属统计、报告范围的事故，不等于不按因工待遇处理。例如，职工受指派至某基地完成某工作，途中发生伤亡事故，虽不按伤亡事故统计，但应按因工伤亡待遇处理。

3. 伤亡事故的调查处理

（1）保护现场，组织调查组

1）事故现场的保护。

事故发生后，事故发生单位应当立即采取有效措施，首先抢救伤员和排除险情，制止事故蔓延扩大，稳定施工人员情绪。要做到有组织、有指挥。

严格保护事故现场，即现场各种物件的位置、颜色、形状及其物理化学性质等尽可能地保持原来状态，采取一切必要和可能的措施严加保护，防止人为或自然因素的破坏。因抢救伤员、疏导交通、排除险情等原因，需要移动现场物件时，应当作出标志和记明数据，绘制现场简图，妥善保存现场重要痕迹、物证，有条件的可以拍照或摄像。

清理事故现场，应在调查组确认无可取证，并充分记录及经有关部门同意后，方能进行。任何人不得借口恢复生产，擅自清理现场，掩盖事故真相。

2）组织事故调查组。

① 对于轻伤和重伤事故，由用人单位负责人组织生产技术、安全技术和有关部门会同工会进行调查，确定事故原因和责任，提出处理意见和改进措施，并填写《职工伤亡事故登记表》。

② 发生一般伤亡事故和重大伤亡事故，由有管辖权的安全生产监督管理部门会同公安机关、监察机关、工会、行业主管部门组成伤亡事故调查组进行调查。

③ 发生特大伤亡事故，按下列规定组成伤亡事故调查组进行调查：

a. 市、州及其以下所属单位，由市、州安全生产监督管理部门、公安机关、监察机关、工会、行业主管部门等组成伤亡事故调查组进行调查。

b. 省及省以上所属单位，由省级安全生产监督管理部门、公安机关、监察机关、工会、行业主管部门等组成伤亡事故调查组进行调查。

c. 省人民政府认为需要直接调查的特大伤亡事故，由省人民政府组成伤亡事故调查组进行调查，或由省人民政府指定的本级安全生产监督管理部门、公安机关、监察机关、工会、行业主管部门等组成伤亡事故调查组进行调查。急性中毒事故调查组应有卫生行政部门人员参加。

3）事故调查组成员应符合的条件。

① 具有事故调查所需的某一方面的专长。

② 与所发生的事故没有直接利害关系。

③ 满足事故调查中涉及企业管理范围的需要。

4）伤亡事故调查组的职责。

① 查明伤亡事故发生的原因、过程以及人员伤亡、经济损失情况。

② 确定伤亡事故的性质和责任者。

③ 提出对伤亡事故有关责任单位或责任者的处理依据和提出防范措施的建议。

④ 向派出调查组的人民政府或安全生产监督管理部门提交由调查组成员签名的伤亡事故调查报告书。

（2）现场勘察　事故发生后，调查组必须尽早到现场进行勘察。现场勘察是技术性很强的工作，涉及广泛的科技知识和实践经验，对事故现场的勘察应该做到及时、全面、细致、客观。现场勘察的主要内容有：

1）作出笔录。

① 发生事故的时间、地点、气象等。

② 现场勘察人员姓名、单位、职务、联系电话等。

③ 现场勘察起止时间、勘察过程。

④ 设备、设施损坏或异常情况及事故前后的位置。

⑤ 能量失散所造成的破坏情况、状态、程度等。

⑥ 事故发生前的劳动组合、现场人员的位置和行动。

2）现场拍照或摄像。

① 方位拍摄，要能反映事故现场在周围环境中的位置。

② 全面拍摄，要能反映事故现场各部分之间的联系。

③ 中心拍摄，要能反映事故现场中心情况。

④ 细目拍摄，揭示事故直接原因的痕迹物、致害物等。

3）绘制事故图。包括：建筑物平面图、剖面图；事故时人员位置及活动图；破坏物立体图或展开图；涉及范围图；设备或工、器具构造简图等。

4）事故事实材料和证人材料收集。包括：受害人和肇事者姓名、年龄、文化程度、工龄等；出事当天受害人和肇事者的工作情况，过去的事故记录；个人防护措施、健康状况及与事故致因有关的细节或因素；对证人的口述材料应经本人签字认可，并应认真考证其真实程度。

（3）分析事故原因，明确责任者

通过整理和仔细阅读调查材料，按事故分析流程图（图1-28）中所列的七项内容进行分析。然后确定事故的直接原因、间接原因和事故责任者。

分析事故原因时，应根据调查所确认的事实，从直接原因入手，逐步深入间接原因，通过对直接原因和间接原因的分析，确定事故的直接责任者和领导责任者，再根据其在事故发生过程中的作用，确定主要责任者。

（4）提出处理意见，写出调查报告　根据对事故原因的分析，对已确定的事故直接责任者和领导责任者，根据事故后果和事故责任人应负的责任提出处理意见。同时，要制定防范措施并加以落实，防止类似事故重复发生，切实做到"四不放过"，即事故的原因分析不清不放过，事故责任者和群众没有受到教育不放过，没有防范措施不放过，事故的责任者没有受到处罚不放过。

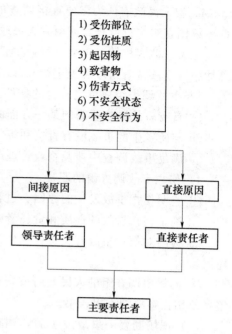

图 1-28　事故分析流程图

调查组应着重把事故的经过、原因、责任分析和处理意见以及本次事故教训和改进工作的建议等写成文字报告，经调查组全体人员签字后报批。如调查组内部意见有分歧，应在弄清事实的基础上，对照相关政策法规反复研究，统一认识。对于个别成员仍持有不同意见的，允许保留，并在签字时写明自己的意见。对此可上报上级有关部门处理直至报请同级人民政府裁决，但不得超过事故处理工作时限。

伤亡事故调查报告书主要包括以下内容：

1）发生事故的时间、地点。

2）发生事故的单位（包括单位名称、所在地址、隶属关系等）和与发生事故有关的单位及有关的人员。

3）事故的人员伤亡情况和经济损失情况。

4）事故的经过及事故原因分析。

5）整顿和防范措施事故。

6）责任认定及对责任者（责任单位及责任人）的处理建议。

7）调查组负责人及调查组成员名单（签名），必要时在事故调查报告书中还应附相应的科学鉴定资料。

（5）事故的处理结案 建设主管部门应当依据有关人民政府对事故的批复和有关法律、法规的规定，对事故相关责任者实施行政处罚。处罚权限不属本级建设主管部门的，应当在收到事故调查报告批复后15个工作日内，将事故调查报告（附具有关证据材料）、结案批复、本级建设主管部门对有关责任者的处理建议等转送有权限的建设主管部门。对于经调查认定为非生产安全事故的，建设主管部门应在事故性质认定后10个工作日内将有关材料报上一级建设主管部门。

建设主管部门应当依照有关法律、法规的规定，对因降低安全生产条件导致事故发生的施工单位给予暂扣或吊销安全生产许可证的处罚；对事故负有责任的相关单位给予罚款、停业整顿、降低资质等级或吊销资质证书的处罚。

建设主管部门应当依照有关法律、法规的规定，对事故发生负有责任的注册执业资格人员给予罚款、停止执业或吊销其注册执业资格证书的处罚。

事故发生单位主要负责人有下列行为之一的，处上一年年收入40%～80%的罚款；属于国家工作人员的，并依法给予处分；构成犯罪的，依法追究刑事责任：

1）不立即组织事故抢救的。

2）迟报或者漏报事故的。

3）在事故调查处理期间擅离职守的。

事故发生单位及其有关人员有下列行为之一的，对事故发生单位处100万元以上500万元以下的罚款；对主要负责人、直接负责的主管人员和其他直接责任人员处上一年年收入60%～100%的罚款；属于国家工作人员的，并依法给予处分；构成违反治安管理行为的，由公安机关依法给予治安管理处罚；构成犯罪的，依法追究刑事责任：

1）谎报或者瞒报事故的。

2）伪造或者故意破坏事故现场的。

3）转移、隐匿资金、财产，或者销毁有关证据、资料的。

4）拒绝接受调查或者拒绝提供有关情况和资料的。

5）在事故调查中作伪证或者指使他人作伪证的。

6）事故发生后逃匿的。

事故发生单位对事故发生负有责任的，依照下列规定处以罚款：

1）发生一般事故的，处10万元以上20万元以下的罚款。

2）发生较大事故的，处20万元以上50万元以下的罚款。

3）发生重大事故的，处 50 万元以上 200 万元以下的罚款。

4）发生特别重大事故的，处 200 万元以上 500 万元以下的罚款。

事故发生单位主要负责人未依法履行安全生产管理职责、导致事故发生的，依照下列规定处以罚款；属于国家工作人员的，并依法给予处分；构成犯罪的，依法追究刑事责任：

1）发生一般事故的，处上一年年收入 30% 的罚款。

2）发生较大事故的，处上一年年收入 40% 的罚款。

3）发生重大事故的，处上一年年收入 60% 的罚款。

4）发生特别重大事故的，处上一年年收入 80% 的罚款。

有关地方人民政府、安全生产监督管理部门和负有安全生产监督管理职责的有关部门有下列行为之一的，对直接负责的主管人员和其他直接责任人员依法给予处分；构成犯罪的，依法追究刑事责任：

1）不立即组织事故抢救的。

2）迟报、漏报、谎报或者瞒报事故的。

3）阻碍、干涉事故调查工作的。

4）在事故调查中作伪证或者指使他人作伪证的。

为发生事故的单位提供虚假证明的中介机构，由有关部门依法暂扣或者吊销其有关证照及其相关人员的执业资格；构成犯罪的，依法追究刑事责任。

参与事故调查的人员在事故调查中有下列行为之一的，依法给予处分；构成犯罪的，依法追究刑事责任：

1）对事故调查工作不负责任，致使事故调查工作有重大疏漏的。

2）包庇、袒护负有事故责任的人员或者借机打击报复的。

4. 伤亡事故的紧急救护

现场急救，就是应用急救知识和最简单的急救技术进行现场初级救生，最大限度地稳定伤病员的伤、病情，减少并发症，维持伤病员的最基本的生命体征，现场急救是否及时和正确，关系到伤病员生命和伤害的结果。

（1）触电事故

1）假如触电者伤势不重，神志清醒，未失去知觉，但有些内心惊慌，四肢发麻，全身无力；或触电者在触电过程中曾一度昏迷，但已清醒过来等则应保持空气流通和注意保暖，使触电者安静休息，不要走动，严密观察，并请医生前来诊治或者送往医院。

2）假如触电者伤势较重，已失去知觉，但心脏跳动和呼吸还存在。对于此种情况，应使触电者舒适、安静地平卧；周围不要围人，确保空气流通；解开他的衣服以利于呼吸，并迅速请医生诊治或送往医院。如果发现触电者呼吸困难，严重缺氧，面色发白或发生痉挛，应立即请医生做进一步抢救。

3）假如触电者伤势严重，呼吸停止或心脏跳动停止，或二者都已停止，仍不可以认为已经死亡，应立即施行人工呼吸或胸外心脏按压，并迅速请医生诊治或送往医院。

① 人工呼吸法。人工呼吸法是在触电者停止呼吸后应用的急救方法。

施行人工呼吸前，应迅速将触电者身上妨碍呼吸的衣领、上衣、腰带等解开，使胸部能自由扩张，并迅速取出触电者口腔内妨碍呼吸的异物，以免堵塞呼吸道。做口对口人工呼吸时，应使触电者仰卧，并使其头部充分后仰，使鼻孔朝上。

② 胸外心脏按压法。胸外心脏按压法是触电者心脏跳动停止后的急救方法。

做胸外心脏按压时，应使触电者仰卧在比较坚实的地方，在触电者胸骨中段叩击 1～2 次，如无反应再进行胸外心脏按压。人工呼吸与胸外心脏按压应持续 4～6h，直至病人清醒或出现尸斑为止，不要轻易放弃抢救。当然应尽快请医生到场抢救。

4）如果触电人受外伤，可先用无菌生理盐水和温开水清洗伤口，再用干净绷带或布类包扎，然后送医院处理。通常方法是：将出血肢体高高举起，或用干净纱布扎紧止血等，同时急请医生处理。

（2）火灾事故

1）火灾急救。

① 施工现场发生火灾事故时，应立即了解起火部位、燃烧的物质等基本情况，拨打 "119" 向消防部门报警，同时组织撤离和扑救。

② 在消防部门到达前，对易燃易爆的物质采取正确有效的隔离。撤离火场内的人员和周围易燃易爆物及一切贵重物品，根据火场情况，灵活地选择灭火器具。

③ 救火人员应注意自我保护，使用灭火器材救火时应站在上风位置，以防因烈火、浓烟熏烤而受到伤害。

④ 必须穿越浓烟逃走时，应尽量用浸湿的衣物披裹身体，用湿毛巾或湿布捂住口鼻，或贴近地面爬行。身上着火时，可就地打滚，或用厚重衣物覆盖压灭火苗。

⑤ 大火封门无法逃生时，可用浸湿的被褥衣物等堵塞门缝，泼水降温，呼救待援。

⑥ 在扑救的同时要注意周围情况，防止坠落、触电、中毒、坍塌物体打击第二次事故的发生。

⑦ 在灭火后，应保护火灾现场，以方便事后调查起火原因。

2）烧伤人员现场救治。

① 伤员身上燃烧着的衣服一时难以脱下时，可让伤员躺在地上滚动，或用水洒扑灭火焰。如附近有河沟或水池，可让伤员跳入水中。如为肢体烧伤则可把肢体直接浸入冷水中灭火和降温，以保护身体组织免受灼烧的伤害。

② 用清洁包布覆盖烧伤面做简单包扎，避免创面污染。

③ 伤员口渴时可给适量饮水或含盐饮料。

④ 经现场处理后的伤员要迅速转送医院救治，转送过程中要注意观察呼吸、脉搏、血压等的变化。

（3）严重创伤出血伤员救治

1）止血。

① 当肢体受伤出血时，先抬高伤肢，然后用消毒纱布或棉垫覆盖在伤口表面，在现场也可用清洁的手帕、毛巾或其他棉织品代替，再用绷带或布条加压包扎止血。

② 当肢体动脉创伤出血时，一般的止血包扎达不到理想的止血效果。这时，就先抬高肢体，使静脉血充分回流，然后在创伤部位的近心端放上弹性止血带，在止血带与皮肤间垫上消毒纱布棉垫，以免扎紧止血带时损伤局部皮肤。止血带必须扎紧，要加压扎紧到切实将该处动脉压闭。同时记录上止血带的具体时间，争取在上止血带后 2h 以内尽快将伤员转送到医院救治。要注意过长时间地使用止血带，肢体会因严重缺血而坏死。

2）包扎、固定。

① 创伤处用消毒医用纱布覆盖，再用绷带或布条包扎，既可以保护创口预防感染，又可以减少出血帮助止血。

② 在肢体骨折时，可借助绷带包扎夹板来固定受伤部位上下两个关节，减少损伤，减少疼痛，预防休克。

③ 在房屋倒塌、陷落过程中，一般受伤人员均表现为肢体受压。在解除肢体压迫后，应马上用弹性绷带绑绕伤肢，以免发生组织肿胀。这种情况下的伤肢就不应该抬高，不应该继续活动，不应该局部按摩，不应该施行热敷。

3）搬运。

经现场止血、包扎、固定后的伤员，应尽快正确地搬运转送医院抢救。不正确的搬运，可导致继发性的创伤，加重病痛，甚至威胁生命。搬运伤员要点如下：

① 肢体受伤有骨折时，应在止血包扎固定后再搬运，防止骨折断端因搬运振动而移位，加重疼痛，再继发损伤附近的血管神经，使创伤加重。

② 在搬运严重创伤伴有大出血或已休克的伤员时，要平卧运送伤员，头部可放置冰袋或戴冰帽，路途中要尽量避免振荡。

③ 处于休克状态的伤员要让其安静、保暖、平卧、少动，及时止血、包

扎、固定伤肢以减少创伤疼痛，然后尽快送医院进行抢救治疗。

④ 在搬运高处坠落伤员时，若疑有脊椎受伤可能的，一定要使伤员平卧在硬板上搬运，切忌只抬伤员的两肩与两腿或单肩背运伤员。因为这样会使伤员的躯干过分屈曲或过分伸展，致使已受伤的脊椎移位，甚至断裂将造成截瘫，导致死亡。

（4）中毒事故

1）施工现场一旦发生中毒事故，均应设法尽快使中毒人员脱离中毒现场、中毒物源，排出吸收的和未吸收的毒物。

2）救护人员在将中毒人员带离中毒现场的急救时，应注意自身的保护，在有毒有害气体发生场所，应视情况，采用加强通风或用湿毛巾等捂住口、鼻，腰系安全绳，并有场外人控制、应急，如有条件的要使用防毒面具。

3）在施工现场因接触油漆、添加剂、化学制品涂料、沥青、外掺剂等有毒物品中毒时，应脱去污染的衣物并用大量的微温水清洗污染的皮肤、头发以及指甲等，对不溶于水的毒物用适宜的溶剂进行清洗。吸入毒物中毒人员尽可能送往有高压氧舱的医院救治。

4）在施工现场食物中毒，对一般神志清楚者应设法催吐：喝微温水300～500ml，用压舌板等刺激咽后壁或舌根部以催吐，如此反复，直到吐出物为清亮物体为止。对催吐无效或神志不清者，则送往医院救治。

5）在施工现场如已发现心跳、呼吸不规则或停止呼吸、心跳的时间不长，则应把中毒人员移到空气新鲜处，立即施行体外心脏按压法和口对口（口对鼻）呼吸法进行抢救。

（5）中暑后抢救　夏期施工最容易发生中暑，轻者全身疲乏无力，头晕、头疼、烦闷、口渴、恶心、心慌；重者可能突然晕倒或昏迷不醒。遇到这种情况应马上进行急救，让病人平躺，并放在阴凉通风处，松解衣扣和腰带，慢慢地给患者喝一些凉开（茶）水、淡盐水或西瓜汁等，也可给病人服用仁丹、藿香正气片（水）等消暑药。病重者，要及时送往医院治疗。

◎ 业务要点6：劳动保护管理

劳动保护是安全技术、劳动卫生、个人防护工作的总称，是在生产过程中为保护劳动者的安全与健康，改善劳动条件，预防工伤事故和职业危害，实现劳逸结合，加强女工保护等所进行的一系列技术措施和组织管理措施。概括地说，劳动保护就是对劳动者在生产过程中的安全与健康所执行的保护。加强劳动保护，预防职业病，是建筑安全生产管理的重要内容。

1. 建筑职业病防治措施

1）用人单位应当采取的职业病防治管理措施。

① 设置或者指定职业卫生管理机构或者组织，配备专职或者兼职的职业卫生专业人员负责本单位的职业病防治工作。

② 制订职业病防治计划和实施方案。

③ 建立、健全职业卫生档案和劳动者健康监护档案。

④ 建立、健全职业卫生管理制度和操作规程。

⑤ 建立、健全工作场所职业病危害因素监测及评价制度。

⑥ 建立、健全职业病危害事故应急救援预案。

2）采取有效的职业病防护设施，并为劳动者提供合格的职业病防护用品。

3）优先采用有利于保护劳动者健康和防治职业病的新技术、新工艺、新材料。

4）对产生严重职业病危害的作业岗位，应当在其醒目位置，设置警示标识和说明。警示说明应当载明产生职业病危害的种类、后果、预防以及应急救治措施等内容。

5）对可能发生急性职业损伤的有毒、有害工作场所，设置报警装置，配置现场急救用品、冲洗设备、必要的泄险区和应急撤离通道。

6）用人单位应当按照卫生行政部门的规定，定期对工作场所进行职业病危害因素检测、评价。检测、评价结果存入用人单位职业卫生档案，定期向所在地卫生行政部门报告并向劳动者公布。

7）不得将产生职业病危害的作业转移给不具备职业病防护条件的单位和个人。

8）不得安排孕期、哺乳期的女职工从事对本人和胎儿、婴儿有危害的作业；不得安排未成年人从事接触职业病危害的作业。

2. 有害作业防护措施

（1）沥青作业卫生防护制度

1）装卸、搬运、使用沥青和含有沥青的制品均应使用机械和工具，有撒漏粉末时，应洒水，防止粉末飞扬。

2）从事沥青或含沥青制品作业的工人应按规定使用防护用品，并根据季节、气候和作业条件安排适当的间歇时间。

3）熔化桶装沥青，应先将桶盖和气眼全部打开，用铁条穿通后，方准烘烤，经常疏通防油孔和气眼，严禁火焰与油直接接触。

4）熬制沥青时，操作工人应站在上风方向。

（2）涂装涂料作业卫生防护制度

1）涂装配料应有较好的自然通风条件并减少连续工作时间。

2）喷漆应采用密闭喷漆间。在较小的喷漆室内进行小件喷漆，应采取隔离防护措施。

3）施工现场必须通风良好。在通风不良的车间、地下室、管道和容器内进行涂装、涂料作业时，应根据场地大小设置抽风机排出有害气体，防止急性中毒。

4）在地下室、池槽、管道和容器内进行有害或刺激性较大的涂料作业时，除应使用防护用品外，还应采取人员轮换间歇、通风换气等措施。

5）以无毒、低毒防锈漆代替含铅的红丹防锈漆，必须使用红丹防锈漆时，宜采用刷涂方式，并加强通风和防护措施。

（3）焊接作业卫生防护制度

1）焊接作业场所应通风良好，可根据情况在焊接作业点装设局部排烟装置、采取局部通风或全面通风换气措施。

2）为防止锰中毒，分散焊接点可设置移动式锰烟除尘器，集中焊接场所可采用机械排风系统。

3）流动频繁、每次作业时间较短的焊接作业，焊接应选择上风方向进行，以减少锰烟尘危害。

4）在容器内施焊时，容器应有进、出风口，设通风设备，焊接时必须有人在场监护。

5）在密闭容器内施焊时，容器必须可靠接地，设置良好通风系统和有人监护，且严禁向容器内输入氧气。

（4）施工现场粉尘防护制度

1）混凝土搅拌站，木加工、金属切削加工，锅炉房等产生粉尘的场所，必须装置除尘器或吸尘罩，将尘粒捕捉后送到储仓内或经过净化后排放，以减少对大气的污染。

2）施工和作业现场经常洒水，控制和减少灰尘飞扬。

3）采取综合防尘措施或低尘的新技术、新工艺、新设备，使作业场所的粉尘浓度不超过国家的卫生标准。

（5）施工现场噪声防护制度

1）施工现场的噪声应严格控制在90dB以内。

2）改革工艺和选用低噪声设备，控制和减弱噪声源。

3）采取消声措施，装设消声器。

4）采取隔声措施，把发声的物体和场所封闭起来。

5）采取吸声措施，采用吸音材料和结构，吸收和降低噪声。

6）采用阻尼措施，用一些内耗损、内摩擦大的材料涂在金属薄板上，减少其辐射噪声的能量。

7）采用隔振措施，装设减振器或设置减振垫层，减轻振源声及其传播。

8）做好个人防护，戴耳塞、耳罩、头盔等防噪声用品。

9）定期进行体检。

3. 女工职业危害的预防措施

1）坚决贯彻执行党和国家妇女劳动保护政策，合理安排女工的劳动和休息，切实维护妇女的合法权益。

2）做好妇女经期、已婚待孕期、孕期、哺乳期的保护。

① 经期妇女禁止安排冷水、低温作业，冷水作业或者《体力劳动强度分级》GB 3869—1997 标准中第Ⅲ级体力劳动强度的作业，《高处作业分级》GB/T 3608—2008 标准中第Ⅱ级（含Ⅱ级）以上的作业。

② 已婚待孕期妇女禁止从事铅、汞、锡等作业场所属于《有毒作业分级检测规程》LD 81—1995 标准中第Ⅲ、Ⅳ级的作业。

③ 怀孕期妇女禁止从事作业场所空气中铅及其化合物、汞及其化合物、苯及其化合物、氯、苯胺、甲醛、镉、铍、砷、氰化物、氮氧化物、一氧化碳、二硫化碳等有毒物质浓度超过国家卫生标准的作业；人力进行的土方和石方作业；《体力劳动强度分级》GB 3869—1997 标准中第Ⅲ级体力劳动强度的作业；伴有全身强烈振动的作业如风钻、捣固机等作业以及拖拉机驾驶等；工作中需频繁弯腰、攀高、下蹲的作业如焊接作业；《高处作业分级》GB/T 3608—2008 标准所规定的高处作业等。

④ 哺乳期妇女禁止从事作业场所空气中铅及其化合物、汞及其化合物、苯、镉、铍、砷、氰化物、氮氧化物、一氧化碳、二硫化碳、氯、苯胺、甲醛等有毒物质浓度超过国家卫生标准的作业；作业场所空气中锰、氟、溴、甲醇、有机磷化合物、有机氯化合物的浓度超过国家卫生标准的作业；《体力劳动强度分级》GB 3869—1997 标准中第Ⅲ级体力劳动强度的作业。

4. 劳动防护用品的配备与使用

1）生产经营单位应当按照《个体防护装备用品规范》GB 11651—2008 和国家颁发的劳动防护用品配备标准以及有关规定，为从业人员配备劳动防护用品。

2）生产经营单位应当建立、健全劳动防护用品的采购、验收、保管、发放、使用、报废等管理制度。

3）生产经营单位为从业人员提供的劳动防护用品，必须符合国家标准或者行业标准，不得超过使用期限。

生产经营单位应当督促、教育从业人员正确佩戴和使用劳动防护用品。

4）生产经营单位应当安排用于配备劳动防护用品的专项经费。

生产经营单位不得以货币或者其他物品替代应当按规定配备的劳动防护用品。

5）生产经营单位不得采购和使用无安全标志的特种劳动防护用品；购买的特种劳动防护用品须经本单位的管理人员或者安全生产技术部门检查、验收。

6）从业人员在作业过程中，必须按照安全生产规章制度和劳动防护用品使用规则，正确佩戴和使用劳动防护用品；未按规定佩戴和使用劳动防护用品的，不得上岗作业。

第二章 建筑分部分项工程安全技术

第一节 地基基础工程

本节导图：

本节主要介绍地基基础工程，内容包括土方工程、地基处理工程、桩基工程、沉井工程、基坑工程等。其内容关系框图如下：

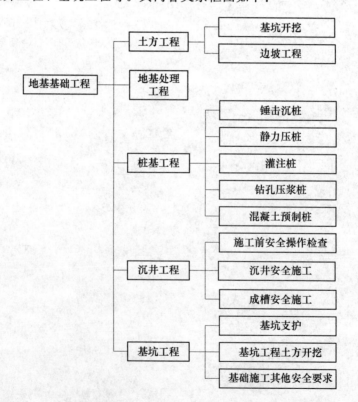

业务要点 1：土方工程

土方工程施工应由具有相应资质及安全生产许可证的企业承担。土方工程应编制专项施工安全方案，并应严格按照方案实施。

施工前应针对安全风险进行安全教育及安全技术交底。特种作业人员必须持证上岗，机械操作人员应经过专业技术培训。

施工现场发现危及人身安全和公共安全的隐患时，必须立即停止作业，排除隐患后方可恢复施工。

在土方施工过程中，当发现古墓、古物等地下文物或其他不能辨认的液体、气体及异物时，应立即停止作业，做好现场保护，并报有关部门处理后方可继续施工。

1. 基坑开挖

（1）一般规定

1）基坑工程应按现行行业标准《建筑基坑支护技术规程》JGJ 120—2012 进行设计；必须遵循先设计后施工的原则；应按设计和施工方案要求，分层、分段、均衡开挖。

2）土方开挖前，应查明基坑周边影响范围内建（构）筑物、给水排水、电缆、燃气及热力等地下管线情况，并采取措施保护其使用安全。

3）基坑开挖深度范围内有地下水时，应采取有效的地下水控制措施。

4）基坑工程应编制应急预案。

（2）基坑开挖的防护

1）开挖深度超过 2m 的基坑周边必须安装防护栏杆。防护栏杆应符合下列规定：

① 防护栏杆高度不应低于 1.2m。

② 防护栏杆应由横杆及立杆组成；横杆应设 2～3 道，下杆离地高度宜为 0.3～0.6m、上杆离地高度宜为 1.2～1.5m；立杆间距不宜大于 2.0m，立杆离坡边距离宜大于 0.5m。

③ 防护栏杆宜加挂密目安全网和挡脚板；安全网应自上而下封闭设置；挡脚板高度不应小于 180mm，挡脚板下沿离地高度不应大于 10mm。

④ 防护栏杆应安装牢固，材料应有足够的强度。

2）基坑内宜设置供施工人员上下的专用梯道。梯道应设扶手栏杆，梯道的宽度不应小于 1m。梯道的搭设应符合相关安全规范的要求。

3）基坑支护结构及边坡顶面等有坠落可能的物件时，应先行拆除或加以固定。

4）同一垂直作业面的上下层不宜同时作业。需同时作业时，上下层之间应采取隔离防护措施。

（3）作业要求

1）在电力管线、通信管线、燃气管线 2m 范围内及给水排水管线 1m 范围内挖土时，应有专人监护。

2）基坑支护结构必须在达到设计要求的强度后，方可开挖下层土方，严禁提前开挖和超挖。施工过程中，严禁设备或重物碰撞支撑、腰梁、锚杆等基坑支护结构，亦不得在支护结构上放置或悬挂重物。

3）基坑边坡的顶部应设排水措施。基坑底四周宜设排水沟和集水井，并及时排出积水。基坑挖至坑底时应及时清理基底并浇筑垫层。

4）对人工开挖的狭窄基槽或坑井，开挖深度较大并存在边坡塌方危险时，应采取支护措施。

5）地质条件良好、土质均匀且无地下水的自然放坡的坡率允许值应根据地方经验确定。当无经验时，可符合表 2-1 的规定。

表 2-1　自然放坡的坡率允许值

边坡土体类别	状态	坡率允许值（高宽比）	
		坡高小于 5m	坡高 5～10m
碎石土	密实	1：0.35～1：0.50	1：0.50～1：0.75
	中密	1：0.50～1：0.75	1：0.75～1：1.00
	稍密	1：0.75～1：1.00	1：1.00～1：1.25
黏性土	坚硬	1：0.75～1：1.00	1：1.00～1：1.25
	硬塑	1：1.00～1：1.25	1：1.25～1：1.50

注：1. 表中碎石土的充填物为坚硬或硬塑状态的黏性土。
　　2. 对于砂土填充或充填物为砂石的碎石土，其边坡坡率允许值应按自然休止角确定。

6）在软土场地上挖土，当机械不能正常行走和作业时，应对挖土机械行走路线用铺设渣土或砂石等方法进行硬化。

7）场地内有孔洞时，土方开挖前应将其填实。

8）遇异常软弱土层、流砂（土）、管涌，应立即停止施工，并及时采取措施。

9）除基坑支护设计允许外，基坑边不得堆土、堆料、放置机具。

10）采用井点降水时，井口应设置防护盖板或围栏，设置明显的警示标志。降水完成后，应及时将井填实。

11）施工现场应采用防水型灯具，夜间施工的作业面及进出道路应有足够的照明措施和安全警示标志。

（4）险情预防

1）深基坑开挖过程中必须进行基坑变形监测，发现异常情况应及时采取措施。

2）土方开挖过程中，应定期对基坑及周边环境进行巡视，随时检查基坑位移（土体裂缝）、倾斜、土体及周边道路沉陷或隆起、地下水涌出、管线开裂、不明气体冒出和基坑防护栏杆的安全性等。

3）在冰雹、大雨、大雪、风力达 6 级及以上强风等恶劣天气之后，应及时对基坑和安全设施进行检查。

4）当基坑开挖过程中出现位移超过预警值、地表裂缝或沉陷等情况时，应及时报告有关方面。出现塌方险情等征兆时，应立即停止作业，组织撤离危险区域，并立即通知有关方面进行研究处理。

2. 边坡工程

（1）一般规定

1）边坡工程应按现行国家标准《建筑边坡工程技术规范》GB 50330—2002 进行设计；应遵循先设计后施工，边施工边治理，边施工边监测的原则。

2）边坡开挖施工区域应有临时排水及防雨措施。

3）边坡开挖前，应清除边坡上方已松动的石块及可能崩塌的土体。

（2）作业要求

1）临时性挖方边坡坡率可按表 2-1 的要求执行。

2）对土石方开挖后不稳定或欠稳定的边坡应根据边坡的地质特征和可能发生的破坏形态，采取有效处置措施。

3）土石方开挖应按设计要求自上而下分层实施，严禁随意开挖坡脚。

4）开挖至设计坡面及坡脚后，应及时进行支护施工，尽量减少暴露时间。

5）在山区挖填方时，应遵守下列规定：

① 土石方开挖宜自上而下分层分段依次进行，并应确保施工作业面不积水。

② 在挖方的上侧和回填土尚未压实或临时边坡不稳定的地段不得停放、检修施工机械和搭建临时建筑。

③ 在挖方的边坡上如发现岩（土）内有倾向挖方的软弱夹层或裂隙面时，应立即停止施工，并应采取防止岩（土）下滑措施。

6）山区挖填方工程不宜在雨期施工。当需在雨期施工时，应编制雨期施工方案，并应遵守下列规定：

① 随时掌握天气变化情况，暴雨前应采取防止边坡坍塌的措施。

② 雨期施工前，应对施工现场原有排水系统进行检查、疏浚或加固，并采取必要的防洪措施。

③ 雨期施工中，应随时检查施工场地和道路的边坡被雨水冲刷情况，做好防止滑坡、坍塌工作，保证施工安全；道路路面应根据需要加铺炉渣、砂砾或其他防滑材料，确保施工机械作业安全。

7）在有滑坡地段进行挖方时，应遵守下列规定：

① 遵循先整治后开挖的施工程序。

② 不得破坏开挖上方坡体的自然植被和排水系统。

③ 应先做好地面和地下排水设施。

④ 严禁在滑坡体上部堆土、堆放材料、停放施工机械或搭设临时设施。

⑤ 应遵循由上至下的开挖顺序，严禁在滑坡的抗滑段通长大断面开挖。

⑥ 爆破施工时，应采取减振和监测措施，防止爆破振动对边坡和滑坡体的影响。

8）冬期施工应及时清除冰雪，采取有效的防冻、防滑措施。

9）人工开挖时应遵守下列规定：

① 作业人员相互之间应保持安全作业距离。

② 打锤与扶钎者不得对面工作，打锤者应戴防滑手套。

③ 作业人员严禁站在石块滑落的方向撬挖或上下层同时开挖。

④ 作业人员在陡坡上作业应系安全绳。

（3）险情预防

1）边坡开挖前应设置变形监测点，定期监测边坡的变形。

2）边坡开挖过程中出现沉降、裂缝等险情时，应立即向有关方面报告，并根据险情采取如下措施：

① 暂停施工，转移危险区内人员和设备。

② 对危险区域采取临时隔离措施，并设置警示标志。

③ 坡脚被动区压重或坡顶主动区卸载。

④ 做好临时排水、封面处理。

⑤ 采取应急支护措施。

◎ 业务要点 2：地基处理工程

1）灰土垫层、灰土桩等施工，粉化石灰和石灰过筛，必须戴口罩、风镜、手套、套袖等防护用品，并站在上风头。向坑（槽、孔）内夯填灰土前，应先检查电线绝缘是否良好，接地线、开关应符合要求，夯打时严禁夯击电线。

2）夯实地基起重机应支垫平稳，遇软弱地基，须用长枕木或路基板支垫。提升夯锤前应卡牢回转刹车，以防夯锤起吊后吊机转动失稳，发生倾翻事故。

3）夯实地基时，现场操作人员要戴安全帽。夯锤起吊后，吊臂和夯锤下15m 内不得站人，非工作人员应远离夯击点 30m 以外，以防夯击时飞石伤人。

4）深层搅拌机的入土切削和提升搅拌，一旦发生卡钻或停钻现象，应切断电源，将搅拌机强制提起之后，才能启动电机。

5）已成的孔尚未夯填填料之前，应加盖板，以免人员或物件掉入孔内。

6）当使用交流电源时，应特别注意各用电设施的接地防护装置。施工现场附近有高压线通过时，必须根据机具的高度、线路的电压，详细测定其安全距离，防止高压放电而发生触电事故。夜班作业，应有足够的照明以及备用安全电源。

业务要点 3：桩基工程

1. 锤击沉桩

1）开工前必须摸清地基附近的建（构）筑物和地下各种管线的情况，并绘制相应的平、剖面图。

2）与各种管线的主管单位取得联系，核对管线情况，并成立监护领导小组，确定监测方案和防护方案，加强施工全过程的监测。

3）设置排水系统，使孔隙水顺利排出地面，减少对打桩的影响。

4）设置防振沟以减轻对周围环境的破坏，即在被保护目标与打桩工作面之间，挖一定深度和宽度的沟，沟的做法按保护程度不同而不同。

5）控制打桩速度，即打入一根桩后，待孔隙水压消失一点再打入一根桩，可减少孔隙水压的提高，使土体的挤动减少。

6）沉桩后地基中形成的孔洞，必须加以封盖。

2. 静力压桩

1）制定安全生产措施，定期对施工人员进行安全知识培训，提高安全意识，确保施工安全。

2）吊桩时应有溜缆配合，避免发生碰撞。

3）高空作业人员搭乘压梁上下。

4）绕鬏头或围绳的操作人员须戴帆布手套，严禁用纱手套，并且手应离开鬏头或围绳桩 60cm 以上，防止轧伤。

5）钢丝绳如有绞绕，必须将钢丝绳放直后，才可进行工作。

6）绕鬏头或围绳时，如发现克索，应立即通知停车，解开克索后才能继续作业，严禁停车前用手直接去拉钢丝绳。

7）静压桩机就位时，应对准桩位，将静压桩机调至水平、稳定，保证在施工中不发生倾斜和移动。

8）桩机下压施工过程中，如桩尖遇到硬物，应立即停止，经处理后方可再压。

3. 灌注桩

（1）一般安全要求

1）进入施工现场应戴好安全帽，登高作业时应系好安全带。

2）成孔机电设备应有专人负责管理，凡上岗者均应持操作合格证。

3）登高检修与保养的操作人员，必须穿软底鞋，并将鞋底淤泥清除干净。

4）冲击成孔作业的落锤区应严加管理，任何人不得进入。

5）使用伸缩钻杆作业时，要经常检查限位结构，严防脱落伤人或落入孔洞中；检查时应避免用手指伸入探摸，严防轧伤。

6）钻孔后，应在孔口加盖板封挡，以免人或工具掉入孔中。

7）采用泥浆护壁时，应及时清扫地上的浆液，做好防滑措施。

8）吊置钢筋笼时，要合理选择捆绑吊点，并应拉好尾绳，保证平稳起吊，准确入孔，严防伤人。起吊要平稳，严禁猛起猛落，并拉好尾绳。

9）灌注桩施工现场所有设备、设施、安全装置、工具配件以及个人劳保用品必须经常检查，确保完好和使用安全。

10）机械设备发生故障后应及时检修，绝不能带病操作。施工现场的一切电源、电路的安装和拆除必须由持证电工操作，电器必须严格接地、接零和使用漏电保护器。

（2）人工挖孔灌注桩安全要求

1）作业人员必须戴安全帽、穿绝缘鞋。在孔内的作业人员每工作 4h 应轮换一次。严禁酒后作业。作业人员向孔内递送工具物品时，严禁用抛掷的方法。严防孔口的物件落入桩孔内。工作人员上下桩孔必须使用钢爬梯，不得脚踩护壁凸缘上下桩孔。桩孔内壁设置尼龙保险绳，并随挖孔深度放长至工作面，作为救急之备用。

2）桩孔挖掘前，应认真研究钻探资料，分析地质情况，对可能出现流砂、管涌、涌水以及有害气体等情况应予重视，并应制定有针对性的安全防护措施。

3）场地及四周应设置排水沟、集水井，并制订泥浆和废渣的处理方案。挖出的土石方应及时运走，桩孔四周 2m 范围内不得堆放淤泥杂物。

4）施工现场的出土线路应畅通，机动车辆通行时，应作出预防措施和暂停孔内作业，以防挤压塌孔。

5）为防止地面人员和物体坠落桩孔内，孔口四周必须设置护栏。护壁要高出地表面 200mm 左右，以防杂物滚入孔内。为防止孔壁坍塌，应根据桩径大小和地质条件采取可靠的支护孔壁。如在孔内爆破，孔内作业人员必须全部撤离至地面后方可引爆；爆破时，孔口应加盖；爆破后，必须用抽气、送水或淋水等方法将孔内废气排出，方可继续下孔作业。暂停施工的桩孔，应加盖板封闭孔口，并加 0.8～1m 高的围栏围蔽。

6）开挖作业时，现场人员应注意观察地面和建（构）筑物的变化。桩孔如靠近旧建筑物或危房时，必须对旧建筑物或危房采取加固措施。桩孔的深度一般不宜超过40m。桩身直径随桩孔的深度而加大。当桩间净距小于4.5m时,必须采用间隔开挖。排桩跳挖的最小施工净距也不得小于4.5m。当桩孔挖至5m以下时,应在孔底面以上3.0m左右处的护壁凸缘上设置半圆形的防护罩,防护罩可用钢(木)板或密眼钢筋(丝)网做成。开挖复杂的土层结构时,每挖深0.5~1m应用手钻或不小于$\phi16$钢筋对孔底做品字形探查,确认安全后,方可继续进行挖掘。在灌注桩身混凝土时,相邻10m范围内的挖孔作业应停止,并不得在孔底留人。

7)施工现场的一切电源、电路的安装和拆除,必须由持证电工专管,电器必须严格接地、接零和使用漏电保护器。桩孔内用电必须分闸,严禁一闸多孔和一闸多用。孔上电线、电缆必须架空,严禁拖地和埋压土中。孔内作业照明应采用安全矿灯或12V以下的安全矿灯。

4. 钻孔压浆桩

1)所有现场施工人员都必须佩戴安全帽,特种作业人员应佩戴专门防护用具。登高作业必须穿防滑鞋、系安全带。钻机、泵车及装载机司机和钻机指挥人员应严格遵守安全操作规程,严禁酒后上岗。专业电工持证上岗,应严格遵守电气安全操作规程。

2)钻孔压浆桩的施工顺序,应根据桩间距和地层可能的串浆情况,按编号顺序跳跃式进行,防止串浆造成对已施工完邻桩的损坏。

3)多风地区或多风季节施工时应配备风速仪,6~7级大风应停止作业,钻机按迎风面停放,并将钻杆钻入土中5~8m;7~8级强风应卸去钻杆、将动力头降至地面。8级以上强台风应将挺杆放至地面。

4)作业过程中,应经常检查钢丝绳、吊具及索环的磨损损坏程度,按报废标准及时更换。高压注浆时,人员不得在注浆管3m范围滞留。钢筋笼起吊要平稳,并拉好方向控制绳。严禁钢筋笼下站人。

5)桩施工完毕后3d内,应避免钻机或重型机械直接碾压桩头,以免桩头破坏。桩头清理,应在桩头混凝土凝固后进行,一般3d以后。清理桩头应采用人工清理,严禁挖掘机等机械强行清理。桩顶标高至少要比设计标高高出0.5m。钻机行走场地的地基承载力不满足要求时应加垫钢板或路基箱。

6)冬期施工应经常检查钻机挺杆、滑轮横梁,发现脆断裂纹应立即修补。夜间施工时各岗位应有可靠的联络信号。

5. 混凝土预制桩

1)机械设备应由专人持证操作,操作者应严格遵守安全操作规程。

2)工作棚应通风良好,注意防火;容器不准用锡焊,防止熔穿泄漏。熬制胶泥时,应穿好防护用品。胶泥浇筑后,上节应缓慢放下,防止胶泥飞溅。利用桩机吊桩时,桩与桩架的垂直方向距离不应大于4m,偏吊距离不应大于

2.5m。起吊时吊点必须正确，速度要均匀，桩身要平稳，必要时桩架应设缆风绳。吊桩前应将桩锤提升到一定位置固定牢靠，防止吊桩时桩锤坠落。

3）吊桩时要慢起，桩身应在两个以上不同方向系上缆索，由人工控制使桩身稳定。

4）打桩时应采取与桩型、桩架和桩锤相适当的桩帽及衬垫，发现损坏应及时修整和更换。锤击不宜偏心，开始落距要小。如遇贯入度突然增大，桩身突然倾斜、位移，桩头严重损坏，桩身断裂，桩锤严重回弹等应停止锤击，经采取措施后方可继续作业。

5）插桩时，手脚严禁伸入桩与龙门架之间。用撬棍或板舢等工具矫正桩时，用力不宜过猛。

6）拔送桩时应选择合适的绳扣，操作时必须缓慢加力，随时注意桩架、钢丝绳的变化情况。送桩拔出后，地面孔洞必须及时回填或加盖。

业务要点 4：沉井工程

1. 施工前安全操作检查

1）施工前，做好地质勘察和调查研究，掌握地质和地下埋设物情况，清除 3m 深以内的地下障碍物、电缆、管线等，以确保职业健康安全操作。

2）操作人员应熟悉成槽机械设备性能和工艺要求，严格执行各专用设备的使用规定和操作规程。

3）沉井施工前，应查清沉井部位地质、水文及地下障碍物情况，摸清邻近建筑物、地下管道等设施影响情况，采取有效措施，防止施工中出现异常情况，影响正常、安全施工。

2. 沉井安全施工

1）严格遵循沉井垫架拆除和土方开挖程序，控制均匀挖土和速度，防止发生突然性下沉、严重倾斜现象，导致人身事故。

2）沉井上部应设安全平台，周围设栏杆；井内上下层立体交叉作业，应设安全网、安全挡板，避开在出土的垂直下方作业；井下作业应戴安全帽，穿胶皮鞋。

3）沉井内爆破基底孤石时，操作人员应撤离沉井，机械设备要进行保护性护盖，当烟气排出，清点炮数无误后始准下井清渣。

3. 成槽安全施工

1）成槽施工中要严格控制泥浆密度，防止漏浆、泥浆液面下降、地下水位上升过快、地面水流入槽内、使泥浆变质等情况发生，促使槽壁面坍塌，而造成多头钻机埋在槽内，或造成地面下陷导致机架倾覆。

2）钻机成孔时，如被塌方或孤石卡住，应边缓慢旋转，边提钻，不可强行拔出，以免损坏钻机和机架，造成职业健康安全事故。

3）所有成槽机械设备必须有专人操作，实行专人专机，严格执行交接班制度和机具保养制度，发现故障和异常现象时，应及时排除，并由有关专业人员进行维修和处理。

业务要点 5：基坑工程

1. 基坑支护

1）基坑开挖要连续施工，尽量减少无支护暴露时间，开挖必须遵循"开槽支撑，先撑后挖，分层开挖，严禁超挖"的原则。利用锚杆做支护结构时，应根据设计要求，及时进行锚杆施工而且必须在锚杆张拉锁定后才可进行下一步开挖。

2）基坑挖土时，要布置好挖土机械、车辆的通道，安排好挖土顺序等，以防挖土过程中碰撞围护结构，并做好机械上下基坑坡道部位的支护。

3）坑边不应堆放土方和建筑材料，如果不能避免，一般应距基坑上部边缘不小于1m，弃土堆高不超过 1.5m，并且不超过设计荷载值。在垂直的坑壁边距离还应适当增大，且应注意在软土地区不应在坑边堆置弃土。当重型机构在坑边作业时，应设置专门的平台或深基础，同时还要限制或隔离坑顶周围振动荷载的作用。

4）基坑周边设围护栏杆和安全标志，严禁从坑顶扔抛物体，且坑内应设安全出口便于人员撤离。所有机械行驶、停放要平稳，坡道要牢固可靠，必要时进行加固。

5）机械开挖时，为保证基坑土体的原状结构，应预留 150～300mm 原土层，由人工挖掘修整。基坑开挖完毕后，应及时清底验槽并铺设垫层，以防止暴晒和雨水浸刷破坏原状结构。若基底超挖，应用素混凝土回填或夯实回填，使基底土承载性能满足设计要求。

6）配合机构作业的清底、平整场地、修坡等施工人员，应在机械回转半径以外工作。当必须在回转半径以内工作时，应停止机械回转并制动好后方可进行作业。

7）土方机械禁止在离电缆 1m 距离内作业，机械运行中严禁接触转动部位和进行检修。在修理工作装置时，应使其降至最低位置，并应在悬空部位垫上垫土。

8）挖掘机正铲作业时，最大开挖高度和深度不超过机械本身性能的规定；反铲作业时，履带距工作面边缘距离应大于 1.5m。

2. 基坑工程土方开挖

基坑工程土方开挖是基础工程中的一个重要分项工程，也是基坑工程设计的主要内容之一。当有支护结构时，通常将支护结构设计先完成，而对土方开挖方案提出一些限制条件。有时，土方开挖方案会影响支护结构设计的工况，土方开挖必须符合支护结构设计的工况要求。

（1）放坡开挖

1）开挖深度不超过 4.0m 的基坑，当场地条件允许，并经验算能保证土坡稳定性时，可采用放坡开挖。

2）开挖深度超过 4.0m 的基坑，有条件采用放坡开挖时，应设置多级平台分层开挖，且每组平台的宽度不宜小于 1.5m。

3）放坡开挖的基坑还要符合以下要求：

① 坡顶或坑边不宜堆土或堆载，遇有不可避免的附加荷载时，应将稳定性验算计入附加荷载的影响。

② 基坑边坡必须经过验算，以保证边坡稳定。

③ 土方开挖应在降水达到要求后，采用分层开挖的方法施工，分层厚度不宜超过 2.5m。

④ 土质较差且施工期较长的基坑，边坡应采用钢丝网水泥或其他材料进行护坡。

⑤ 放坡开挖应采取相应有效措施降低坑内水位和排出地表水，防止地表水或基坑排出的水倒流回基坑。

4）基坑开挖应严格按要求放坡，操作时应随时注意边坡的稳定情况，发现问题及时加固处理。

5）机械挖土，多台阶同时开挖土方时，应验算边坡的稳定。根据规定和验算确定挖土机离边坡的安全距离。

6）运土道路的坡度、转变半径要符合有关安全规定。

（2）有支护结构的基坑开挖

1）采用机械挖土，坑底应保留 200～300mm 厚的基土，用人工挖除整平，并防止坑底土体扰动。

2）采用机械挖土方式时，严禁挖土机械碰撞支撑、井点管、立柱、围护墙和工程桩。

3）除设计允许外，挖土机械和车辆不得直接在支撑上行走操作。

4）应尽量缩短基坑支撑暴露时间。对一、二级基坑，每一工况下挖至设计标高后，钢支撑的安装周期不应超过一昼夜，钢筋混凝土支撑的完成时间不应超过两昼夜。

5）对面积较大的一级基坑，土方宜采用分块、分区对称开挖及分区安装支撑的施工方法，土方挖至设计标高后，立即浇筑垫层。

6）基坑中若有局部加深的电梯井、水池等，土方开挖前应对其边坡作必要的加固处理。

(3) 基坑开挖的安全措施

1) 施工机械使用前必须经过验收，合格后方能使用。

2) 在施工组织设计中，要有单项土方工程施工方案，对施工准备、开挖方法、排水、放坡、边坡支护应根据相关规范要求进行设计，边坡支护要有设计计算书。

3) 人工挖基坑时，操作人员之间要保持安全距离，一般大于 2.5m；多台机械开挖，挖土机间距应大于 10m；挖土要自上而下、逐层进行，严禁先挖坡脚的危险作业。

4) 挖土方前对周围环境要认真检查，不能在危险岩石或建筑物下面作业。

5) 深基坑四周设防护栏杆，人员上下要有专用爬梯。

6) 运土道路的坡度、转弯半径要符合有关安全规定。

7) 机械挖土，应严格控制开挖面坡度和分层厚度，防止边坡和挖土机下的土体滑动。挖土机作业半径内不得有人进入，司机必须持证作业。

8) 为防止基坑底的土被扰动，基坑挖好后应尽量减少暴露时间，及时进行下一道工序的施工。如不能立即进行下一道工序，要预留 15～30cm 厚覆盖土层，待基础施工时再挖去。

9) 如开挖的基坑（槽）比邻近建筑物基础深时，开挖应保持一定的距离和坡度，距离不得小于 1.5m，以免在施工时影响邻近建筑物的稳定，如不能满足要求，应采取边坡支撑加固措施。并在施工中进行沉降和位移观测。

10) 为防止基坑浸泡，除做好排水沟外，要在坑四周做挡水堤，防止地面水流入坑内，坑内要做排水沟、集水井以利于抽水。

11) 开挖低于地下水位的基坑（槽）、管沟和其他挖土时，应根据当地工程地质资料、挖方深度和尺寸，选用集水坑或井点降水。

3. 基础施工其他安全要求

(1) 基坑周边的防护措施

1) 基坑四周及栈桥临空面必须设置防护栏杆，防护栏杆高度不应低于1.2m，并且不得擅自拆除、破坏防护栏杆。

2) 沿基坑适当布置上下基坑的爬梯，爬梯侧边设置护栏。

3) 在基坑围护顶部砌筑挡水坎，防止地面水流入基坑。

4) 严格控制坑边堆载。

5) 因工程建设规模越来越大，基坑面积也越来越大。为了方便，不少操作者或行人常常在支撑上行走，但如果支撑上无任何防护措施，便很容易发生事故。所以应合理选择部分支撑，采取一定的防护措施，作为坑内架空便道。其他支撑上一律不允许人员行走，要采取相应措施将其封堵。

（2）大体积混凝土施工措施中的防火安全　因高层或超高层建筑基础底板厚度多数大于1.0m，基础底板施工大多属于大体积混凝土施工。为防止大体积混凝土产生温差裂缝，可采用蓄垫法使混凝土表面与中心的温差控制在25℃以内。通常在混凝土表面先铺盖一层塑料薄膜，再覆盖2～3层干草包。要注意大面积＋干草包的防火工作，不得用碘钨灯烘烤混凝土表面，同时周围应严禁烟火，并配备一定数量的灭火器材。

（3）采用集水坑降水时的规定

1）根据现场条件，应能保持开挖边坡的稳定。

2）集水坑应与基础底边有一定距离。边坡如有局部渗出地下水时，应在渗水处设置过滤层，防止土粒流失，并应设置排水沟，将水引出坡面。

3）采用井点降水，降水前应考虑降水影响范围内的已有建筑物和构筑物可能产生的附加沉降、位移。定期进行沉降和水位观测并做好记录。发现问题，及时采取措施。

第二节　主体结构工程

本节导图：

本节主要介绍主体结构工程，内容包括砌筑工程、模板工程、钢筋工程、混凝土工程、钢结构工程等。其内容关系框图如下：

业务要点1：砌筑工程

1. 砌筑工程的安全与防护措施

1）在砌筑操作前，必须检查施工现场各项准备工作是否符合安全要求，如道路是否畅通，机具是否完好牢固，安全设施和防护用品是否齐全，经检查符合要求后才可施工。

2）施工人员进入现场必须戴好安全帽。砌基础时，应检查和注意基坑土质的变化情况。堆放砖石材料应离开坑边1m以上。砌墙高度超过地坪1.2m以上时，应搭设脚手架。架上堆放材料不得超过规定荷载值，堆砖高度不得超过3皮侧砖，同一块脚手板上的操作人员不应超过2人。按规定搭设安全网。

3）不准站在墙顶上做画线、刮缝及清扫墙面或检查大角垂直等工作。不准用不稳固的工具或物体在脚手板上垫高操作。

4）砍砖时应面向墙面，工作完毕应将脚手板和砖墙上的碎砖、灰浆清扫干净，防止掉落伤人。正在砌筑的墙上不准走人。不准站在墙上做画线、刮

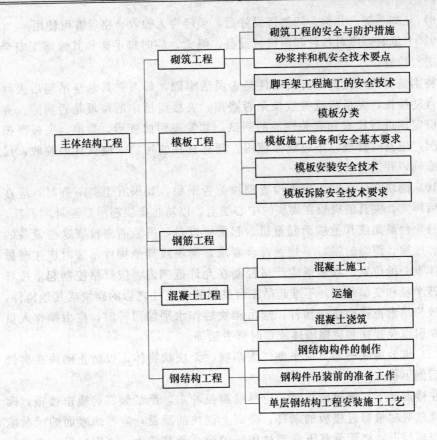

缝、吊线等工作。山墙砌完后，应立即安装桁条或临时支撑，防止倒塌。

5）雨天或每日下班时，应做好防雨准备，以防雨水冲走砂浆，致使砌体倒塌。

冬期施工时，脚手板上如有冰霜、积雪，应先清除后才能上架子进行操作。

6）砌石墙时不准在封顶或架上修石材，以免振动墙体影响质量或石片掉落伤人。不准用手移动上墙的石块，以免压破或擦伤手指。不准勉强在超过胸部的墙上进行砌筑，以免将墙体碰撞倒塌或上石时失手掉下造成安全事故。石块不得往下掷。运石上下时，脚手板要钉装牢固，并钉防滑条及扶手栏杆。

7）对有部分破裂和脱落危险的砌块，严禁起吊；起吊砌块时，严禁将砌块停留在操作人员的上空或在空中整修；砌块吊装时，不得在下一层楼面上进行其他任何工作；卸下砌块时应避免冲击，砌块堆放应尽量靠近楼板两端，不得超过楼板的承重能力；砌块吊装就位时，应待砌块放稳后，方可松开夹具。

8）凡脚手架、井架、门架搭设好后，须经专人验收合格后方可使用。

9）上班时，应对各种起重机械设备、绳索、临时脚手架和其他施工安全设施进行检查。

特别是要检查夹具的有关零件是否灵活牢固，剪刀夹具悬空吊起后夹具是否自动拉拢，夹板齿或橡胶块是否磨损，夹板齿槽中的垃圾是否清除。夹具还应定期进行检查和有关性能的测试，如发现歪曲变形、裂痕、夹板磨损等情况，应及时修理，不应勉强使用。新夹具在使用前，应认真地验收，尺寸应准确，并进行性能测试。

10）砌块在装夹前，应先检查砌块是否平稳，如果有歪斜不齐时，应在撬正后再夹，夹具的夹板在砌块的中心线上，以防止砌块超吊后歪斜。

11）台灵架或其他楼面起重机、起重机设备，吊装前应检查这些设备的位置、压重、缆绳的锚口等是否符合要求，砌块或其他构件吊装时应注意被吊物体重心的位置，起重量应严格控制在允许范围内，应严格控制起重拨杆的回转半径和变幅角度，不准起吊在台灵架的前支柱之后的砌块或其他构件，不准放长吊索拖拉砌块或构件，起吊砌块后作水平加回转时，应由操作人员通过牵引以免摇摆和碰撞墙体或临时脚手架等。

12）堆放砌块的地方应平整、无杂物、无块状物体，以防止砌块在夹具松开后倒下伤人。

在楼面卸下、堆放砌块时，应尽量避免冲击，严禁倾卸，撞击楼板，砌块的堆放应尽量靠近楼板的端部，楼面上砌块的重量，应考虑楼面的承载能力和变形情况，楼面荷载不准超过楼板的允许承载能力，否则应采取相应的加固措施，如在楼板底加设支撑等。

13）采用内脚手架时，应在房屋四周按照安全技术规定的要求设置安全网，并随施工的高度上升，屋檐下一层安全网，在层面工程完工前不准拆除。

2. 砂浆拌和机安全技术要点

1）进入现场必须遵守安全操作规程和安全生产十大纪律。

2）砂浆机底座应平整稳固，开关箱离操作位置不大于 3m，接零保护良好，触电保护器灵敏有效，传动皮带防护罩完好无损。防护棚应符合防晒、防火和抗冲击的要求。

3）操作人员必须持证上岗、穿胶水鞋、戴安全帽和口罩，不准将机械交给无证人员开动。

4）砂浆出料应用圆盘式卸料口，不得使用倒顺开关控制出料。

5）作业前应检查拌和机的传动部分、工作装置、电线电器、防护装置等应牢固可靠，操作灵活，熔断丝符合规定要求。

6）启动后，先经空机运转，检查搅拌叶旋转方向，确认一切正常后，方可边加水边加料进行搅拌作业，不准超规定容量投料，不准先加料满负荷启动。

7）砂浆机在运转过程中，不得用手、脚、木棒、铁铲等伸进拌筒在筒边沿口清理灰浆或扒料，防止拌叶撞击伤人。

8）加入筒内的砂子、石灰等材料必须经过筛选，防止石子、石碴在筒底卡住搅拌叶，造成机械停转，电动机发热损坏设备。

9）机械发生故障，必须拉闸切断电源停机，将筒内砂浆清出，报告机修组进行检修，排除故障。不准擅自拆除防护装置。

10）进行机械维修保养时，必须先拉闸切断电源，拔去电源插头，锁好开关箱，挂上"有人维修，严禁合闸"的标志，方可检修。入筒内检修时外面必须派专人监护。

11）作业后，应做好拌和机内外的清洁保养及场地清理工作，不准伸手、脚到筒口清洗，注意电动机不得湿水受潮。

12）下班时，必须拉闸切断电源，锁好开关箱。

3. 脚手架工程施工的安全技术

（1）一般要求

1）架子作业时必须戴安全帽，系安全带，穿软底鞋。脚手架上材料应堆放平稳，工具应放入工具袋内，上下传递物件时不得抛掷。

2）不得使用已经腐朽和严重开裂的竹、木脚手板，或虫蛀、枯脆、劈裂的材料。

3）在雨、雪、冰冻的天气施工，架子上要有防滑措施，并应在施工前将积雪、冰碴清除干净。

4）复工工程应对脚手架进行仔细检查，若发现立杆沉陷、悬空、节点松动、架子歪斜等情况，应及时处理。

（2）脚手架搭设要求

1）脚手架的搭设应符合相关要求，并且应与墙面之间设置足够和牢固的拉结点，不得随意加大脚手杆距离或不设拉结。

2）脚手架的地基应整平夯实或加设垫木、垫板，保证其具有足够的承载力，防止发生整体或局部沉陷。

3）脚手架斜道外侧和上料平台应该设置高 1m 的安全栏杆和高 18cm 的挡脚板或挂防护立网，并随施工高度的升高而升高。

4）脚手板的铺设要满铺、铺平和铺稳，不得有悬挑板。

5）在脚手架的搭设过程中，要及时设置连墙杆、剪刀撑以及必要的拉绳与吊索，防止搭设过程中脚手架发生变形、倾倒。

（3）脚手架防电、防雷要求

1) 脚手架与电压为 1~20kV 的架空输电线路的距离应不小于 2m，同时应有隔离防护措施。

2) 脚手架应有良好的防电避雷装置。钢管脚手架与钢塔架应有可靠的接地装置，每 50m 长应设一处；经过钢脚手架的电线要严格检查，防止破皮漏电。

3) 施工照明通过钢脚手架时，应使用 12V 以下的低压电源。电动机具必须与钢脚手架接触时，应当保证接触具有良好的绝缘效果。

(4) 脚手架在使用过程中的防护问题

脚手架应有牢固的骨架，可靠的连接，稳妥的基底，并需按正确的顺序架设和拆卸，这些均是保证安全的重要环节。

1) 防护问题：

① 避免人员在脚手架上坠落。

② 避免人员受外来坠落物的伤害。

2) 防护措施：

① 阻止人和物高处坠落。

② 阻止人和物从高处坠落的措施，除了在作业面正确铺设脚手架和安装防护栏杆、挡脚板外，还可在脚手架外侧挂设立网。

③ 对于高层建筑、高耸构筑物、悬挑结构和临街房屋的防护措施，最好采用全封闭的立网。立网可以采用塑料编织布、竹篾、席子、篷布，还可采用小眼安全网，这样可以有效防止人员从脚手架上闪出和坠落。

④ 立网也可采用半封闭设置，即仅在作业层设置，但立网的上边缘应高出作业面 1.2m。

⑤ 阻止高处坠落物件砸伤地面人员：避免高处坠落物品砸伤地面活动人群的主要措施是设置安全的人行通道或运输通道。通道的顶盖应满铺脚手板或其他能可靠承接坠落物的板篷材料，篷顶临街的一侧尚应设高于篷顶不少于 0.8m 的挡墙，防止落物又反弹到街上。

⑥ 保证高处坠落人员安全软着陆：当脚手架不能采用全封闭立网时，有可能出现人员从高处闪出和坠落的情况，应该设置能用于承接坠落人和物的安全平网，使高处坠落人员能安全软着陆。对于高层房屋，为了确保安全应设置多道防线。

安全平网一般有下列三种：

a. 首层网：它是在离地面 3~5m 处设立的第一道安全网。当施工高度在 6 层以下或总高≤18m 时，平网伸出作业层外边缘的宽度为 3~5m；当施工高度≥18m 时，平网伸出宽度>5m。

b. 随层网：当作业层在首层网以上超过 3m 时，随作业层设置的安全网称为随层网。

c. 层间网：对房屋层数较多时，施工作业已离地面较高时，尚需每隔 3～4 层设置一道层间网，网的外挑宽度为 2.5～3m。

业务要点 2：模板工程

1. 模板分类

模板按其功能，主要可分为五大类。

（1）定型组合模板 定型组合模板包括定型组合钢模板、钢木定型组合模板、组合铝模板以及定型模板。我国广泛使用钢与木（竹）胶合板组合的定型模板，并配以固定立柱早拆水平支承的模板面的早拆支承体系。

（2）墙体大模板 墙体大模板有钢制大模板、钢木组合大模板以及由大模板组合的筒子（圆形）模板等。

（3）飞模（台模） 飞模是用于楼盖结构混凝土浇筑的整体工具式模板。具有支拆方便、周转快等特点。飞模又可分为铝合金桁架与木（竹）胶合板面组成的铝合金飞模；轻钢桁架与木（竹）胶合板面组成的轻钢飞模；用门式钢脚手架或扣件钢管脚手架与木（竹）胶合板或定型模板面组成的脚手架飞模；将楼面与墙体模板连成整体的工具式模板——隧道模。

（4）滑动模板 主要用于整体现浇混凝土结构施工。在工业建筑的烟囱、水塔、筒仓、竖井和民用高层建筑剪力墙、框剪、框架结构施工中，被广泛应用。滑动模板主要由模板面、围圈、提升架、液压千斤顶、操作平台、支承杆件等组成。滑动模板一般采用钢模板面，也可用木或木（竹）胶合板面，围圈、提升架、操作平台一般为钢结构，支承杆一般用直径 $\phi 25mm$ 的圆钢或螺纹钢制成。

（5）一般木模板 板面采用木板或木（竹）胶合板，支承结构采用木龙骨、木立柱，连接杆件采用螺栓或铁钉。

2. 模板施工准备和安全基本要求

（1）模板施工前的安全技术准备工作 模板施工前，项目工程技术负责人要认真审查施工组织设计（施工方案）中有关模板设计的技术资料。

1）模板结构设计计算书的荷载取值是否符合工程实际，计算方法是否正确，审核手续是否齐全。

2）模板设计图包括结构构件大样及支撑体系、连接杆件等的设计是否安全合理，图纸是否齐全。

3）模板设计中的安全技术措施。模板构件进场后，要认真检查构件和材料是否符合设计要求。例如，钢模板构件是否有严重锈蚀或变形，构件的焊缝或连接螺栓是否符合要求；木料的材质以及木构件拼接接头是否牢固等；

自行加工的模板构件，特别是承重的钢构件其检查验收手续是否齐全。同时要具备施工现场安全作业条件，运输道路要畅通，防护设施应齐全有效。地面上的支模场地必须平整夯实，夜间应有充足的照明，电动工具的电源线绝缘良好，漏电保护器灵敏可靠，并做好模板垂直运输的安全施工的准备工作。

项目工程技术负责人在使用模板施工前必须认真地向有关操作人员作详细的安全技术措施交底，操作人员经培训、考试合格后方可进行模板作业。

(2) 模板工程施工的安全基本要求　模板工程作业高度在 2m 及 2m 以上时，根据《建筑施工高处作业安全技术规范》JGJ 80—1991 中有关安全防护设施的规定执行。在临街及交通要道地区施工应设警示牌，并派专人进行监护。操作人员上下通行，必须走爬梯或通道，不得攀登模板或脚手架、井字架、龙门架等，不许在墙顶、独立梁及其他狭窄无防护栏杆的模板面上行走。高处作业人员所用工具应放在工具袋内，不得将工具、模板零件随意放在脚手架或操作平台上，以免坠落伤人。五级以上大风天气严禁模板吊装作业。

冬期施工时，对于操作地点和人行通道的冰、霜、雪在施工作业前应清扫干净，防止滑倒摔伤施工人员。木料及易燃保温材料应远离火源码放，采用电热养护的模板要有可靠的绝缘措施。

雨期施工时，高层施工结构的模板作业，要安装避雷设施，其接地电阻不得大于 10Ω，沿海地区要考虑强台风并采取有效的加固措施。

吊运模板的悬臂式起重机的任何部位和被吊物件的边缘与 10kV 以下的高压架空线路边缘最小水平距离不得小于 2m。对高压线路应采取防护措施，用非导电材质支搭防护架子及防护网，并悬挂醒目的警告标志牌。

夜间施工时，必须有足够的照明灯具，其距作业面高度不低于 3m。电源线路应绝缘良好，不得直接固定在钢模板上。

3. 模板安装安全技术

(1) 模板安装的规定

1) 安装前要审查设计审批手续是否齐全，模板结构设计与施工说明中的荷载、计算方法、节点构造是否符合实际情况，是否有安装拆除方案。

2) 对模板施工作业人员进行全面详细的安全技术交底。

3) 模板安装应根据设计与施工说明按顺序拼装。

4) 竖向模板支架支承部分安装在基土上时，应加设垫板；如用钢管作支撑时在垫板上应加钢底座。垫板应有足够强度和支承面积，并应中心承载。基土应坚实，并有排水措施。对湿性黄土应有防水措施；对冻胀性土应有防冻融措施。

5) 模板及其支架在安装过程中，必须采取有效的防倾覆临时固定措施。

6) 现浇钢筋混凝土梁、板，当跨度大于 4m 时，模板应起拱；当设计无具体要求时，起拱高度可为全跨长度的 1‰～3‰。

7）现浇多层或高层房屋、构筑物，安装上层模板及其支架应符合下列规定：

① 下层楼板应具有承受上层荷载的承载能力或加支架支撑。

② 上层支架立柱应对准下层支架立柱，并于立柱底铺设垫板。

③ 当采用悬臂吊模板、桁架支模方法时，其支撑结构的承载能力和刚度必须符合要求。

8）当层间高度大于 5m 时，宜选用桁架支模或多层支架支模。当采用多层支架支模时，支架的横垫板应平整，支柱应垂直，上下层支柱应在同一竖向中心线上，其支柱不得超过 2 层。并必须待下层形成空间整体后，才能支安上层支架。

9）模板安装作业高度超过 2m 时，必须搭设脚手架或平台。

10）模板安装时，上下应有人接应，随装随运，严禁抛掷，且不得将模板支搭在门窗框上，也不得将脚手板支搭在模板上，不能将模板与井字架、脚手架或操作平台连成一体。

11）垂直吊运模板时，必须符合下列要求：

① 在升、降过程中应设专人指挥，统一信号，密切配合。

② 吊运大块或整体模板时，竖向吊运应不少于 2 个吊点。水平吊运应不少于 4 个吊点。必须使用卡环连接，并应稳起稳落，待模板就位连接牢固后，方可摘除卡环。

③ 吊运散装模板时，必须码放整齐，待捆绑牢固后方可起吊。

12）拼装高度为 2m 以上的竖向模板，不得站在下层模板上拼装上层楼板。安装过程中应设置足够的临时固定设施，若中途停歇，应将已就位的模板固定牢固。

13）当承重焊接钢筋骨架和模板一起吊装时，应符合下列要求：

① 模板必须固定在承重焊接钢筋骨架的节点上。

② 安装钢筋模板组合体时，吊索应按模板设计的吊点位置绑扎。

14）当支撑呈一定角度倾斜，或其支撑的表面倾斜时，应采取可靠措施确保支点稳定，支撑底脚必须有可靠的防滑移措施。

15）除设计图另有规定外，所有垂直支架柱应保证其垂直。其垂直允许偏差，当层高不大于 5m 时为 6mm，当层高大于 5m 时为 8mm。

16）对梁和板安装二次支撑时，在梁、板上不得有施工荷载，支撑的位置必须准确。安装后所传给支撑或连接构件的荷载不应超过其允许值。支架柱或桁架必须有保持稳定的可靠措施。

17）已安装好的模板上的实际荷载不得超过设计值。已承受荷载的支架和附件，不得随意拆除或移动。

18）组合钢模板、大模板、滑动模板等安装，均应符合国家现行标准《组合钢模板技术规范》GBJ 214—2001 和《液压滑动模板施工技术规范》GB 50113—2005 的相应规定。

（2）普通模板安装的安全技术

1）基础及地下工程模板安装

应先检查基坑土壁边坡的稳定情况，发现有塌方的危险时，必须采取加固措施确保安全后，方可进行模板作业。操作人员上、下深度 2m 以上坑、槽时，应设置坡道或爬梯。坑、槽上口边缘 1m 以内不得堆土、堆料或停放机械。向坑、槽内运送模板，工人应使用溜槽或绳索，不得向下投掷，运送时应有专人指挥，上下呼应。模板支撑支在护壁上时，应在支点处加垫板，以免支撑不牢或造成护壁坍塌。采用起重机械吊运模板等材料时，被吊的模板构件和材料应捆牢，起落应听从指挥，被吊重物下方回转半径内禁止人员停留。分层分段的柱基支模，应在下层模板校正并支撑牢固后，再进行上一层模板的支搭工作。

2）混凝土柱子模板安装

柱子模板支模时，四周必须设牢固支撑或用钢筋、钢丝拉接牢固，避免柱模整体歪斜、位移，甚至倾倒。柱箍的间距及拉接螺栓的设置必须按模板设计规定执行。当柱模超过 6m 以上时，不宜单独支模，应将几个柱子模板拉结成整体。

3）单梁与整体混凝土楼层面支模

应搭设牢固的操作平台，并设置护身栏。上下不得交叉作业，楼层立柱高超过 4m 时，应采用钢管脚手架立柱或门式脚手架，如果采用多层支架支模时，各层支架本月必须成为整体。空间结构稳定，支架的层间垫板应平整，各层支架的立柱应垂直，上、下层立柱应在同一条垂直线上，并用横、竖拉杆拉牢，防止模板立柱位移发生坍塌事故。

现浇多层房屋和构筑物，应采取分层分段支模方法。在已拆模的楼板面上支模时，应验算楼板的承载力能否承受上部支模的荷载。如果承载力不够，则必须附加临时立柱支顶加固，或保留该楼板的模板立柱。上、下层楼板的模板立柱应在同一条垂直线上。在首层房心土上支模，地面应平整夯实，立柱下面应加通长垫板。冬季不能在冻土或潮湿地面上支立柱，因土体受冻膨胀，会将楼板顶裂或化冻时使立柱下沉引起结构变形。

4）采用扣件式钢管脚手架作立柱支撑时的安装

① 钢管规格、间距、扣件应符合设计要求。每根立杆底部应设置底座及垫板。

② 立杆必须设置纵横向扫地杆，纵上横下。用直角扣件在离地 200mm 处与立杆扣牢。

③ 立杆接长必须采用对接扣件连接，且相邻两立杆的对接接头不得在同步内，而隔 1 根立杆的对接接头沿竖向错开的距离不宜小于 500mm，各接头中心距主节点不宜大于步距的 1/8。

搭接接头的长度不应小于 1m，且应采用不小于 2 个旋转扣件固定，端部扣件盖板边缘至杆端不应小于 100mm。

④ 扣件式钢管脚手架作组合式格构柱使用时，主立杆间距不得大于 1m，纵横水平杆步距不应大于 1.2m，且柱的每一边应于两横杆间加设斜支撑杆，保持稳定，以防失稳倾倒。

5）门式钢管脚手架（简称门架）作支撑时的安装

① 门架的跨距和间距应按设计规定布置，但间距宜小于 1.2m；支撑架底部垫木上设固定底座或可调底座。

② 门架支撑可沿梁轴线垂直和平行布置，当垂直布置时，在两门架间的两侧应设置交叉支撑；当平行布置时，在两门架间的两侧亦应设置交叉支撑，交叉支撑应与立杆上的锁销锁牢，上下门架的组装连接必须设置连接棒及锁臂。

③ 门架支撑宽度为 4 个及以上跨或 5 个间距及以上时，应在周边底层、顶层、中间每 5 列、5 排于每榀门架立杆根部设置 $\phi48\times3.5$ 通长水平加固杆，并应用扣件与门架立杆扣牢。

④ 门架支撑高度超过 10m 时，应在外侧周边和内部每隔 15m 间距设置剪刀撑，剪刀撑不应大于 4 个间距，与水平夹角应为 45°~60°，沿竖向应连续设置，并用扣件与门架立杆扣牢。

6）混凝土墙模板工程

一般有大型起重设备的施工现场，墙模板采用预制拼装成大模板，整体安装、拆除可节省劳动力，加快施工速度。这种拼装成大块模板的墙模板，一般没有支腿，必须码放在插放架内，插放架应牢固、稳定。大块墙模板是由定型小钢模板拼装而成，要拼装牢固，吊环要进行计算设计。整片大块墙模板安装就位后用穿墙螺栓将两片墙模板拉牢，并设置支撑或与相邻墙模连成整体，以增加稳定性。

7）圈梁与阳台模板的安装

支圈梁模板要搭设操作平台，不允许站在墙上操作。阳台是悬挑结构，阳台支模的立柱可由下而上逐层在同一条垂直线上，拆排时由上而下拆除，首层阳台立柱应支承在散水回填土上，必须平整夯实并加垫板，防止因雨季下沉、冬季冻胀而发生事故。支阳台模板的操作地点应设安全防护栏杆或立挂安全网。

8) 烟囱、水塔及高大特殊的构筑物模板工程必须进行专门设计，并编制专项安全技术措施，经上级技术负责人和有关部门审批后方可实施。

（3）液压滑动模板工程的安全技术　滑模施工开工前必须编制专项滑模工程安全施工组织设计（施工方案），并报请上级技术负责人和有关部门及安全技术人员审核后方可实施。

1) 滑动模板安装的安全技术要求

① 组装前应对各部件的材质、规格和数量进行详细检查，将不合格部件清除，不得使用。

② 模板安装完，必须对其进行全面检查验收，合格签字后，方可进行下一道工序的作业。

③ 液压控制台在安装前，必须预先做加压试车工作，进行严格检查，确认合格后方可在工程上安装使用。

④ 滑模的平台应保持水平，不得倾斜，随时用千斤顶调整，使平台始终处于平衡状态。

2) 滑模施工注意事项

① 滑升机具和操作平台应严格按照施工设计安装。平台周边必须设1.2m高的防护栏杆，并立挂密目安全网，平台板必须满铺，不得留有空隙。施工区域下面应设安全围栏。

② 滑模提升前若为柔性索道运输时，必须先放下吊笼，再放松导索，检查支承杆有无脱空现象，结构钢筋与操作平台有无挂连，确认无误后方可进行提升。

③ 操作平台上，不得多人聚集一处。夜间施工应备有手电筒，夜间停电时，作为应急照明。

④ 滑升过程中，要随时调整平台水平、中心的垂直度，防止平台扭转和水平位移。

⑤ 平台内、外吊脚手架使用前，应设置安全网，并将安全网紧靠壁筒。

⑥ 建筑物、构筑物的出入口和垂直运输的进料口，应搭设高度不低于2.5m 的安全防护棚。

⑦ 滑模施工中应经常与当地气象台、站取得联系，遇有雷、雨、六级以上大风时，必须停止施工。操作平台上的作业人员撤离前，应对设备、工具、零散材料进行整理、固定并做好防护。全部人员撤离后应立即切断通向操作平台的电源。

⑧ 滑模操作平台上的作业人员应定期进行体检，不适合高处作业的人员不得分配其上岗作业，并对操作人员进行专业安全技术培训，考试合格，持

证上岗。

（4）大模板施工 墙体大模板施工伤亡事故，主要发生在大模板安装司机、指挥、挂钩配合失误、模板场地堆放不稳、吊运过程中的碰撞和违章作业的过程中。因此，在大模板施工中必须做好如下几项工作：

1）大模板的场地和存放与安装。大模板应按施工组织设计（施工方案）规定分区存放，存放场地必须平整夯实，不得存放在松土和坑洼不平的地方；在地面存放模板时，两块大模板应采用面对面的码放方法，调整地脚螺栓，使大模板的自稳角度呈 70°～80°，下部应垫通长木方。长期存放的大模板，应用拉杆连接绑牢。在楼层存放时，必须在大模板横梁上挂钢丝绳或花篮螺栓，钩在楼板的吊环或墙体钢筋上。对没有支撑或自稳角度小的墙面脱离后，方准慢速起吊。

2）清扫模板和刷隔离剂时，必须将模板支撑牢固，两板中间保持不少于60cm 的走道。

（5）飞模（台模）工程 飞模是用来浇筑整间或大面积混凝土楼板的大型工具式模板，其面积较大，还常常附带一个悬挑的外边梁模板及操作平台，对这类模板的设计要充分考虑施工的各个阶段抗倾覆稳定性及结构的强度和刚度，并将组装、吊装、就位、找平调整固定、绑钢筋、浇筑混凝土等全过程中最不利情况和可能发生的最不利荷载考虑进去（包括板面可能脱落减轻平衡重等不利因素），从而采取针对性的措施。其具体的安全要求如下：

1）飞模在上人操作（组装过程或找平调整）前，必须把防倾覆的安全链挂牢。

2）在施工过程中，飞模的板面应与楞条骨架固定牢固，悬挑平台上散落的混凝土应及时清理，堆放的梁模板及其他模板材料荷重不能超过设计规定的荷载。

3）飞模停放及组装场地应平整夯实，防止地基下沉造成台模倾覆或变形。飞模应尽量在现场组装，如果现场没有组装条件必须场外组装运输时，一定要绑牢。组装好的飞模在每次周转使用时，应设专人检查维修，发现有螺栓松动或固定不牢时应及时修理。

4）在飞模周转使用的吊运过程中，模板面上不得有浮搁的材料、零配件及工具，严禁乘人。待就位后，其后端与建筑物作可靠拉结后，方可上人。

5）高而窄的台模架宜加设连杆互相牵牢，防止失稳倾倒。

6）飞模脱模，向外推出时，后面要挂好安全保险绳，防止飞模突然向外滑出或倾覆，发生伤亡事故。

4. 模板拆除安全技术要求

（1）一般规定

1）拆模之前必须有拆模申请，混凝土强度达到规定，经技术负责人批准，方可拆除。

2）模板拆除必须编制专项施工方案或安全技术措施，作业前向全体拆模作业人员详细讲解安全技术措施内容和要求。

3）高处、复杂结构模板拆除，应有专人指挥，并在下面划出作业区，严禁非操作人员进入或通过。

4）工作前应事先检查所使用的工具是否牢固，扳手等小工具必须用绳链系挂在身上，工作时精神要集中，防止物料坠落伤人。

5）拆除模板一般应采用长撬杠，作业人员不得站在被拆除的模板上。

6）在混凝土墙体、楼层板面上的预留洞口，应在模板拆除时，随时按临边、洞口的安全技术规范做好安全防护，将洞口盖严、盖牢。

7）拆模间歇时，应将已松动模板、拉杆、支撑等拆除或固定牢固，防止自行塌落伤人。

8）拆模时混凝土的强度必须符合设计要求；当设计无要求时，应符合下列规定：

① 不承重的侧模板，包括梁、柱、墙的侧模板，只要混凝土强度能保证其表面及棱角不因拆除模板而受损坏，即可拆除。

② 承重模板，包括梁、板等水平结构件的底模，应根据与结构同条件养护的试块强度达到表 2-2 中的规定方可拆除。

表 2-2　现浇结构拆模时所需混凝土强度

项次	构件类型	结构跨度/m	按达到设计混凝土强度标准值的百分率计（%）
1	板	≤2	50
		>2、≤8	75
2	梁、拱、壳	≤8	75
		>8	100
3	悬臂构件	≤2	75
		>2	100

③ 后张预应力混凝土结构或构件模板的拆除，侧模应在预应力张拉前拆除、其混凝土强度达到侧模拆除条件即可，进行预应力张拉必须待混凝土强度达到设计规定值方可进行，底模必须在预应力张拉完毕时方可拆除。

④ 在拆模过程中，如发现实际混凝土强度并未达到要求，有影响结构安

全的质量问题时，应暂停拆模，经妥当处理，实际强度达到要求后，方可继续拆除。

⑤ 已拆除模板及其支架的混凝土结构，应在混凝土强度达到设计的混凝土强度标准值后，才允许承受全部设计的使用荷载。当承受施工荷载的效应比使用荷载更为不利时，必须经过核算，加设临时支撑。

⑥ 拆除芯模或预留孔的内模，应在混凝土强度能保证不发生塌陷和裂缝时，方可拆除。

⑦ 冬期施工模板的拆除应遵守冬期施工的有关规定，其中主要是考虑混凝土模板拆除后的保温养护，如果不能进行保温养护，必须暴露在大气中，要考虑混凝土受冻的临界强度。

⑧ 各类模板拆除的顺序和方法，应根据模板设计的规定进行。如果模板设计无规定时，可按先支的后拆、后支的先拆，先拆非承重的模板，后拆承重的模板及支架的顺序进行拆除。

⑨ 拆除模板后运送传递，要上下呼应，不能采取猛撬，以致大片塌落的方法拆除。用起重机吊运拆除的模板时，模板应堆码整齐并捆牢，方可吊运，否则会在空中造成"天女散花"是非常危险的。

（2）各类模板的拆除

1）基坑内拆模

应注意基坑边坡的稳定，特别是拆除模板支撑时，可能使边坡土发生震动而塌方，拆除的模板应及时地运到离基坑较远的地方进行清理。

2）现浇楼盖及框架结构拆除

一般现浇楼盖及框架结构的拆模顺序如下：拆柱模斜撑与柱箍→拆柱侧模→拆楼板底模→拆梁侧模→拆梁底模。

楼板小钢模的拆除，应设置供拆模人员站立的平台或架子，还必须将洞口和临边进行封闭后，才能开始工作。拆除时先拆除钩头螺栓和内外钢楞，然后拆下U形O形卡、L形插销，再用钢钎轻轻撬动模板，用木槌或带胶皮垫的铁锤轻击钢模板，把第一块钢模板拆下，然后将钢模板逐块拆除，不得采取猛撬，以致大片塌落的方法拆除。拆下的钢模板不准随意向下抛掷。

已经活动的模板，必须一次连续拆除完方可停歇，以免掉落伤人。

模板立柱有多道水平拉杆，应先拆除上面的，按由上而下的顺序拆除，拆除最后一道连杆应与拆除立柱同时进行，以防立柱倾倒伤人。

多层楼板模及支柱的拆除，应根据混凝土强度增长的情况、结构设计荷载与支模施工荷载的情况通过计算确定。

3）现浇筑模板拆除

模板拆除顺序如下：拆除斜撑或拉杆（或钢拉条）→自上而下拆除柱箍

或横楞→拆除竖楞并由上而下拆除模板连接杆、模板面。

4）滑动模板的拆除

① 滑模装置拆除必须编制详细的专项施工方案，明确拆除的内容、方法、程序、使用的机械设备、安全技术措施及指挥人员的职责等，并报上级主管部门审批后方可实施。

② 滑模装置拆除必须组织专业拆除队伍，指定熟悉该项专业技术的专人负责现场统一指挥。

参加拆除的作业人员，必须经过安全技术培训，考核合格上岗作业。并不准随意更换作业人员。

③ 拆除中使用的垂直运输设备和机具，必须经检查合格方可使用。

④ 滑模装置拆除前应检查各支点埋设件牢固情况，以及作业人员上下走道是否安全可靠，当拆除工作利用施工的结构作为支撑点时，结构混凝土强度的要求应经结构验算确定，且不低于 $15N/mm^2$。

⑤ 拆除作业必须在白天进行，宜采用分段整体拆除，运至地面解体。拆除的部件及操作平台的一切物品，均不得从高处抛下。

⑥ 当遇到雷雨、雾、雪或风力达到五级以上的天气时，不得进行滑模拆除作业。

⑦ 高大构筑物宜在顶端设置安全行走平台。

5）飞模的拆除

① 拆飞模必须有专人统一指挥，升降飞模要同步进行。

② 当不采用悬挑的起飞平台时，结构边沿的地滚轮一定要比里边高出 $1\sim2cm$，以免飞模自动滑出。并将飞模的重心位置用红油漆标在飞模侧面明显位置，飞模挂好前，严格控制重心不能到达外边沿第一个滚轮，以免飞模外滑。

③ 飞模尾部要绑安全绳，安全绳另一端绕套在施工结构坚固的物体上，逐渐放松。

④ 信号指挥工属特殊工种工人，必须经考核合格，持特种操作证上岗作业。司索人员（挂钩工）必须经过专业培训考核合格。上下两个信号工责任要分清，一人在下层负责指挥飞模的推出、打掩、挂安全绳、挂钩起吊工作；另一人在上层负责电动倒链的吊绳调整，以保证飞模在推出过程中一直处于平衡状态，而且吊绳逐步调整到使飞模保持与水平面基本平行，并负责指挥飞模的就位与摘钩。信号工及司索人员要系好安全带，不得穿硬底直滑的鞋靴。司索人员挂好钩立即离开飞模，信号工必须待操作人员全部撤离飞模，方可指挥平稳起吊。

⑤ 飞模推出后，楼层外边缘立即绑好护身栏，挂好密目安全网，飞模每

使用一次，必须逐个检查螺栓，发现有松动现象，立即拧紧。五级以上大风天气，禁止吊装飞模。

业务要点3：钢筋工程

1）钢筋调直、切断、弯曲、除锈、冷拉等各道工序的加工机械必须遵守国家现行标准《建筑机械使用安全技术规程》JGJ 33—2001的规定，保证职业健康安全装置齐全有效，动力线路用钢管从地坪下引入，机壳要有保护零线。

2）施工现场用电必须符合国家现行标准《施工现场临时用电安全技术规范》JGJ 46—2005的规定。

3）制作成型钢筋时，场地要平整，工作台要稳固，照明灯具必须加网罩。

4）钢筋加工场地必须设专人看管，非工作人员不得擅自进入钢筋加工场地。

5）加工好的钢筋现场堆放应平稳、分散，防止倾倒、塌落伤人。

6）各种加工机械在作业人员下班后一定要拉闸断电。

7）搬运钢筋时，应防止钢筋碰撞障碍物，防止在搬运中碰撞电线，发生触电事故。

8）多人运送钢筋时，起、落、转、停动作要一致，人工上下传递不得在同一条垂直线上。

9）对从事钢筋挤压连接和钢筋直螺纹连接施工的有关人员应培训、考核、持证上岗，并经常进行职业健康安全教育，防止发生人身和设备职业健康安全事故。

10）在高处进行挤压操作，必须遵守国家现行标准《建筑施工高处作业安全技术规范》JGJ 80—1991的规定。

11）在建筑物内的钢筋要分散堆放，安装钢筋，高空绑扎时，不得将钢筋集中堆放在模板或脚手架上。

12）在高空、深坑绑扎钢筋和安装骨架，必须搭设脚手架和马道。

13）绑扎圈梁、挑檐、外墙、边柱钢筋时，应搭设外脚手架或悬挑架，并按规定挂好安全网。脚手架的搭设必须由专业架子工搭设且符合职业健康安全技术操作规程。

14）绑扎3m以上的柱钢筋必须搭设操作平台，不得站在钢箍上绑扎。已绑扎的柱骨架应用临时支撑拉牢，以防倾倒。

15）绑扎筒式结构（如烟囱、水池等），不得站在钢筋骨架上操作或上下。

16）雨、雪、风力 6 级以上（含 6 级）天气不得露天作业。雨雪后应清除积水、积雪后方可作业。

业务要点 4：混凝土工程

混凝土是以胶凝材料水泥、水、细骨料、粗骨料经合理混合，均匀拌和、捣实后凝结而成的一种人造石材，它是建筑工程中应用最广泛的材料。因此，混凝土的施工对整个工程的质量和安全有极大的影响。

1. 混凝土施工

混凝土的施工工艺是由施工准备、搅拌、运输、灌注、养护、拆模和构件表面缺陷修整等工序组成。

施工准备：混凝土的施工准备工作，主要是模板、钢筋检查、材料、机具、运输道路准备与流通。

安全生产准备工作主要是对各种安全设施认真检查，是否安全可靠及有无隐患，尤其是对模板支撑、脚手架、操作台、架设运输道路及指挥、信号联络等。对于重要的施工部件其安全要求应详细交底。

（1）机械搅拌　混凝土的拌制多使用混凝土搅拌机，一般施工现场多使用自落式或强制式搅拌机，搅拌机的容量通常有 250L、375L、400L、800L、1500L 等几种。

较大型施工现场或混凝土生产厂，常采用现场混凝土搅拌站搅拌混凝土，现场混凝土搅拌站一般设计为自动上料、自动称量、机动出料和集中操作控制。

1）安全生产要点如下：

① 机械操作人员必须经过安全技术培训，经考试合格，持有"安全作业证"者，才能独立操作。

② 工作前，必须对机械的电气部分、防护装置、离合器、操作台等进行检查，并经试车，确定机械运转正常后，方能正式作业。

③ 起吊爬斗前，必须发出信号示警，通知各方作业人员，爬斗提升后，严禁有人在斗下站立和通行。

④ 爬斗进入料仓前，应发出信号通知仓内作业人员立即闪开；进仓检查时，应先停机再进入，操作人员须踏木板作业。

⑤ 使用推土机推料时，司机要听从指挥，密切配合，防止积料超荷，造成安全事故。

⑥ 搅拌站内必须按规定设置良好的通风与防尘设备，空气中的粉尘含量不超过国家规定的标准。

⑦ 操纵皮带运输机时，必须正确使用防护用品，禁止一切人员在输送机

上行走和跨越；机械发生事故时，应立即停车检修，不得带病运转。

⑧ 用手推车运料时，不得超过其容量的 3/4，推车时不得用力过猛和撒把。

⑨ 清理爬斗坑时，必须停机，固定好爬斗，锁好开关箱，再进行清理。

⑩ 动力电线，必须使用橡胶绝缘电缆软线，不准有接头或漏电。

2）搅拌机注意事项：

① 搅拌机应设置在平坦的位置，用方木垫起前后轮轴，将轮胎架空，以免在开机时发生移动。

② 停后敲筒清洗洁净，筒内不得有积水。

③ 电动机应设有开关箱，并应设漏电保护器。停机不用或下班后应拉闸断电，并锁好开关箱。

（2）人工搅拌　少量混凝土采用人工搅拌时，要采取两人对面翻拌作业，防止被铁锹等手工工具碰伤。由高处向下推拨混凝土时，要注意不要用力过猛，以免惯性作用发生人员冲下摔伤事故。

2. 运输

成品混凝土运输，水平运输一般采用人工手推车、机动翻斗车、混凝土搅拌运输车等；垂直运输一般采用井架运输、塔式起重机、混凝土泵（也包括水平运输）等。

（1）机械水平运输

1）司机应遵守交通规则和有关规定，严禁无驾驶证或酒后开车。

2）车辆发动前，应将变速杆放在零挡位置，并拉紧手刹车。

3）车辆发动后，应先检查各仪表、方向机构、制动器、灯光等，必须保证灵敏可靠后，方可鸣笛起步。

4）搅拌车装料时，料口须对准搅拌机下料口，车应站稳，并要拉紧手刹车。

5）在进出料口，把进出料操作杆推到进料挡位时，驾驶员不得擅离车辆。

6）料装满后，应把进出料操纵杆推入搅拌挡位，方可启动行驶。

7）车辆倒车时，要有人指挥；倒车和停车不准靠近建筑物基坑（槽）边沿，以防土质松软车辆倾翻。

8）在坡道停车卸料时，要拉紧刹车，驾驶员必须离开驾驶室，应开至安全地段，将车轮掩好，方准离开。

9）在雨、雪、雾天气，车的最高时速不得超过 25km/h，转弯时，要防止车辆横滑。

（2）混凝土泵送设备

1）混凝土泵送设备的放置，距离机坑不得小于 2m，悬臂动作范围内，禁止有任何障碍物和输电线路。

2）管道敷设沿线路应接近直线，少弯曲；管道的支撑与固定，必须紧固可靠；管道的接头应密封，"Y"形管道应装接锥形管。

3）禁止垂直管道直接接在泵的输出口上，应在架设之前安装不小于 10m 的水平管，在水平管近泵处应装逆止阀，敷设向下倾斜的管道，下端应接一段水平管，否则，应采用弯管等。如倾斜大于 7°时，应在坡度上端装置排气活塞。

4）风力大于 6 级时，不得使用混凝土输送悬臂。

5）混凝土泵送设备的停车制动和锁紧制动应同时使用，水箱应储满水，料斗内不得有杂物，各润滑点应润滑正常。

6）操作时，操纵开关、调整手柄、手轮、控制杆、旋塞等均应放在正确位置，液压系统应无泄漏。

7）作业前必须按要求配制水泥砂浆润滑管道，无关人员应离开管道。

8）支腿未支牢前，不得起动悬臂，悬臂伸出时，应按顺序进行，严禁用悬梁臂起吊和拖拉物件。

9）悬臂在全伸出状态时，严禁移动车身。作业中需要移动时，应将上段悬臂折叠固定，前段的软管应用安全绳系牢。

10）泵送系统工作时，不得打开任何输送管道和液压管道，液压系统的安全阀不得任意调整。

11）用压缩空气冲洗管道时，管道出口 10m 内不准站人，应用金属网拦截冲出物，禁止用压缩空气冲洗悬臂配管。

（3）手推车运输

1）用手推车运输混凝土时，用力不能过猛，不准撒把；向坑、槽内倒混凝土时，必须沿坑、槽边设不低于 10cm 高的车轮挡装置；推车人员倒料时，要站稳，保持身体平衡，要通知下方人员躲开。

2）在架子上推车运送混凝土时，两车之间必须保持一定距离，并右侧通行，混凝土装车容量不得超过车头容量的 3/4。

3）垂直运输采用井架运输时，手推车车把不准伸出笼外，车轮前后应挡牢，并要做到稳起稳落。

3. 混凝土浇筑

混凝土浇筑是混凝土拌制后，将其浇筑入模，经振动使其内部密实。浇筑混凝土的方法要根据工程的具体情况确定。

（1）混凝土的振捣　混凝土浇筑振捣有人工振捣和机械振捣两种。机械振捣又分为内部振动器、外部振动器、振动台等。

1）电动内部或外部振动器在使用前应先对电动机、导线、开关等进行检查，如导线破损绝缘老化、开关不灵、无漏电保护装置等，要禁止使用。

2）电动振动器的使用者，在操作时，必须戴绝缘手套，穿绝缘鞋，停机后，要切断电源，锁好开关箱。

3）电动振动器须用按钮开关，不得使用插头开关；电动振动器的扶手必须套上绝缘胶皮管。

4）雨天进行作业时，必须将振捣器加以遮盖，避免雨水侵入电动机造成漏电伤人。

5）电气设备的安装、拆修必须由电工负责，其他人员一律不准随意乱动。

6）振动器不准在初凝混凝土、地板、脚手架、道路和干硬的地方试振。

7）搬移振动器时，应切断电源后进行，否则不准搬、抬或移动。

8）平板振动器与平板应保持紧固，电源线必须固定在平板上，电气开关应装在便于操作的地方。

9）各种振动器在做好保护接零的基础上，还应安设漏电保护器。

（2）混凝土浇筑注意事项

1）已浇完的混凝土，应覆盖和浇水，使混凝土在规定的养护期内，始终能保持足够的湿润状态。

2）使用吊罐（斗）浇灌混凝土时，应经常检查吊罐（斗）、钢丝绳和卡具，如有隐患要及时处理，并设专人指挥。

3）浇筑混凝土使用的溜槽及串筒节间必须连接牢固。操作部位应设防身栏杆，严禁站在溜槽上操作。

4）浇筑框架、梁、柱的混凝土应设操作台，严禁直接站在模板或支撑上操作，以防止踩滑或踏断坠落。

5）浇筑拱形结构时，应自两边拱脚对称同时进行；浇筑圈梁、雨篷、阳台时，应设防护措施；浇筑料仓时，下口应先行封闭，并铺设临时脚手架及操作平台，以防止人员下坠。

6）禁止在混凝土养护窑（池）边上站立或行走，同时应将窑盖板和地沟孔洞盖牢和盖严，防止人员失足坠落。

7）夜间浇筑混凝土时，应有足够的照明。

业务要点 5：钢结构工程

1. 钢结构构件的制作

（1）钢结构加工制作　钢结构加工制作的主要工艺为加工制作图的绘制、样杆（板）的制作、清料、放线、切割、坡口加工、开孔、组装（包括矫正）、焊接、摩擦面的处理、涂装与编号等环节。

1）加工制作图

一般设计院提供的设计图，不能直接用来加工制作钢结构，而是要在考虑加工工艺，如公差配合、加工余量、焊接控制等因素后，在原设计图的基础上绘制加工制作图。

2）样杆、样板的制作及清料

样杆、样板的制作是以加工制作图为基础的，通常采用厚度 0.3～0.5mm 的薄钢板制成。

清料是指核对钢材规格、材质、批号，清除钢板表面的油污等物。

3）放线

一般是利用加工制作图、样杆、样板及钢卷尺进行放线，目前先进的钢结构加工厂都采用计算机程控自动放线。下料放线时要考虑气割余量、剪切余量、切削余量等。

4）切割

钢材的切割方法有气割、等离子切割、高温切割、剪切、切削等。

5）坡口加工

坡口加工一般可用气割和机械加工，如采用手动气割，必须进行事后处理，如打磨等。应尽量采用专用的坡口加工机械。

6）开孔

开孔的方法有机械开孔和气割开孔。制孔后应清除孔边毛刺，并不得损伤母材。

开孔时间：在焊接过程中，不可避免地会产生焊接收缩和变形，因此在制作过程中，必须把握好开孔时间。通常有 4 种情况：

① 在构件加工时预先画上孔位，待拼装、焊接及变形矫正完成后，再划线确认进行开孔加工。

② 在构件一端先进行开孔加工，待拼装、焊接及变形矫正完成后，再对另一端进行开孔加工。

③ 待构件焊接及变形矫正后，对端面进行精加工，然后以加工面为基准，划线开孔。

④ 在划线时，考虑了焊接收缩量、变形余量、允许公差等后，直接进行开孔。

7）组装

待组装的零件、部件应经检查合格，连接件和沿焊缝边缘约 50mm 范围内的铁锈、毛刺、污垢、冰雪、油污等应清除干净。钢材的拼接应在组装前进行，构件的组装应在部件组装、部件焊接、部件矫正后进行。板叠上所有的螺栓孔等应采用量规检查，量规不能通过的孔，经施工图设计人员同意后，可以扩钻或补焊后重新钻孔，扩孔后的孔径不得大于原设计孔径 2.0mm。

组装定位焊应符合焊缝质量要求，焊缝厚度不宜超过设计焊缝厚度的 2/3，且不宜大于 8mm；焊缝长度不宜小于 25mm；定位焊不得有裂纹、气孔等缺陷；在拆除夹具时不得损伤母材，并应对残留的焊疤进行打磨修整；组装的隐蔽部位应在焊接和涂装检查合格后方可封闭。

8）焊接

焊接的方法有手工电弧焊、气体保护焊、自保护焊、埋弧焊、熔嘴电渣焊、窄间隙焊和螺柱焊等。

由于焊接加热和冷却时产生的应力易导致变形和裂纹，可采取以下措施减少焊接变形：

① 对 T 型钢等一类非对称构件，可先做成对称的 H 型构件，最后在腹板中心处切割开。

② 采用反变形法组装和焊接。

③ 尽量对称布置焊缝，将焊缝安排在近中和轴、焊缝塑性变形区等处。

④ 在钢结构施焊时使用夹具固定。

⑤ 尽量采用减少焊接变形的焊接顺序。

焊接完成后，应按设计要求对焊缝的质量进行检验，通常有无损探伤和破坏性检验两种。

9）摩擦面的处理

高强度螺栓摩擦面处理后的抗滑移系数值应符合设计的要求。高强度螺栓的摩擦连接面不得涂装，应待高强度螺栓安装完毕，将连接板周围封闭后，再进行涂装。

10）涂装、编号

涂料、涂装遍数、涂层厚度均应符合设计要求。当设计对涂层厚度无要求时，宜涂装 4～5 遍，当喷涂防火涂料时，应符合国家现行的《钢结构防火涂料应用技术规范》CECS 24—1990 的规定。施工图中注明不涂装的部位、安装焊缝处的 30～50mm 范围内和高强度螺栓摩擦连接面不得涂装。构件涂装后应按设计图纸进行编号，对于大型或重型的构件还应标注重量、重心、吊装位置和定位标志等。

（2）构件的验收、运输、堆放

1）钢构件的验收

钢构件加工制作完成后，应按照施工图和《钢结构工程施工质量验收规范》GB 50205—2001 的规定进行验收。

2）构件的运输

构件单件超过 3t 的，应在显著部位标注重量、中心等标志；节点板、高强度螺栓连接面等重要部分要求有适当保护措施；零星部件等要按同一类别用螺栓和钢丝紧固成束或包装后发运。构件起吊必须按设计的吊点起吊。

（3）构件的堆放　堆放场地应平整、无积水、排水良好，车辆进出方便；构件应按种类、型号、安装顺序分区堆放，做好标志；堆放高度应按计算确定，以最下面的构件不产生永久变形为准；构件底层垫块要有足够的支撑面，不允许垫块有大的沉降量；对已堆放好的构件要进行适当的保护，避免风吹雨打、日晒夜露。

2. 钢构件吊装前的准备工作

（1）技术准备　技术准备工作应按工程规模大小及结构类型和特点，分别编制结构安装施工组织设计、施工方案、施工作业指导书、技术交底等施工文件，完成现场作业技术准备（如柱基及检查、构件清理与弹线编号、柱基找平和标高控制等）。

（2）机具设备准备　吊装机械宜选用履带式起重机、汽车吊。其他施工用机具有：电焊机、卷扬机、千斤顶、手动葫芦、吊滑车、电动扳手、扭矩扳手、气焊设备、屋架校正调节器、各种索具等。

（3）现场作业条件准备　现场作业条件是指吊装前应完成基础验收工作，并按平面布置图要求完成场地清理、道路修筑、障碍物排除或处理等工作。

（4）材料准备　材料准备包括钢构件准备、普通螺栓和高强度螺栓准备、焊接材料准备、吊装辅助材料准备等。

1）钢构件准备

钢结构构件安装前应进行检查，包括型号、标记、变形、制作误差及缺陷等，发现问题应依处理程序进行处理。

2）高强度螺栓准备

高强度螺栓应严格按设计图纸要求的规格数量进行采购及检查验收，供货方必须提供合法的质量证明材料，如出厂合格证、扭矩系数、紧固轴力等检验报告。使用前必须按相关规定作紧固轴力或扭矩系数复验，同时也应对钢结构构件摩擦面的抗滑移系数进行复验（或由生产加工单位提供复验报告）。

3）焊接材料准备

在结构安装施工之前应对焊接材料的品种、规格、性能等进行检查，各项指标应符合国家标准和设计要求。焊接材料应有质量合格证明文件、检验报告及中文标志等。对重要的结构构件安装所采用的焊接材料应进行抽样复验。

4）吊装辅助材料准备

　　为保证施工正常进行，吊装前应按施工组织设计或施工方案要求，准备好拼装加固用的杉杆、木板、木枋，及脚手架、枕木等。

　　3. 单层钢结构工程安装施工工艺

　　(1) 吊装方法及工艺流程　单层钢结构工程构件吊装一般宜采用分件安装法，其工艺流程见图 2-1。对屋盖系统则按节间采用综合吊装的方法。对工期有特殊要求的工程也可以采用综合安装法。

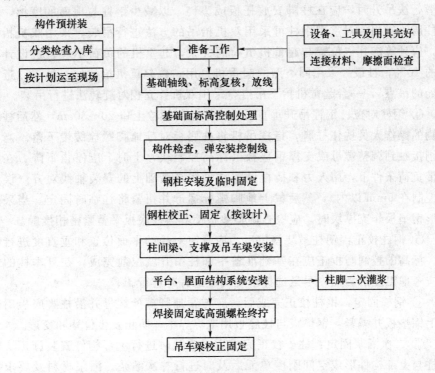

图 2-1　分件安装法工艺流程图

　　(2) 主要结构构件安装工艺　单层厂房钢结构构件，包括柱、吊车梁、屋架、天窗架、檩条、支撑及墙架等，构件形式、尺寸、重量、安装标高都不同，应采用不同的起重机械和吊装方法。

　　1) 钢柱安装方法

　　一般钢柱的刚性较好，可采用便于校正的一点直吊的方法绑扎。因场地条件或构件长度、重量等因素影响，可依据条件分别采用旋转法、滑行法及双机抬吊等方法吊升。为方便钢柱安装中的标高控制与垂直度校正，柱基标高控制宜采用"螺母调整法"。

　　① 基础校核检查：吊装开始时，应复核并校正标高控制螺母或承重钢垫板和标高控制块的标高，检查是否松动移位等，检查轴线或安装对位线是否

清晰，发现问题及时处理。检查工作完成后，将地脚螺栓套上保护套。

② 钢柱绑扎：为方便钢柱吊装对位，可采用一点直吊绑扎法，其绑扎点应在柱牛腿下部或构件节点等易绑扎处。绑扎点应采取保护措施以防止磨损吊索及构件，吊钩上应挂钢板式铁扁担，防止吊索缠绕摩擦。

③ 钢柱吊升：钢柱的吊升方法与装配式钢筋混凝土柱子相似。依据场地条件及构件布置情况，可采用旋转法、滑行法、双机抬吊等吊升方法。当采用滑行法吊升时，应在柱脚安放托板或滚筒，以减少钢柱与地面的摩擦，保护柱脚不受损。对重型钢柱可采用双机抬吊的方法进行吊装。采用双机抬吊时，应计算绑扎点位置与起重机负荷的关系，起重机的负荷不应超过设计能力的 80%，且最好采用同类型的起重机，用一台起重机抬柱的上吊点（近牛腿处的吊点），一台起重机抬下吊点，采用双机并立相对旋转法进行吊装。

④ 钢柱对位：钢柱吊升垂直后应高于地脚螺栓上口 20～30cm，然后柱基两侧的操作人员扶住柱脚，指挥吊机将柱底板对准地脚螺栓缓慢下落。当柱刚刚接触到调整螺母或支撑钢垫板（标高控制块）上时，应停止下降，在吊机带负荷条件下，用人力和撬棍调整柱轴线与基础上的安装轴线对齐（误差应控制在 5mm 以内），然后戴上地脚螺栓螺母并扭紧将柱临时固定。当采用楔形钢垫板作支撑块时，应检查调整垫板使其与柱底板平整紧密相接触。

⑤ 钢柱校正：钢柱吊装就位后，应及时对柱的平面位置和垂直度进行校正。标高的控制与校正应在基础准备中和柱吊升就位前完成。在夏季柱的校正应考虑温度的影响，尽量选择早晚气温适宜时进行。

⑥ 钢柱固定：钢柱校正完成后，应拧紧地脚螺栓螺母并沿柱脚底板周边塞上钢垫板并楔紧，钢垫板与柱底板用电焊焊牢，防止发生位移和变形。

⑦ 二次灌浆固定：柱子校正完成后，应及时进行上部构件安装施工。当该柱与上部构件形成空间刚度单元后及时进行二次灌浆。灌浆材料及要求按设计和规范规定执行。

2）钢吊车梁安装方法

① 检查及准备工作：吊装前应检查核对构件编号，弹好安装对位线，检查吊耳等。

② 绑扎：吊车梁采用两点绑扎，绑扎点应在梁两端不影响解吊索且不影响安装的位置。可采用吊索直接捆绑方法绑扎，但绑扎点应采取保护措施，防止磨损吊索及构件。有吊耳侧应利用吊耳，也可以自制卡具挂梁两端上翼缘进行吊装，卡具应固定，防止滑移。

③ 吊升就位：吊车梁吊升时，应在构件上系上溜绳，用来控制吊升过程吊车梁的空中姿态，方便对位及避免碰撞。当将梁升到牛腿面上时，操作人员应利用吊机带负荷的条件，将吊车梁准确对位并塞垫梁下口使其平稳后，

放松吊钩解开索具。吊车梁应与柱临时固定。

④ 吊车梁校正：

校正时机：应在屋盖系统（或节间屋盖系统）吊装完成，结构的空间刚度形成后再进行。

校正方法：宜采用通线法（也称拉钢丝法），也可用平移轴线法（也称仪器法）。

校正内容：主要校正吊车梁垂直度、标高、纵横轴线位置，并保证两排吊车梁平行。

3) 屋盖系统吊装

① 准备工作：吊装施工应严格按施工组织设计或施工方案进行，对特殊的构件或施工方法应进行现场试吊。钢屋架吊装应验算屋架的侧向刚度，如不足则应进行加固（或按设计说明及要求）。加固宜采用木枋或杉木杆。屋盖安装前应认真清理核对构件数量、规格、型号，弹好安装对位线。

② 钢屋架吊装：

a. 绑扎：钢屋架绑扎点应设在上弦节点处，并满足设计或标准图规定。当屋架跨度大，拔杆长度受限时，应采用铁扁担。绑扎点应用柔性材料缠绕保护，在吊升前应将校正用的刻有标尺的支架、缆风绳等固定在屋架上。

b. 吊升就位：屋架吊升时，应用系在屋架上的溜绳控制空中姿态，防止碰撞并便于就位。屋架在柱顶准确对位后，应及时用螺栓或点焊临时固定，此时吊机应处于受力状态，以便辅助完成校正工作。

c. 校正：屋架校正一般采用吊线坠的方法。校正后必须将屋架及时固定住才能让吊机脱钩。第一榀屋架校正应借助屋架上弦两侧，用于稳定屋架的缆风绳和吊机来进行。第一榀屋架吊装完后，应马上进行第二榀屋架吊装，并在当日使该节间形成空间刚度单元，当跨度大于 24m 时，稳定屋架用的缆风绳宜在屋架上弦左右对称各设置两根。

③ 平面钢桁架安装：平面钢桁架吊装同钢屋架，有条件时宜采用组合吊装，即将两榀桁架及其上的天窗架、檩条、支撑等在地面组装成整体，一次吊装就位，有利于提高效率，保证吊装时结构的整体稳定性。

桁架临时固定时，每个节点应穿入的螺栓和冲钉数量必须经过计算，并符合下列规定：

a. 不得少于安装孔总数的 1/3。

b. 至少应穿两颗临时固定螺栓。

c. 冲钉穿入数量不宜多于临时螺栓的 30%。

d. 扩钻后的螺栓孔不得使用冲钉。

④ 钢托架安装：钢托架应注意安装中产生的累计误差对结构的影响，宜

采用由建筑物中部向两边安装的方法。

⑤ 安装观测：在屋盖系统安装中，应用仪器跟踪观测钢柱的变形情况，发现问题及时处理。

第三节　装饰装修工程

◎ **本节导图：**

本节主要介绍装饰装修工程，内容包括抹灰工程，门窗工程，油漆工程，轻质隔墙与玻璃安装工程，饰面板（砖）工程，吊顶与幕墙工程，涂饰工程，裱糊、软包与细部工程等。其内容关系框图如下：

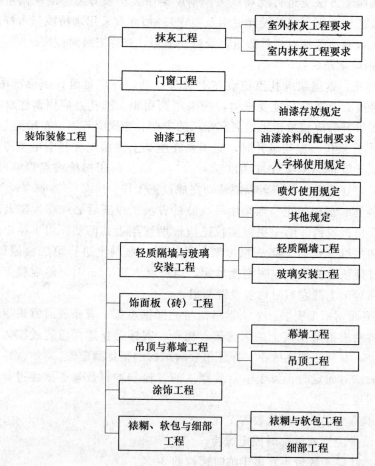

业务要点 1：抹灰工程

1. 室外抹灰工程要求

1）高处作业时，应检查脚手架是否牢固，特别是在大风及雨后作业。

2）在架子上工作，工具和材料要放置稳当，不许随便乱扔。

3）对脚手板不牢和跷头板等及时处理，要铺有足够的宽度，以保证手推车运砂浆时的安全。严格控制脚手架施工荷载。

4）用塔吊上料时，要有专人指挥，遇 6 级以上大风时暂停作业。

5）砂浆机应有专人操作维修、保养，电器设备的绝缘良好并接地。

6）不准随意拆除、斩断脚手架软硬拉结，不准随意拆除脚手架上的安全设施，如妨碍施工应经施工负责人批准后，方能拆除妨碍部位。

2. 室内抹灰工程要求

1）室内抹灰使用的木凳、金属支架应搭设牢固，脚手板高度不大于 2m，架子上堆放材料不得过于集中，存放砂浆的灰斗、灰桶等要放稳。

2）搭设脚手架不得有跷头板，严禁脚手板支搭在门窗、暖气管道上。

3）操作前应检查架子、高凳等是否牢固，不准用 50mm×100mm、40mm×60mm 的楞木（2m 以上跨度）、钢模板等作为立人板。

4）搅拌与抹灰时，防止灰浆溅入眼内。

5）在室内推运输小车时，特别是在过道中拐弯时要注意小车挤手。

业务要点 2：门窗工程

1）进入现场必须戴安全帽。严禁穿拖鞋、高跟鞋、带钉易滑的鞋进入现场。

2）安装玻璃门用的梯子应牢靠，不应缺挡，梯子放置不宜过陡，其与地面夹角以 60°～70°为宜。严禁两人同时站在一个梯子上作业。

3）裁划玻璃要小心，并在规定的场所进行。边角余料要集中堆放，并及时处理，不得乱丢乱扔，以防扎伤他人。

4）作业人员在搬运玻璃时应戴手套，或用布、纸垫住将玻璃与手及身体裸露部分隔开，以防被玻璃划伤。

5）在高凳上作业的人要站在中间，不能站在端头，防止跌落。

6）材料要堆放平稳，工具要随手放入工具袋内。上下传递工具物件时，严禁抛掷。

7）要经常检查机电器具有无漏电现象，一经发现立即修理，绝不能勉强使用。

8）安装窗扇玻璃时要按顺序依次进行，不得在垂直方向的上下两层同时作业，以避免玻璃破碎掉落伤人。

9）天窗及高层房屋安装玻璃时，施工点的下面及附近严禁行人通过，以防玻璃及工具跌落伤人。

10）门窗等安装好的玻璃应平整、牢固，不得有松动现象，并在安装完后，应随即将风钩挂好或插上插销，以防风吹窗扇碰碎玻璃掉落伤人。

11）安装完后所剩下的残余破碎玻璃应及时清扫和集中堆放，并要尽快处理，以避免玻璃碎屑扎伤人。

业务要点3：油漆工程

1. 油漆存放规定

各种油漆材料（汽油、漆料、稀料）应单独存放在专用库房内，不得与其他材料混放。库房应通风良好。易挥发的汽油、稀料应装入密闭容器中，严禁在库内吸烟和使用任何明火。

2. 油漆涂料的配制要求

（1）调制油漆应在通风良好的房间内进行。调制有害油漆涂料时，应戴好防毒口罩、护目镜，穿好与之相适应的个人防护用品。工作完毕应冲洗干净。

（2）工作完毕，各种油漆涂料的溶剂桶（箱）要加盖封严。

（3）操作人员应进行体检，患有眼病、皮肤病、气管炎、结核病者不宜从事此项作业。

3. 人字梯使用规定

（1）高度2m以下作业（超过2m按规定搭设脚手架）使用的人字梯应四脚落地，摆放平稳，梯脚应设防滑橡皮垫和保险拉链。

（2）人字梯上搭铺脚手板，脚手板两端搭接长度不得少于20cm。脚手板中间不得同时两人操作，梯子挪动时，作业人员必须下来，严禁站在梯子上踩高跷式挪动。人字梯顶部铰轴不准站人、不准铺设脚手板。

（3）人字梯应经常检查，发现开裂、腐朽、榫头松动、缺挡等不得使用。

4. 喷灯使用规定

（1）使用喷灯前应首先检查开关及零部件是否完好，喷嘴要畅通。

（2）喷灯加油不得超过容量的4/5。

（3）每次打气不能过足。点火应选择在空旷处，喷嘴不得对人。气筒部分出现故障，应先熄灭喷灯，再行修理。

5. 其他规定

1）外墙、外窗、外楼梯等高处作业时，应系好安全带。安全带应高挂低用，挂在牢靠处。油漆窗户时，严禁站在或骑在窗栏上操作，刷封檐板或水落管时，应使用脚手架或在专用操作平台架上进行。

2）刷坡度大于 25°的铁皮层面时，应设置活动跳板、防护栏杆和安全网。

3）刷耐酸、耐腐蚀的过氧乙烯涂料时，应戴防毒口罩。打磨砂纸时必须戴口罩。

4）在室内或容器内喷涂，必须保持良好的通风。喷涂时严禁对着喷嘴查看。

5）空气压缩机压力表和安全阀必须灵敏有效。高压气管各种接头应牢固，修理料斗气管时应关闭气门，试喷时不准对着人。

6）空气压缩机压力表和安全阀必须灵敏有效。高压气管各种接头应牢固，修理料斗喷涂人员作业时，如出现头痛、恶心、胸闷和心悸等现象时，应停止作业，到户外通风处换气。

业务要点 4：轻质隔墙与玻璃安装工程

1. 轻质隔墙工程

1）施工现场必须结合实际情况设置隔墙材料贮藏间，并派专人看管，禁止他人随意挪用。

2）隔墙安装前必须先清理好操作现场，特别是地面，保证搬运通道畅通，防止搬运人员绊倒和撞到他人。

3）搬运时设专人在旁边监护，非安装人员不得在搬运通道和安装现场停留。

4）现场操作人员必须戴好安全帽，搬运时可戴手套，防止刮伤。

5）推拉式活动隔墙安装后，应该推拉平稳、灵活、无噪声，不得有弹跳卡阻现象。

6）板材隔墙和骨架隔墙安装后，应该平整、牢固，不得有倾斜、摇晃现象。

7）玻璃隔断安装后应平整、牢固，密封胶与玻璃、玻璃槽口的边缘应黏结牢固，不得有松动现象。

8）施工现场必须工完场清。设专人洒水、打扫，不能扬尘污染环境。

2. 玻璃安装工程

1）进入施工现场应戴好安全帽。搬运玻璃时，应戴上手套，玻璃应立放紧靠。高空装配及揩擦玻璃时，必须穿软底鞋，系好安全带，以保证安全操作。

2）截割玻璃，应在指定场所进行。截下的边角余料应集中投入木箱，及时处理。

3）截下的玻璃条及碎块，不得随意乱抛，应集中收集在木箱中。大批量玻璃截割时，要有固定的工作室。

4）安装玻璃时应带工具袋。木门窗玻璃安装时，严禁将钉子含在口内进行操作。同一垂直面上不得上下交叉作业。玻璃未固定前，不得歇工或休息，以防工具或玻璃掉落伤人。

5）安装门窗或隔断玻璃时，不得将梯子靠在门窗扇上或玻璃框上操作。脚手架、脚手板、吊篮、长梯、高凳等，应认真检查是否牢固，绑扎有无松动，梯脚有无防滑护套，人字梯中间有无拉绳，符合要求后方可用以进行操作。

6）在高处安装玻璃，应将玻璃放置平稳，垂直下方禁止通行。安装屋顶采光玻璃，应铺设脚手板或其他安全措施。

7）门窗玻璃安装后，应随手挂好风钩或插上插销，锁住窗扇，防止刮风损坏玻璃，并将多余玻璃、材料、工具清理入库。

8）玻璃安装时，操作人员应对门窗口及窗台抹灰和其他装饰项目加以保护。门窗玻璃安装完毕后，应有专人看管维护，检查门窗关启情况。

9）拆除外脚手架、悬挑脚手架和活动吊篮架时，应有预防玻璃被污染及破损的保护措施。

10）大块玻璃安装完毕后，应在 1.6m 左右高处，粘贴彩色醒目标志，以免误撞损坏玻璃。对于面积较大、价格昂贵的特种玻璃，应有妥善保护措施。

11）安装完后所剩下的残余破碎玻璃应及时清扫和集中堆放，并要尽快处理，以避免玻璃碎屑扎伤人。

业务要点 5：饰面板（砖）工程

1）外墙贴面砖施工前先要由专业架子工搭设装修用外脚手架，经验收合格后才能使用。

2）操作人员进入施工现场必须戴好安全帽。

3）上架子作业前必须检查脚手板搭放是否安全可靠，确认无误后方可上架进行作业。

4）上架工作，禁止穿硬底鞋、拖鞋、高跟鞋，且架子上的人不得集中在一块儿，严禁从上往下抛掷杂物。

5）脚手架的操作面上不可堆积过量的面砖和砂浆。

6）施工现场临时用电线路必须按临时用电规范布设，严禁乱接乱拉，远距离电缆线不得随地乱拉，必须架空固定。

7）电器设备应有接地、接零保护，现场维护电工应持证上岗，非维护电工不得乱接电源。

8）小型电动工具，必须安装"漏电保护"装置，使用时应经试运转合格后方可操作。

9）电源、电压须与电动机具的铭牌电压相符，电动机具移动应先断电后移动，下班或使用完毕必须拉闸断电。

10）施工现场严禁扬尘作业，清理打扫时必须洒少量水湿润后方可打扫，并注意对成品的保护，废料及垃圾必须及时清理干净，装袋运至指定堆放地点，堆放垃圾处必须进行围挡。

11）切割石材的临时用水，必须有完善的污水排放措施。

12）用滑轮和绳索提拉水泥砂浆时，滑轮一定要固定好，绳索要结实可靠，防止绳索断裂坠物伤人。

13）对施工中噪声大的机具，尽量安排在白天及夜晚22点前操作，严禁噪声扰民。

业务要点6：吊顶与幕墙工程

1. 幕墙工程

1）施工前，项目经理、技术负责人要对工长和安全员进行技术交底，工长和安全员要对全体施工人员进行技术交底和职业健康安全教育。每道工序都要做好施工记录和质量自检。

2）进入现场必须佩戴安全帽，高空作业必须系好安全带，携带工具袋，严禁穿拖鞋、凉鞋进入工地。

3）禁止在外脚手架上攀爬，必须由通道上下。

4）所有施工机具在施工前必须进行严格检查，如手持吸盘须检查吸附质量和持续吸附时间试验，电动工具需做绝缘电压试验。

5）现场电焊时，在焊接下方应设接火斗，防止电火花溅落引起火灾或烧伤其他建筑成品。

6）幕墙施工下方禁止人员通行和施工。

7）电源箱必须安装漏电保护装置，手持电动工具的操作人员应戴绝缘手套。

8）在高层石材板幕墙安装与上部结构施工交叉作业时，结构施工层下方应架设防护网；在离地面3m高处，应搭设挑出6m的水平安全网。

9）在六级以上大风、大雾、雷雨、下雪天气严禁高空作业。

2. 吊顶工程

1）无论是高大工业厂房的吊顶还是普通住宅房间的吊顶均属于高处作业，因此作业人员要严格遵守高处作业的有关规定，严防发生高处坠落事故。

2）吊顶的房间或部位要由专业架子工搭设满堂红脚手架，脚手架的临边处设两道防护栏杆和一道挡脚板，吊顶人员站在脚手架操作面上作业，操作面必须满铺脚手板。

3）吊顶的主、副龙骨与结构面要连接牢固，防止吊顶脱落伤人。吊顶下方不得有其他人员来回行走，以防掉物伤人。

4）作业人员要穿防滑鞋，行走及材料的运输要走马道，严禁从架管爬上爬下。

5）作业人员使用的工具要放在工具袋内，不要乱丢乱扔，同时高空作业人员禁止从上向下投掷物体，以防砸伤他人。

6）作业人员使用的电动工具要符合安全用电要求，如需用电焊的地方必须由专业电焊工施工。

◎ 业务要点 7：涂饰工程

1）作业高度超过 2m 应按规定搭设脚手架。施工前要进行检查是否牢固。

2）油漆施工前应集中工人进行职业健康安全教育，并进行书面交底。

3）墙面刷涂料当高度超过 1.5m 时，要搭设马凳或操作平台。

4）施工现场严禁设油漆材料仓库，场外的油漆仓库应有足够的消防设施，且设有严禁烟火标语。

5）涂刷作业时操作工人应佩戴相应的保护设施。如防毒面具、口罩、手套等，以免危害工人的肺、皮肤等。

6）严禁在民用建筑工程室内用有机溶剂清洗施工用具。

7）油漆使用后，应及时封闭存放，废料应及时清出室内，施工时室内应保持良好通风。

8）民用建筑工程室内装修中，进行饰面人造木板拼接施工时，除芯板为A 类外，应对其断面及无饰面部位进行密封处理。

9）遇有上下立体交叉作业时，作业人员不得在同一垂直方向上操作。

10）油漆窗子时，严禁站或骑在窗槛上操作，以防槛断人落。刷封檐板时应利用外装修架或搭设挑架进行。刷外开窗扇漆时，应将安全带挂在牢靠的地方。

11）现场清扫设专人洒水，不得有扬尘污染。打磨粉尘用潮布擦净。

12）涂刷作业过程中，操作人员如感头痛、恶心、胸闷或心悸时，应立即停止作业到户外换取新鲜空气。

13）每天收工后应尽量不剩油漆材料，剩余油漆不准乱倒，应收集后集中处理。

◎ 业务要点 8：裱糊、软包与细部工程

1. 裱糊与软包工程

1）选择材料时，必须选择符合国家规定的材料。

2）对软包面料及填塞料的阻燃性能严格把关，达不到防火要求时，不予

使用。

3）材料应堆放整齐、平稳，并应注意防火。

4）软包布附近尽量避免使用碘钨灯或其他高温照明设备，不得动用明火，避免损坏。

5）夜间临时用的移动照明灯，必须用安全电压。机械操作人员必须培训持证上岗，现场一切机械设备，非操作人员一律禁止动用。

2. 细部工程

1）施工现场严禁烟火，必须符合防火要求。

2）施工时严禁用手攀窗框、窗扇和窗撑。操作时应系好安全带，严禁把安全带挂在窗。

3）安装前应设置简易防护栏杆，防止施工时意外摔伤。

4）操作时应注意对门窗玻璃的保护，以免发生意外。

5）安装后的橱柜必须牢固，确保使用安全。

6）栏杆和扶手安装时应注意下面楼层的人员，适当时将梯井封好，以免坠物砸伤下面的作业人员。

第四节　拆除与爆破工程

本节导图：

本节主要介绍拆除与爆破工程，内容包括拆除工程、爆破工程等。其内容关系框图如下：

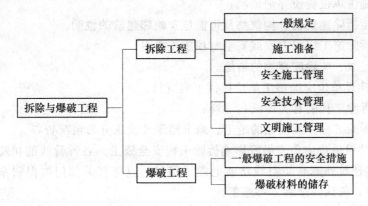

业务要点 1：拆除工程

1. 一般规定

1）项目经理必须对拆除工程的安全生产负全面领导责任。项目经理部应按有关规定设专职安全员，检查落实各项安全技术措施。

2）施工单位应全面了解拆除工程的图纸和资料，进行现场勘察，编制施工组织设计或安全专项施工方案。

3）拆除工程施工区域应设置硬质封闭围挡及醒目警示标志，围挡高度不应低于1.8m，非施工人员不得进入施工区。当临街的被拆除建筑与交通道路的安全跨度不能满足要求时，必须采取相应的安全隔离措施。

4）拆除工程必须制定生产安全事故应急救援预案。

5）施工单位应从事拆除作业的人员办理意外伤害保险。

6）拆除施工严禁立体交叉作业。

7）作业人员使用手持机具时，严禁超负荷或带故障运转。

8）楼层内的施工垃圾，应采用封闭的垃圾道或垃圾袋运下，不得向下抛掷。

9）根据拆除工程施工现场作业环境，应制定相应的消防安全措施。施工现场应设置消防车通道，保证充足的消防水源，配备足够的灭火器材。

2. 施工准备

1）拆除工程的建设单位与施工单位在签订施工合同时，应签订安全生产管理协议，明确双方的安全管理责任。建设单位、监理单位应对拆除工程施工安全负检查督促责任；施工单位应对拆除工程的安全技术管理负直接责任。

2）建设单位应将拆除工程发包给具有相应资质等级的施工单位。建设单位应在拆除工程开工前15日，将下列资料报送建设工程所在地的县级以上地方人民政府建设行政主管部门备案。

① 施工单位资质登记证明。

② 拟拆除建筑物、构筑物及可能危及毗邻建筑的说明。

③ 拆除施工组织方案或安全专项施工方案。

④ 堆放、清除废弃物的措施。

3）建设单位应向施工单位提供下列资料：

① 拆除工程的有关图纸和资料。

② 拆除工程涉及区域的地上、地下建筑及设施分布情况资料。

4）建设单位应负责做好影响拆除工程安全施工的各种管线的切断、迁移工作。当建筑外侧有架空线路或电缆线路时，应与有关部门取得联系，采取防护措施，确认安全后方可施工。

5）当拆除工程对周围相邻建筑安全可能产生危险时，必须采取相应保护措施，对建筑内的人员进行撤离安置。

6）在拆除作业前，施工单位应检查建筑内各类管线情况，确认全部切断后方可施工。

7）在拆除工程作业中，发现不明物体，应停止施工，采取相应的应急措施，保护现场，及时向有关部门报告。

3. 安全施工管理

（1）人工拆除

1）进行人工拆除作业时，楼板上严禁人员聚集或堆放材料，作业人员应站在稳定的结构或脚手架上操作，被拆除的构件应有安全的放置场所。

2）人工拆除施工应从上至下、逐层拆除分段进行，不得垂直交叉作业。作业面的孔洞应封闭。

3）人工拆除建筑墙体时，严禁采用掏掘或推倒的方法。

4）拆除建筑的栏杆、楼梯、楼板等构件，应与建筑结构整体拆除进度相配合，不得先行拆除。建筑的承重梁、柱，应在其所承载的全部构件拆除后，再进行拆除。

5）拆除梁或悬挑构件时，应采取有效的下落控制措施，方可切断两端的支撑。

6）拆除柱子时，应沿柱子底部剔凿出钢筋，使用手动倒链定向牵引，再采用气焊切割柱子三面钢筋，保留牵引方向正面的钢筋。

7）拆除管道及容器时，必须在查清残留物的性质，并采取相应措施确保安全后，方可进行拆除施工。

（2）机械拆除

1）当采用机械拆除建筑时，应从上至下，逐层分段进行；应先拆除非承重结构，再拆除承重结构。拆除框架结构建筑，必须按楼板、次梁、主梁、柱子的顺序进行拆除。对只进行部分拆除的建筑，必须先将保留部分加固，再进行分离拆除。

2）施工中必须由专人负责监测被拆除建筑的结构状态，做好记录。当发现有不稳定状态的趋势时，必须停止作业，采取有效措施，消除隐患。

3）拆除施工时，应按照施工组织设计选定的机械设备及吊装方案进行拆除施工，严禁超载作业或任意扩大拆除范围。供机械设备使用的场地必须保证足够的承载力。作业中机械不得同时回转、行走。

4）进行高处拆除作业时，对较大尺寸的构件或沉重的材料，必须采用起重机具及时吊下。拆卸下来的各种材料应及时清理，分类堆放在指定场所，严禁向下抛掷。

5）采用双机抬吊作业时，每台起重机载荷不得超过允许载荷的80％，且应对第一吊进行试吊作业，施工中必须保持两台起重机同步作业。

6）拆除吊装作业的起重机司机，必须严格执行操作规程。信号指挥人员必须按照现行国家标准《起重吊运指挥信号》GB 5082—1985 的规定作业。

7）拆除钢屋架时，必须采用绳索将其拴牢，待起重机吊稳后，方可进行气焊切割作业。吊运过程中，应采用辅助措施使被吊物处于稳定状态。

8）拆除桥梁时应先拆除桥面的附属设施及挂件、护栏等。

（3）爆破拆除

1）爆破拆除工程应根据周围环境作业条件、拆除对象、建筑类别、爆破规模，按照现行国家标准《爆破安全规程》GB 6722—2003 将工程分为 A、B、C 三级，并采取相应的安全技术措施。爆破拆除工程应做出安全评估并经当地有关部门审核批准后方可实施。

2）从事爆破拆除工程的施工单位，必须持有工程所在地法定部门核发的《爆炸物品使用许可证》，承担相应等级的爆破拆除工程。爆破拆除设计人员应具有承担爆炸拆除作业范围和相应级别的爆破工程技术人员作业证。从事爆破拆除施工的作业人员应持证上岗。

3）爆破器材必须向工程所在地法定部门申请《爆炸物品购买许可证》，到指定的供应点购买，爆破器材严禁赠送、转让、转卖、转借。

4）运输爆破器材时，必须向工程所在地法定部门申请领取《爆炸物品运输许可证》，派专职押运员押送，按照规定路线运输。

5）爆破器材临时保管地点，必须经当地法定部门批准。严禁同室保管与爆破器材无关的物品。

6）爆破拆除的预拆除施工应确保建筑安全和稳定。预拆除施工可采用机械和人工方法拆除非承重的墙体或不影响结构稳定的构件。

7）对烟囱、水塔类构筑物采用定向爆破拆除工程时，爆破拆除设计应控制建筑倒塌时的触地振动。必要时应在倒塌范围铺设缓冲材料或开挖防振沟。

8）为保护临近建筑和设施的安全，爆破振动强度应符合现行国家标准《爆破安全规程》GB 6722—2003 的有关规定。建筑基础爆破拆除时，应限制一次同时使用的药量。

9）爆破拆除施工时，应对爆破部位进行覆盖和遮挡，覆盖材料和遮挡设施应牢固可靠。

10）爆破拆除应采用电力起爆网路和非电导爆管起爆网路。电力起爆网路的电阻和起爆电源功率，应满足设计要求；非电导爆管起爆应采用复式交叉封闭网路。爆破拆除不得采用导爆索网路或导火索起爆方法。

装药前，应对爆破器材进行性能检测。试验爆破和起爆网路模拟试验应在安全场所进行。

11）爆破拆除工程的实施应在工程所在地有关部门领导下成立爆破指挥部，应按照施工组织设计确定的安全距离设置警戒。

12）爆破拆除工程的实施，必须按照现行国家标准《爆破安全规程》GB

6722—2003 的规定执行。

（4）静力破碎

1）进行建筑基础或局部块体拆除时，宜采用静力破碎的方法。

2）采用具有腐蚀性的静力破碎剂作业时，灌浆人员必须戴防护手套和防护眼镜。孔内注入破碎剂后，作业人员应保持安全距离，严禁在注孔区域行走。

3）静力破碎剂严禁与其他材料混放。

4）在相邻的两孔之间，严禁钻孔与注入破碎剂同步进行施工。

5）静力破碎时，发生异常情况，必须停止作业。查清原因并取相应措施确保安全后，方可继续施工。

（5）安全防护措施

1）拆除施工采用的脚手架、安全网、必须由专业人员按设计方案搭设，由有在人员验收合格后方可使用。水平作业时，操作人员应保持安全距离。

2）安全防护设施验收时，应按类别逐项查验，并有验收记录。

3）作业人员必须配备相应的劳动保护用品，并正确使用。

4）施工单位必须依据拆除工程安全施工组织设计或安全专项施工方案，在拆除施工现场划定危险区域，并设置警戒线和相关的安全标志，应派专人监管。

5）施工单位必须落实防火安全责任制，建立义务消防组织，明确责任人，负责施工现场的日常防火安全管理工作。

4. 安全技术管理

1）拆除工程开工前，应根据工程特点、构造情况、工程量等编制施工组织设计或安全专项施工方案，应经技术负责人和总监理工程师签字批准后实施。施工过程中，如需变更，应经原审批人批准，方可实施。

2）在恶劣的气候条件下，严禁进行拆除作业。

3）当日拆除施工结束后，所有机械设备应远离被拆除建筑。施工期间的临时设施，应与被拆除建筑保持安全距离。

4）从业人员应办理相关手续，签订劳动合同，进行安全培训，考试合格后方可上岗作业。

5）拆除工程施工前，必须对施工作业人员进行书面安全技术交底。

6）拆除工程施工必须建立安全技术档案，并应包括下列内容：

① 拆除工程施工合同及安全管理协议书。

② 拆除工程安全施工组织设计或安全专项施工方案。

③ 安全技术交底。

④ 脚手架及安全防护设施检查验收记录。

⑤ 劳务用工合同及安全管理协议书。

⑥ 机械租赁合同及安全管理协议书。

7）施工现场临时用电必须按照国家现行标准《施工现场临时用电安全技术规范》JGJ 46—2005 的有关规定执行。

8）拆除工程施工过程中，当发生重大险情或生产安全事故时，应及时启动应急预案排除险情、组织抢救、保护事故现场，并向有关部门报告。

5. 文明施工管理

1）清运渣土的车辆应封闭或覆盖，出入现场时应有专人指挥。清运渣土的作业时间应遵守工程所在地的有关规定。

2）对地下的各类管线，施工单位应在地面上设置明显标识。对水、电、气的检查井、污水井应采取相应的保护措施。

3）拆除工程施工时，应有防止扬尘和降低噪声的措施。

4）拆除工程完工后，应及时将渣土清运出场。

5）施工现场应建立、健全动火管理制度。施工作业动火时，必须履行动火审批手续，领取动火证后，方可在指定时间、地点作业。作业时应配备专人监护，作业后必须确认无火源危险后方可离开作业地点。

6）拆除建筑时，当遇有易燃、可燃物及保温材料时，严禁明火作业。

业务要点 2：爆破工程

1. 一般爆破工程的安全措施

1）进入施工现场所有人员必须戴好安全帽。

2）人工打炮眼施工安全措施。

① 打眼前应对周围松动的土石进行清理，若用支撑加固时，应检查支撑是否牢固。

② 打眼人员必须精力集中，锤击要稳、准，并击入中心，严禁互相对面打锤。

③ 随时检查锤头与柄连接是否牢固，严禁使用木质松软、有节疤、裂缝的木柄，铁柄和锤平整，不得有毛边。

3）机械打炮眼安全技术措施

① 操作中必须精力集中，发现不正常的声音或震动，应立即停机进行检查，并及时排除故障，方可继续作业。

② 换钎、检查风钻加油时，应先关闭风门方准进行，在操作中不得碰触风门以免发生伤亡事故。

③ 钻眼机具要扶稳，钻杆与钻孔中心必须在一条直线上。

④ 钻机运转过程中，严禁用身体支撑风钻的转动部分。

⑤ 经常检查风钻有无裂纹、螺栓有无松动，长套和弹簧有无松动、是否完整，确认无误后方可使用，工作时必须戴好风镜、口罩和安全帽。

4）爆破的最小安全距离

应根据工程情况确定，一般炮孔爆破不小于 200m，深孔爆破不小于 300m。

5）炮眼爆破安全措施

① 装药时严禁使用铁器，且不得用炮棍挤压或碰击，以免触发雷管引起爆炸。

② 放炮区要设警戒线，设专人指挥，待装药、堆塞完毕，按规定发出信号，人员撤离，经检查无误后，方可放炮。

③ 同时起爆若干炮眼时，应采用电力起爆或导爆线起爆。

6）爆破防护覆盖安全措施

① 地面以上爆破时，可在爆破部位铺盖草垫或草袋，内装少量砂、土，做第一道防线，再在上面铺放胶管帘（炮衣）或胶垫做第二道防线，最后用帆布篷将以上两层整个覆盖包裹，帆布用铁丝或绳索拉紧捆牢。

② 对邻近建筑物的地下爆破时，为防止大块抛扔，应用爆破防护网覆盖，当爆破部位较高，或对水中构筑物爆破时，则应将防护网系在不受爆破影响的部位。

③ 为在爆破时使周围建筑物及设备不被打坏，在其周围可用厚度不小于 50mm 的木板加固，并用铁丝捆牢，如爆破体靠近钢结构或需保留部分，必须用砂袋（厚度不小于 500mm）加以防护。

7）瞎炮的处理方法与安全措施

① 发现炮孔外的电线和电阻、导火线或电爆网（线路）不合要求经纠正检查无误后，可重新按通电源起爆。

② 当炮孔深在 500mm 以内时，可用裸露爆破引爆，炮孔较深时，可用竹木工具小心将炮眼上部堵塞物掏出，用水浸泡并冲洗出整个药包，并将拒爆的雷管销毁，也可将上部炸药掏出部分后，再重新装入起爆药起爆。

③ 距爆孔近旁 600mm 处，重新钻一与之平行的炮眼，然后装药起爆以销毁原有瞎炮，如炮孔底有剩余药，可重新加药起爆。

④ 深孔瞎炮处理，采用再次爆破，但应考虑相邻已爆破药包后最小抵抗线的改变，以防飞石伤人，如未爆炸药包与埋下岩石混合时，必须将未爆炸药包浸湿后，再进行清除。

⑤ 处理瞎炮过程中，严禁将带有雷管的药包从炮孔内拉出，也不准拉住雷管上的导线，把雷管从炸药包内拉出来。

⑥ 瞎炮应由原装炮人员当班处理，应设置标志，并将装炮情况、位置、

方向、药量等详细介绍给处理人员，以达到妥善处理的目的。若工程位于居民区，项目部与爆破公司应提前与周围居民做好安全防护工作，确保爆破工程的顺利施工。禁止进行爆破器材加工和爆破作业的人员穿化纤衣服。

2. 爆破材料的储存

为防止爆破器材变质、自燃、爆炸、被盗以及有利于收发和管理，《爆破安全规程》GB 6722—2003规定，爆破器材必须存放在爆破器材库里。爆破器材库由专门存放爆破器材的主要建、构筑物和爆破器材的发放、管理、防护和办公等辅助设施组成。爆破器材库按其作用及性质分为总库、分库和发放站；按其服务年限分为永久性库和临时性库两大类；按其所处位置分为地面库、永久性硐室库和井下爆破器材库等。

第三章 现场施工机械设备安全技术

第一节 土方机械设备

本节导图：

本节主要介绍土方机械设备，内容包括推土机、铲运机、压路机、平地机、夯实机械等。其内容关系框图如下：

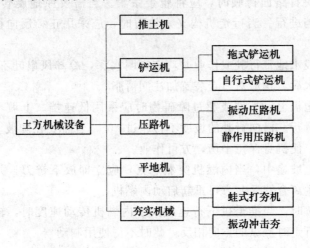

业务要点 1：推土机

1）推土机在坚硬土壤或多石土壤地带作业时，应先进行爆破或用松土器翻松。在沼泽地带作业时，应更换湿地专用履带板。

2）推土机行驶通过或在其上作业的桥、涵、堤、坝等，应具备相应的承载能力。

3）不得用推土机推石灰、烟灰等粉尘物料和进行碾碎石块的作业。

4）牵引其他机械设备时，应有专人负责指挥。钢丝绳的连接应牢固可靠。在坡道或长距离牵引时，应采用牵引杆连接。

5）作业前重点检查项目应符合下列要求：

① 各部件无松动，连接良好。

② 燃油、润滑油、液压油等符合规定。

③ 各系统管路无裂纹或泄漏。

④ 各操纵杆和制动踏板的行程、履带的松紧度或轮胎气压均符合要求。

6) 启动前，应将主离合器分离，各操纵杆放在空挡位置，严禁拖、顶启动。

7) 启动后应检查各仪表指示值，液压系统应工作有效。当运转正常、水温达到 55℃、机油温度达到 45℃时，方可全载荷作业。

8) 推土机行驶前，严禁有人站在履带或刀片的支架上，机械四周应无障碍物，确认安全后，方可开动。

9) 采用主离合器传动的推土机接合应平稳，起步不得过猛，不得使离合器处于半接合状态下运转。液力传动的推土机，应先解除变速杆的锁紧状态，踏下减速器踏板，变速杆应在一定挡位，然后缓慢释放减速踏板。

10) 在块石路面行驶时，应将履带张紧。当需要原地旋转或急转弯时，应采用低速挡进行。当行走机构夹入块石时，应采用正、反向往复行驶使块石排除。

11) 在浅水地带行驶或作业时，应查明水深，冷却风扇叶不得接触水面。下水前和出水后，均应对行走装置加注润滑脂。

12) 推土机上、下坡或超过障碍物时应采用低速挡。上坡不得换挡，下坡不得空挡滑行。横向行驶的坡度不得超过 10°。当需要在陡坡上推土时，应先进行填挖，使机身保持平衡，方可作业。

13) 在上坡途中，当内燃机突然熄灭，应立即放下铲刀，并锁住制动踏板。在分离主离合器后，方可重新启动内燃机。

14) 下坡时，当推土机下行速度大于内燃机传动速度时，转向动作的操纵应与平地行走时操纵的方向相反，此时不得使用制动器。

15) 填沟作业驶近边坡时，铲刀不得越出边缘。后退时，应先换挡，方可提升铲刀进行倒车。

16) 在深沟、基坑或陡坡地区作业时，应有专人指挥，其垂直边坡高度不应大于 2m。

17) 在堆土或松土作业中不得超载，不得做有损于铲刀、推土架、松土器等装置的动作，各项操作应缓慢平稳。无液力变矩器装置的推土机，在作业中有超载趋势时，应稍微提升刀片或变换低速挡。

18) 推树时，树干不得倒向推土机及高空架设物。推屋墙或围墙时，其高度不宜超过 2.5m。严禁推带有钢筋或与地基基础连接的混凝土桩等建筑物。

19) 两台以上推土机在同一地区作业时，前后距离应大于 8.0m。左右距离应大于 1.5m。在狭窄道路上行驶时，未得前机同意，后机不得超越。

20）推土机顶推铲运机作助铲时，应符合下列要求：

① 进入助铲位置进行顶推中，应与铲运机保持同一直线行驶。

② 铲刀的提升高度应适当，不得触及铲斗的轮胎。

③ 助铲时应均匀用力，不得猛推猛撞，应防止将铲斗后轮胎顶离地面或使铲斗吃土过深。

④ 铲斗满载提升时，应减少推力，待铲斗提离地面后即减速脱离接触。

⑤ 后退时，应先看清后方情况，当需绕过正后方驶来的铲运机倒向助铲位置时，宜从来车的左侧绕行。

21）推土机转移行驶时，铲刀距地面宜为 400mm，不得用高速挡行驶和进行急转弯。不得长距离倒退行驶。

22）作业完毕后，应将推土机开到平坦安全的地方，落下铲刀，有松土器的，应将松土器爪落下。在坡道上停机时，应将变速杆挂低速挡，接合主离合器，锁住制动踏板，并将履带或轮胎揳住。

23）停机时，应先降低内燃机转速，变速杆放在空挡，锁紧液力传动的变速杆，分开主离合器，踏下制动踏板并锁紧，待水温降到 750℃以下，油温降到 90℃以下时，方可熄火。

24）推土机长途转移工地时，应采用平板拖车装运。短途行走转移时，距离不宜超过 10km，并在行走过程中应经常检查和润滑行走装置。

25）在推土机下面检修时，内燃机必须熄火，铲刀应放下或垫稳。

🎯 业务要点 2：铲运机

1. 拖式铲运机

1）拖式铲运机行驶道路应平整结实，路面比机身应宽出 2m。

2）作业前，应检查钢丝绳、轮胎气压、铲土斗及卸土板回缩弹簧、拖把方向接头、撑架以及各部滑轮等。液压式铲运机铲斗与拖拉机连接的叉座与牵引连接块应锁定，各液压管路连接应可靠，确认正常后，方可启动。

3）开动前，应使铲斗离开地面，机械周围应无障碍物，确认安全后，方可开动。

4）作业中，严禁任何人上下机械，传递物件，以及在铲斗内、拖把或机架上坐立。

5）多台铲运机联合作业时，各机之间前后距离不得小于 10m（铲土时不得小于 5m），左右距离不得小于 2m。行驶中，应遵守下坡让上坡、空载让重载、支线让干线的原则。

6）在狭窄地段运行时，未经前机同意，后机不得超越。两机交会或超越平行时应减速，两机间距不得小于 0.5m。

7）铲运机上、下坡道时，应低速行驶，不得中途换挡，下坡时不得空挡滑行，行驶的横向坡度不得超过 6°，坡宽应大于机身 2m 以上。

8）在新填筑的土堤上作业时，离堤坡边缘不得小于 1m。需要在斜坡横向作业时，应先将斜坡挖填，使机身保持平衡。

9）在坡道上不得进行检修作业。在陡坡上严禁转弯、倒车或停车。在坡上熄火时，应将铲斗落地、制动牢靠后再行启动。下陡坡时，应将铲斗触地行驶，帮助制动。

10）铲土时，铲土与机身应保持直线行驶。助铲时应有助铲装置，应正确掌握斗门开启的大小，不得切土过深。两机动作应协调配合，做到平稳接触，等速助铲。

11）在下陡坡铲土时，铲斗装满后，在铲斗后轮未到达缓坡地段前，不得将铲斗提离地面，应防铲斗快速下滑冲击主机。

12）在凹凸不平地段行驶转弯时，应放低铲斗，不得将铲斗提升到最高位置。

13）拖拉陷车时，应有专人指挥，前后操作人员应协调，确认安全后，方可起步。

14）作业后，应将铲运机停放在平坦地面，并应将铲斗落在地面上。液压操纵的铲运机应将液压缸缩回，将操纵杆放在中间位置，进行清洁、润滑后，锁好门窗。

15）非作业行驶时，铲斗必须用锁紧链条挂牢在运输行驶位置上，机上任何部位均不得载人或装载易燃、易爆物品。

16）修理斗门或在铲斗下检修作业时，必须将铲斗提起后用销子或锁紧链条固定，再用垫木将斗身顶住，并用木楔揳住轮胎。

2. 自行式铲运机

1）自行式铲运机的行驶道路应平整坚实，单行道宽度不应小于 5.5m。

2）多台铲运机联合作业时，前后距离不得小于 20m（铲土时不得小于 10m），左右距离不得小于 2m。

3）作业前，应检查铲运机的转向和制动系统，并确认灵敏可靠。

4）铲土时，或在利用推土机助铲时，应随时微调转向盘，铲运机应始终保持直线前进。不得在转弯情况下铲土。

5）下坡时，不得空挡滑行，应踩下制动踏板辅以内燃机制动，必要时可放下铲斗，以降低下滑速度。

6）转弯时，应采用较大回转半径低速转向，操纵转向盘不得过猛。当重载行驶或在弯道上、下坡时，应缓慢转向。

7）不得在大于15°的横坡上行驶，也不得在横坡上铲土。

8）沿沟边或填方边坡作业时，轮胎离路肩不得小于0.7m，并应放低铲斗，降速缓行。

9）在坡道上不得进行检修作业。遇在坡道上熄火时，应立即制动，下降铲斗，把变速杆放在空挡位置，然后方可启动内燃机。

10）穿越泥泞或软地面时，铲运机应直线行驶，当一侧轮胎打滑时，可踏下差速器锁止踏板。当离开不良地面时，应停止使用差速器锁止踏板。不得在差速器锁止时转弯。

11）夜间作业时，前后照明应齐全完好，前大灯应能照至30m。当对方来车时，应在100m以外将大灯光改为小灯光，并低速靠边行驶。

业务要点3：压路机

1. 振动压路机

1）作业时，压路机应先起步后才能起振，内燃机应先置于中速，然后再调至高速。

2）变速与换向时应先停机，变速时应降低内燃机转速。

3）严禁压路机在坚实的地面上进行振动。

4）碾压松软路基时，应先在不振动情况下碾压1～2遍，然后再振动碾压。

5）碾压时，振动频率应保持一致。对可调振频的振动压路机，应先调好振动频率后再作业，不得在没有起振情况下调整振动频率。

6）换向离合器、起振离合器和制动器的调整，应在主离合器脱开后进行。

7）上、下坡时，不得使用快速挡。在急转弯时，包括铰接式振动压路机在小转弯绕圈碾压时，严禁使用快速挡。

8）压路机在高速行驶时不得接合振动。

9）停机时应先停振，然后将换向机构置于中间位置，变速器置于空挡，最后拉起手制动操纵杆，内燃机怠速运转数分钟后熄火。

2. 静作用压路机

1）压路机碾压的工作面，应经过适当平整，对新填的松软路基，应先用羊足碾或打夯机逐层碾压或夯实后，方可用压路机碾压。

2）当土的含水量超过30％时不得碾压，含水量少于5％时，宜适当洒水。

3）工作地段的纵坡不应超过压路机最大爬坡能力，横坡不应大于20°。

4）应根据碾压要求选择机重。当滚轮压路机需要增加机重时，可在滚轮内加砂或水。当气温降至 0℃时，不得用水增重。

5）轮胎压路机不宜在大块石基础层上作业。

6）作业前，各系统管路及接头部分应无裂纹、松动和泄漏现象，滚轮的刮泥板应平整良好，各紧固件不得松动，轮胎压路机还应检查轮胎气压，确认正常后方可启动。

7）不得用牵引法强制启动内燃机，也不得用压路机拖拉任何机械或物件。

8）启动后，应进行试运转，确认运转正常，制动及转向功能灵敏可靠，方可作业。开动前，压路机周围应无障碍物或人员。

9）碾压时应低速行驶，变速时必须停机。速度宜控制在 $3\sim4km/h$ 范围内，在一个碾压行程中不得变速。碾压过程应保持正确的行驶方向，碾压第二行时必须与第一行重叠半个滚轮压痕。

10）变换压路机前进、后返方向，应待滚轮停止后进行。不得利用换向离合器作制动用。

11）在新建道路上进行碾压时，应从中间向两侧碾压。碾压时，距路基边缘不应少于 0.5m。

12）碾压傍山道路时，应由里侧向外侧碾压，距路基边缘不应少于 1m。

13）上、下坡时，应事先选好挡位，不得在坡上换挡，下坡时不得空挡滑行。

14）两台以上压路机同时作业时，前后间距不得小于 3m，在坡道上不得纵队行驶。

15）在运行中，不得进行修理或加油。需要在机械底部进行修理时，应将内燃机熄火，用制动器制动住，并制动住滚轮。

16）对有差速器锁住装置的三轮压路机，当只有一只轮子打滑时，方可使用差速器锁住装置，但不得转弯。

17）作业后，应将压路机停放在平坦坚实的地方，并制动住。不得停放在土路边缘及斜坡上，也不得停放在妨碍交通的地方。

18）严寒季节停机时，应将滚轮用木板垫离地面。

19）压路机转移工地距离较远时，应采用汽车或平板拖车装运，不得用其他车辆拖拉牵运。

业务要点 4：平地机

1）作业前，应查明施工场地明、暗设置物（电线、地下电缆、管道、坑道等）的地点及走向，并采用明显记号表示。严禁在离电缆 1m 距离以内

150

作业。

2）在平整平面度较大的地面时，应先用推土机推平，再用平地机平整。

3）平地机作业区应无树根、石块等障碍物。对土质坚实的地面，应先用齿耙翻松。

4）作业区的水准点及导线控制桩的位置、数据应清楚，放线、验线工作应提前完成。

5）作业前重点检查项目应符合下列要求：

① 照明、音响装置齐全有效。

② 燃油、润滑油、液压油等符合规定。

③ 各连接件无松动。

④ 液压系统无泄漏现象。

⑤ 轮胎气压符合规定。

6）不得用牵引法强制启动内燃机，也不得用平地机拖拉其他机械。

7）启动后，各仪表指示值应符合要求，待内燃机运转正常后，方可开动。

8）起动前，检视机械周围应无障碍物及行人，先鸣声示意后，用低速挡起步，并应测试和确认制动器灵敏有效。

9）作业时，应先将刮刀下降到接近地面，起步后再下降刮刀铲土。铲土时，应根据铲土阻力大小，随时少量调整刮刀的切土深度，控制刮刀的升降量差不宜过大，不宜造成波浪形工作面。

10）刮刀的回转与铲土角的调整以及向机外侧斜，都必须在停机时进行。但刮刀左右端的升降动作，可在机械行驶中随时调整。

11）各类铲刮作业都应低速行驶，角铲土和使用齿耙时必须用一挡。刮土和平整作业可用二、三挡。换挡必须在停机时进行。

12）遇到坚硬土质需用齿耙翻松时，应缓慢下齿，不得使用齿耙翻松石碴或混凝土路面。

13）使用平地机清除积雪时，应在轮胎上安装防滑链，并应逐段探明路面的深坑、沟槽情况。

14）平地机在转弯或调头时，应使用低速挡。在正常行驶时，应用前轮转向，当场地特别狭小时，方可使用前、后轮同时转向。

15）行驶时，应将刮刀和齿耙升到最高位置，并将刮刀斜放，刮刀两端不得超出后轮外侧。行驶速度不得超过 20km/h。下坡时，不得空挡滑行。

16）作业中，应随时注意变矩器油温，超过120℃时应立即停止作业，待降温后再继续工作。

17）作业后，应停放在平坦、安全的地方，将刮刀落在地面上，拉上手制动器。

业务要点 5：夯实机械

1. 蛙式打夯机

1）蛙式打夯机应适用于夯实灰土和素土的地基、地坪及场地平整，不得夯实坚硬或软硬不一的地面、冻土及混有砖石碎块的杂土。

2）操作前必须检查蛙式打夯机带松紧程度及连接件。

3）作业时夯机扶手上的按钮开关和电动机的接线均应绝缘良好。当发现有漏电现象时，应立即切断电源，进行检查。

4）填方土层的厚度为 200～300mm。夯实的遍数为 3～4 遍。

5）手握扶手时要掌握机身平稳，不可用力向后压，以免影响夯机的跳动，但要注意夯机的行进方向，并及时加以调整。

6）工作过程中，可根据需要，在一定范围内调整夯机的跳动，但要随时注意夯机的行进方向，并及时加以调整。

7）夯机作业时，应一人扶夯，一人传递电缆线，且必须戴绝缘手套和穿绝缘鞋。递线人员应跟随夯机后或两侧调顺电缆线，电缆线不得扭结或缠绕，且不得张拉过紧，应保持 3～4m 的余量。

8）作业时，应防止电缆线被夯击。移动时，应将电缆线移至夯机后方，不得隔机乱扔电缆线，当转向倒线困难时，应停机调整。

9）在较大基坑作业时，夯板应避开房心内地下构筑物、钢筋混凝土基桩、枕座及地下管道等。

10）在建筑物内部作业时，夯板或偏心块不得打在墙壁上。

11）多台蛙式打夯机在同一现场业时，为防止碰撞，确保安全，夯机的并行间距不得小于 5m，纵行间距要大于 10m。

12）夯机前进方向和靠近 1m 范围内不准站立非操作人员。

13）夯机连续作业时间不应过长，当电动机超过额定温度时，应停机降温。

14）夯机发生故障时，应先切断电源，然后排除故障。

15）每天作业完毕，都要对夯机进行保养，存放地点应确保夯机不受雨雪等侵蚀。

蛙式打夯机的保养见表 3-1。

表 3-1　蛙式打夯机的保养

保养级别（作时间）	工　作　内　容	备　注
一级保养 （60～300h）	1）全面清洗外部 2）检查传动轴轴承、大带轮轴承的磨损程度，必要时拆卸修理或更换 3）检查偏心块的连接是否牢固 4）检查大带轮及固定套是否有严重的轴向窜动 5）检查动力线是否发生折损和破裂 6）调整 V 带的松紧度 7）全面润滑	轴承松旷不及时修理或更换会使传动轴摇摆不稳。动力线发生折损和破裂容易发生漏电
二级保养 （400h）	1）进行一级保养的全部工作内容 2）拆检电动机、传动轴、前轴，并对轴承、轴套进行清洗和换油 3）检查夯架、托盘、操纵手柄、前轴、偏心套等是否有变形、裂纹和严重磨损 4）检查电动机和电器开关的绝缘程度，更换破损的导线	如轴承磨损过甚时，须修理或更换。对发现的各种缺陷应及时修好

2. 振动冲击夯

1）振动冲击夯应适用于黏性土、砂及砾石等散状物料的压实，不得在水泥路面和其他坚硬地面作业。

2）作业前重点检查项目应符合下列要求：

① 各部件连接良好，无松动。

② 内燃冲击夯有足够的润滑油，油门控制器转动灵活。

③ 电动冲击夯有可靠的接零或接地，电缆线表面绝缘完好。

3）内燃冲击夯启动后，内燃机应怠速运转 3～5min，然后逐渐加大油门，待夯机跳动稳定后，方可作业。

4）电动冲击夯在接通电源启动后，应检查电动机旋转方向，有错误时应倒换相线。

5）作业时应正确掌握夯机，不得倾斜，手把不宜握得过紧，能控制夯机前进速度即可。

6）正常作业时，不得使劲往下压手把，影响夯机跳起高度。在较松的填料上作业或上坡时，可将手把稍向下压，并应能增加夯机前进速度。

7）在需要增加密实度的地方，可通过手把控制夯机在原地反复夯实。

8）根据作业要求，内燃冲击夯应通过调整油门的大小，在一定范围内改变夯机振动频率。

9）内燃冲击夯不宜在高速下连续作业。在内燃机高速运转时不得突然停车。

10）电动冲击夯应装有漏电保护装置，操作人员必须戴绝缘手套，穿绝缘鞋。作业时，电缆线不应拉得过紧，应经常检查线头安装，不得松动及引起漏电。严禁冒雨作业。

11）作业中，当冲击夯有异常的响声，应立即停机检查。

12）当短距离转移时，应先将冲击夯手把稍向上抬起，将运输轮装入冲击夯的挂钩内，再压下手把，使重心后倾，方可推动手把转移冲击夯。

13）作业后，应清除夯板上的泥沙和附着物，保持夯机清洁，并妥善保管。

第二节　起重运输机械设备

◎ **本节导图：**

本节主要介绍起重运输机械设备，内容包括卷扬机、塔式起重机、物料提升机、施工升降机等。其内容关系框图如下：

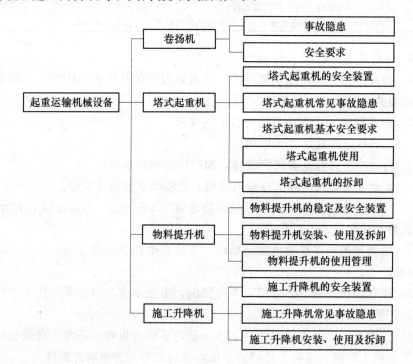

◎ **业务要点 1：卷扬机**

1. 事故隐患

1）卷扬机固定不坚固，地锚设置不牢固，导致卷扬机移位和倾覆。

2）卷筒上无防止钢丝绳滑脱的防护装置或防护装置设置不合理、不可靠，致使钢丝绳脱离卷筒。

3）钢丝绳末端未固定或固定不符合要求，致使钢丝绳脱落。

4）卷扬机制动器失灵，无法定位。

5）绳筒轴端定位不准确引起轴疲劳断裂。

2. 安全要求

（1）安装位置

1）搭设操作棚，并保证操作人员能看清指挥人员和拖动或吊起的物件。施工过程中的建筑物、脚手架以及现场堆放材料、构件等，都不应影响司机对操作范围内全过程的监视。处于危险作业区域内的操作棚，顶部应符合防护棚的要求。

2）地基坚固。卷扬机应尽量远离危险作业区域，选择地势较高、土质坚固的地方，埋设地锚用钢丝绳与卷扬机座锁牢，前方应打桩，防止卷扬机移动和倾覆。

3）卷筒方向。卷筒与导向滑轮中心对正，从卷筒到第一个导向滑轮的距离，按规定是：带槽卷筒应大于卷筒宽度的 15 倍，无槽卷筒应大于 20 倍，以防止卷筒运转时钢丝绳相互错叠和导向轮翼缘与钢丝绳磨损。

（2）作业人员要求

1）卷扬机司机应经专业培训持证上岗，作业时要精神集中，发现视线内有障碍物时，要及时清除，信号不清时不得操作。

2）作业前应先空转，确认电气、制动以及环境情况良好才能操作，操作人员应详细了解当班作业的主要内容和工作量。

3）当被吊物没有完全落在地面时，司机不得离岗。休息或暂停作业时，必须将物件或吊笼降至地面。下班后，应切断电源，关好电闸箱。

4）司机应随时注意操作条件及钢丝绳的磨损情况。当荷载变化第一次提升时，应先离地 0.5m 稍停，检查无问题时再继续上升。

5）使用单筒卷扬机，必须用刹车控制下降速度，不能过快和猛急刹车，要缓缓落下。

6）禁止使用扳把型开关，防止发生碰撞误操作。

7）钢丝绳要定期涂抹黄油并要放在专用的槽道里，以防碾压倾轧，破坏钢丝绳的强度。

8）卷扬机的额定拉力大于 125kN 时应设置排绳器，留在卷筒上的钢丝绳最少应保留 3～5 圈，钢丝绳的末端应固定可靠。

9）卷筒外边至最外层钢丝绳的距离应不小于钢丝绳直径的 1.5 倍。

10）作业中，任何人不得跨越正在作业的卷扬钢丝绳。

业务要点 2：塔式起重机

1. 塔式起重机的安全装置

（1）起重量限制器 起重量限制器是用来限制起重钢丝绳单根拉力的一

种安全保护装置。根据构造，可装在起重臂根部、头部、塔顶以及浮动的起重卷扬机机架附近等位置。

（2）起重力矩限制器　起重力矩限制器是当起重机在某一工作幅度下起吊载荷接近、达到该幅度下的额定载荷时发出警报进而切断电源的一种安全保护装置。用来限制起重机在起吊重物时所产生的最大力矩不超越该塔机所允许的最大起重力矩。根据构造和塔式起重机形式（动臂式或小车式）不同，可装在塔帽、起重臂根部和端部等位置。

（3）起升高度限位器　起升高度限位器用来防止起重钩起升过度而碰坏起重臂的装置。可使起重钩在接触到起重臂头部之前，起升机构自动断电并停止工作。常用的有两种型式：一是安装在起重臂头端附近（图 3-1（a））；二是安装在起升卷筒附近（图 3-1（b））的限位器。

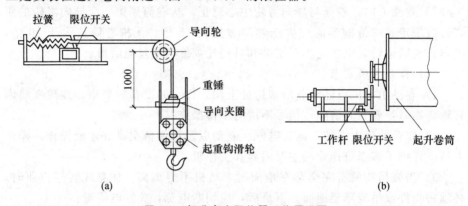

图 3-1　起升高度限位器工作原理图

（a）安装在起重臂头端附近　（b）安装在起升卷筒附近

（4）幅度限位器　幅度限位器是用来限制起重臂在俯仰时不得超过极限位置（一般情况下，起重臂与水平夹角最大为 60°～70°，最小为 10°～12°）的装置，如图 3-2 所示。当起重臂接近限度之前发出警报，达到限定位置时，自动切断电源。限位器由一个半圆形活动转盘、拨杆、限位开关等组成。拨杆随起重臂转动，电刷根据不同的角度分别接通指示灯触点，将起重臂的倾角通过灯光信号传送到操纵室的指示盘上。当起重臂变幅到两个极限位置时，则分别撞开两个限位，随之切断电路，起保护作用。

（5）塔机行走限制器　行走式塔机的轨

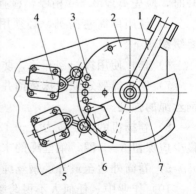

图 3-2　幅度限位器

1—拨杆　2—刷托　3—电刷　4、5—限位开关　6—撞块　7—半圆形活动转盘

道两端尽头所设的止挡缓冲装置，利用安装在台车架上或底架上的行程开关碰撞到轨道两端前的挡块切断电源来实现塔机停止行走，防止脱轨造成塔机倾覆事故。

(6) 吊钩保险装置　吊钩保险装置是防止在吊钩上的吊索由钩头上自动脱落的保险装置，一般采用机械卡环式，用弹簧来控制挡板，阻止吊索滑钩。

(7) 钢丝绳防脱槽装置　主要用以防止钢丝绳在传动过程中，脱离滑轮槽而造成钢丝绳卡死和损伤。

(8) 夹轨钳　装设在台车金属结构上，用以夹紧钢轨，防止塔机在大风情况下被风吹动而行走造成塔机出轨倾覆事故。

(9) 回转限制器　有些上回转的塔机安装了回转不能超过 270° 和 360° 的限制器，防止电源线扭断，造成事故。

(10) 风速仪　自动记录风速，当超过 6 级风速以上时自动报警，使操作司机及时采取必要的防范措施，如停止作业、放下吊物等。

(11) 电器控制中的零位保护和紧急安全开关零位保护　是指塔机操纵开关与主令控制器连锁，只有在全部操纵杆处于零位时，电源开关才能接通，从而防止无意操作。紧急安全开关是一个通常能立即切断全部电源的开关。

(12) 夜间警戒灯和航空障碍灯　夜间警戒灯和航空障碍灯，由于塔式起重机的设置位置，一般比正在建造中的大楼高，因此必须在起重机的最高部位（臂架、塔帽或人字架顶端）安装红色警戒灯，以免飞机相撞。

2. 塔式起重机常见事故隐患

塔机事故主要有五大类：整机倾覆、起重臂折断或碰坏、塔身折断或底架碰坏、塔机出轨、机构损坏，其中塔机的倾覆和断臂等事故占了 70%。引起这些事故发生的原因主要有：

1）固定式塔机基础强度不足或失稳，导致整机倾覆。如地耐力不够；为了抢工期，在混凝土强度不够的情况下而草率安装；在基础附近开挖导致滑坡产生位移，或是由于积水而产生不均匀的沉降等。

2）行走式塔机的路基、轨道铺设不坚实、不平实，致使路轨的高低差距过大，塔机重心失去平衡而倾覆。

3）超载起吊导致塔机失稳而倒塔。

4）违章斜吊增加了张拉力矩再加上原起重力矩，往往容易造成超载。

5）没有正确地挂钩，盛放或捆绑吊物不妥，致使吊物坠落伤人。

6）塔机在工作过程中，由于力矩限制器失灵或被司机有意关闭，造成司机在操作中盲目或超载起吊。

7）起重指挥失误或与司机配合不当，造成失误。

8）塔机装拆管理不严、人员未经过培训、企业无塔机装拆资质或无相应的资质擅自装拆塔机。

9）在恶劣气候（大风、大雾、雷雨等）中起吊作业。

10）设备缺乏定期检修保养，安全装置失灵等造成事故。

3. 塔式起重机基本安全要求

1）塔式起重机安装、拆卸单位必须具有从事塔式起重机安装、拆卸业务的资质。

2）塔式起重机安装、拆卸单位应具备安全管理保证体系，有健全的安全管理制度。

3）塔式起重机安装、拆卸作业应配备下列人员：

① 持有安全生产考核合格证书的项目负责人和安全负责人、机械管理人员。

② 具有建筑施工特种作业操作资格证书的建筑起重机械安装拆卸工、起重司机、起重信号工、司索工等特种作业操作人员。

4）塔式起重机应具有特种设备制造许可证、产品合格证、制造监督检验证明，并已在县级以上地方建设主管部门备案登记。

5）塔机启用前应检查下列项目：

① 塔式起重机的备案登记证明等文件。

② 建筑施工特种作业人员的操作资格证书。

③ 专项施工方案。

④ 辅助起重机械的合格证及操作人员资格证书。

6）对塔式起重机应建立技术档案，其技术档案应包括下列内容：

① 购销合同、制造许可证、产品合格证、制造监督检验证明、使用说明书、备案证明等原始资料。

② 定期检验报告、定期自行检查记录、定期维护保养记录、维修和技术改造记录、运行故障和生产安全事故记录、累计运转记录等运行资料。

③ 历次安装验收资料。

7）塔式起重机的选型和布置应满足工程施工要求，便于安装和拆卸，并不得损害周边其他建筑物或构筑物。

8）有下列情况之一的塔式起重机严禁使用：

① 国家明令淘汰的产品。

② 超过规定使用年限经评估不合格的产品。

③ 不符合国家现行相关标准的产品。

④ 没有完整安全技术档案的产品。

9）塔式起重机安装、拆卸前，应编制专项施工方案，指导作业人员实施安装、拆卸作业。专项施工方案应根据塔式起重机使用说明书和作业场地的实际情况编制，并应符合国家现行相关标准的规定。专项施工方案应由本单位技术、安全、设备等部门审核、技术负责人审批后，经监理单位批准实施。塔式起重机安装专项施工方案，并应包括下列内容：

① 工程概况。

② 安装位置平面图和立面图。

③ 所选用的塔式起重机型号及性能技术参数。

④ 基础和附着装置的设置。

⑤ 爬升工况及附着节点详图。

⑥ 安装顺序和安全质量要求。

⑦ 主要安装部件的重量和吊点位置。

⑧ 安装辅助设备的型号、性能及布置位置。

⑨ 电源的设置。

⑩ 施工人员配置。

⑪ 吊索具和专用工具的配备。

⑫ 安装工艺程序。

⑬ 安全装置的调试。

⑭ 重大危险源和安全技术措施。

⑮ 应急预案等。

10）塔式起重机拆卸专项方案应包括下列内容：

① 工程概况。

② 塔式起重机位置的平面图和立面图。

③ 拆卸顺序。

④ 部件的重量和吊点位置。

⑤ 拆卸辅助设备的型号、性能及布置位置。

⑥ 电源的设置。

⑦ 施工人员配置。

⑧ 吊索具和专用工具的配备。

⑨ 重大危险源和安全技术措施。

⑩ 应急预案等。

11）塔式起重机与架空输电线的安全距离应符合现行国家标准《塔式起重机安全规程》CB 5144—2006 的规定。

12）当多台塔式起重机在同一施工现场交叉作业时，应编制专项方案，并应采取防碰撞的安全措施。任意两台塔式起重机之间的最小架设距离应符合下列规定：

① 低位塔式起重机的起重臂端部与另一台塔式起重机的塔身之间的距离

不得小于 2m。

②　高位塔式起重机的最低位置的部件（或吊钩升至最高点或平衡重的最低部位）与低位塔式起重机中处于最高位置部件之间的垂直距离不得小于 2m。

13）在塔式起重机的安装、使用及拆卸阶段，进入现场的作业人员必须佩戴安全帽、防滑鞋、安全带等防护用品，无关人员严禁进入作业区域内。在安装、拆卸作业期间，应设警戒区。

14）塔式起重机在安装前和使用过程中，发现有下列情况之一的，不得安装和使用：

①　结构件上有可见裂纹和严重锈蚀的。

②　主要受力构件存在塑性变形的。

③　连接件存在严重磨损和塑性变形的。

④　钢丝绳达到报废标准的。

⑤　安全装置不齐全或失效的。

15）塔式起重机使用时，起重臂和吊物下方严禁有人员停留；物件吊运时，严禁从人员上方通过。

16）严禁用塔式起重机载运人员。

4. 塔式起重机使用

1）塔式起重机起重司机、起重信号工、司索工等操作人员应取得特种作业人员资格证书，严禁无证上岗。

2）塔式起重机使用前，应对起重司机、起重信号工、司索工等作业人员进行安全技术交底。

3）塔式起重机的力矩限制器、Mf 限制器、变幅限位器、行走限位器、高度限位器等安全保护装置不得随意调整和拆除，严禁用限位装置代替操纵机构。

4）塔式起重机回转、变幅、行走、起吊动作前应示意警示。起吊时应统一指挥，明确指挥信号；当指挥信号不清楚时，不得起吊。

5）塔式起重机起吊前，当吊物与地面或其他物件之间存在吸附力或摩擦力而未采取处理措施时，不得起吊。

6）塔式起重机起吊前，应对安全装置进行检查，确认合格后方可起吊；安全装置失灵时，不得起吊。

7）塔式起重机起吊前，应按规程的要求对吊具与索具进行检查，确认合格后方可起吊；当吊具与索具不符合相关规定时，不得用于起吊作业。

8）作业中遇突发故障，应采取措施将吊物降落到安全地点，严禁吊物长时间悬挂在空中。

9）遇有风速在 12m/s 及以上的大风或大雨、大雪、大雾等恶劣天气时，应停止作业。雨雪过后，应先经过试吊，确认制动器灵敏可靠后方可进行作业。夜间施工应有足够照明。

10）塔式起重机不得起吊重量超过额定载荷的吊物，且不得起吊重量不明的吊物。

11）在吊物载荷达到额定载荷的 90% 时，应先将吊物吊离地面 200～500mm 后，检查机械状况、制动性能、物件绑扎情况等，确认无误后方可起吊。对有晃动的物件，必须拴拉溜绳使之稳固。

12）物件起吊时应绑扎牢固，不得在吊物上堆放或悬挂其他物件；零星材料起吊时，必须用吊笼或钢丝绳绑扎牢固。当吊物上站人时不得起吊。

13）标有绑扎位置或记号的物件，应按标明位置绑扎。钢丝绳与物件的夹角宜为 45°～60°，且不得小于 30°。吊索与吊物棱角之间应有防护措施；未采取防护措施的，不得起吊。

14）作业完毕后，应松开回转制动器，各部件应置于非工作状态，控制开关应置于零位，并应切断总电源。

15）行走式塔式起重机停止作业时，应锁紧夹轨器。

16）当塔式起重机使用高度超过 30m 时，应配置障碍灯，起重臂根部铰点高度超过 50m 时应配备风速仪。

17）严禁在塔式起重机塔身上附加广告牌或其他标语牌。

18）每班作业应做好例行保养，并应做好记录。记录的主要内容应包括结构件外观、安全装置、传动机构、连接件、制动器、索具、夹具、吊钩、滑轮、钢丝绳、液位、油位、油压、电源、电压等。

19）实行多班作业的设备，应执行交接班制度，认真填写交接班记录，接班司机经检查确认无误后，方可开机作业。

20）塔式起重机应实施各级保养。转场时，应做转场保养，并应有记录。

21）塔式起重机的主要部件和安全装置等应进行经常性检查，每月不得少于一次，并应有记录；当发现有安全隐患时，应及时进行整改。

22）当塔式起重机使用周期超过一年时，应按规程进行一次全面检查，合格后方可继续使用。

23）当使用过程中塔式起重机发生故障时，应及时维修，维修期间应停止作业。

5. 塔式起重机的拆卸

1）塔式起重机拆卸作业宜连续进行；当遇特殊情况拆卸作业不能继续时，应采取措施保证塔式起重机处于安全状态。

2）当用于拆卸作业的辅助起重设备设置在建筑物上时，应明确设置位置、锚固方法，并应对辅助起重设备的安全性及建筑物的承载能力等进行验算。

3）拆卸前应检查主要结构件、连接件、电气系统、起升机构、回转机构、变幅机构、顶升机构等项目。发现隐患应采取措施，解决后方可进行拆卸作业。

4）附着式塔式起重机应明确附着装置的拆卸顺序和方法。

5）自升式塔式起重机每次降节前，应检查顶升系统和附着装置的连接等，确认完好后方可进行作业。

6）拆卸时应先降节、后拆除附着装置。

7）拆卸完毕后，为塔式起重机拆卸作业而设置的所有设施应拆除，清理场地上作业时所用的吊索具、工具等各种零配件和杂物。

◉ 业务要点 3：物料提升机

1. 物料提升机的稳定及安全装置

（1）基础、附墙架、缆风绳与地锚　物料提升机的稳定性能，主要取决于物料提升机的基础、附墙架、缆风绳及地锚。

1）基础

① 物料提升机的基础应能承受最不利工作条件下的全部荷载。30m 及以上物料提升机的基础应进行设计计算。

② 对 30m 以下物料提升机的基础，当设计无要求时，应符合下列规定：

a. 基础土层的承载力，不应小于 80kPa。

b. 基础混凝土强度等级不应低于 C20，厚度不应小于 300mm。

c. 基础表面应平整，水平度不应大于 10mm。

d. 基础周边应有排水设施。

2）附墙架

① 当导轨架的安装高度超过设计的最大独立高度时，必须安装附墙架。

② 宜采用制造商提供的标准附墙架，当标准附墙架结构尺寸不能满足要求时，可经设计计算采用非标准附墙架，并应符合下列规定：

a. 附墙架的材质应与导轨架相一致。

b. 附墙架与导轨架及建筑结构采用刚性连接，不得与脚手架连接。

c. 附墙架间距、自由端高度不应大于使用说明书的规定值。

d. 附墙架的结构形式，可按规范选用。

3）缆风绳

① 当物料提升机安装条件受到限制不能使用附墙架时，可采用缆风绳，缆风绳的设置应符合说明书的要求，并应符合下列规定：

　　a. 每一组四根缆风绳与导轨架的连接点应在同一水平高度，且应对称设置；缆风绳与导轨架的连接处应采取防止钢丝绳受剪破坏的措施。

　　b. 缆风绳宜设在导轨架的顶部；当中间设置缆风绳时，应采取增加导轨架刚度的措施。

　　c. 缆风绳与水平面夹角宜在 45°～60°之间，并应采用与缆风绳等强度的花篮螺栓与地锚连接。

　　② 当物料提升机安装高度大于或等于 30m 时，不得使用缆风绳。

　　4）地锚

　　① 地锚应根据导轨架的安装高度及土质情况，经设计计算确定。

　　② 30m 以下物料提升机可采用桩式地锚。当采用钢管（$\phi48\times3.5$mm）或角钢（$\leqslant75\times6$mm）时，不应少于 2 根；应并排设置，间距不应小于 0.5m，打入深度不应小于 1.7m；顶部应设有防止缆风绳滑脱的装置。

　　（2）安全装置

　　1）当荷载达到额定起重量的 90％时，起重量限制器应发出警示信号；当荷载达到额定起重量的 110％时，起重量限制器应切断上升主电路电源。

　　2）当吊笼提升钢丝绳断绳时，防坠安全器应制停带有额定起重量的吊笼，且不应造成结构损坏。自升平台应采用渐进式防坠安全器。

　　3）安全停层装置应为刚性结构，吊笼停层时，安全停层装置应能可靠承担吊笼自重，额定荷载及运料人员等全部工作荷载。吊笼停层后底板与停层平台的垂直偏差不应大于 50mm。

　　4）限位装置应符合下列规定：

　　① 上限位开关：当吊笼上升至限定位置时，触发限位开关，吊笼被制停，上部越程距离不应小于 3m。

　　② 下限位开关：当吊笼下降至限定位置时，触发限位开关，吊笼被制停。

　　5）紧急断电开关应为非自动复位型，任何情况下均可切断主电路停止吊笼运行。紧急断电开关应设在便于司机操作的位置。

　　6）缓冲器应承受吊笼及对重下降时相应冲击荷载。

　　7）当司机对吊笼升降运行、停层平台观察视线不清时，必须设置通信装置，通信装置应同时具备语音和影像显示功能。

　　（3）防护设施

　　1）防护围栏应符合下列规定：

　　① 物料提升机地面进料口应设置防护围栏；围栏高度不应小于 1.8m，围栏立面可采用网板结构，强度应符合规范规定。

　　② 进料口门的开启高度不应小于 1.8m，强度应符合规范的规定；进料口门应装有电气安全开关，吊笼应在进料口门关闭后才能启动。

2）停层平台及平台门应符合下列规定：

① 停层平台的搭设应符合现行行业标准《建筑施工扣件式钢管脚手架安全技术规范》JCJ130—2011 及其他相关标准的规定，并应能承受 3kN/m³ 的荷载。

② 停层平台外边缘与吊笼门外缘的水平距离不宜大于 100mm，与外脚手架外侧立杆（当无外脚手架时与建筑结构外墙）的水平距离不宜小于 1m。

③ 停层平台两侧的防护栏杆，上栏高度宜为 1.0～1.2m，下栏高度宜为 0.5～0.6m；挡脚板高度不应小于 180mm。

④ 平台门应采用工具式、定型化，强度应符合规范规定。

⑤ 平台门高度不宜小于 1.8m，宽度与吊笼门宽度差不应大于 200mm，并应安装在台口外边缘处，与台口外边缘的水平距离不应大于 200mm。

⑥ 平台门下边缘以上 180mm 内应采用厚度不小于 1.5mm 钢板封闭，与台口上表面的垂直距离不宜大于 20mm。

⑦ 平台门应向停层平台内侧开启，并应处于常闭状态。

3）进料口防护棚应设在提升机地面进料口上方，其长度不应小于 3m，宽度应大于吊笼宽度。顶部强度应符合规范的规定，可采用厚度不小于 50mm 的木板搭设。

4）卷扬机操作棚应采用定型化、装配式，且应具有防雨功能，操作棚应有足够的操作空间，顶部强度应符合规范的规定。

2. 物料提升机安装、使用及拆卸

（1）安装　安装人员经过培训，考核合格方可施工。安装前应检查提升机产品合格证，确认金属结构的成套性和完好性；提升机构完整良好；电气设备齐全可靠；基础位置和做法符合要求；地锚的位置、附墙架连接埋件的位置正确，埋设牢靠；提升机的架体和缆风绳的位置未靠近或跨越架空输电线路。必须靠近时，应保证最小安全距离，并应采取安全防护措施。

1）提升机应安装附墙装置。《龙门架及井架物料提升机安全技术规范》JGJ 88—2010 规定，提升机附墙装置的设置应符合设计要求，其间隔一般不宜大于 9m，且在建筑物的顶层必须设置 1 组，附墙后立柱顶部的自由高度不宜大于 6m。当提升机安装高度大于 9m 时，应及时加设一道附墙装置，并应随安装高度增加架设附墙装置，而在实际安装过程中经常是安装完后再加附墙装置，容易在安装过程中出现架体倒塌事故。另外，附墙装置与建筑结构的连接应采用刚性连接，并形成稳定结构，附墙架严禁连接在脚手架上。

2）提升机吊装管理不当。卷扬机稳装的位置按照要求应该满足"从卷筒中心线到第一个导向滑轮的距离，带槽卷筒应大于卷筒宽度的 15 倍，无槽卷筒应大于 20 倍"的要求，同时卷扬机还应安装钢丝绳防脱装置。由于施工现场比较狭窄，很多施工现场卷扬机与物料提升机安装距离达不到这一要求，经常由于距离太近而出现钢丝绳缠绕错叠和脱离卷筒现象。另外这也不利于司机操作，司机在卷扬机处操作会出现吊篮挡住视线，对吊篮的停靠位置掌握不准。司机离卷扬机太远，不能随时检查发现卷扬机工作情况，极易发生事故。

3）提升机进料口防护棚搭设不规范。存在的主要问题是不搭设防护棚或防护棚搭设的强度，即防坠落物的冲击能力不足，另外就是防护棚搭设的面积不够。规范规定：物料提升机架体地面进料口处应搭设防护棚，以防止物体打击事故，防护棚使用 5cm 厚木板或相当于 5cm 厚木板强度的其他材料。防护棚搭设要求是低架前后为 3m，高架为 5m 左右，宽度稍大于架体宽度，防护棚两侧还应挂立网防护，防止人员从侧面进入。

4）提升机卸料平台搭设不规范。卸料平台搭设稳固与否直接影响到操作工人的安全，这也是井架高空坠落事故的主要原因。严格要求来说，卸料平台应该做成独立式平台，即该平台的搭设只能是单独从地面立杆搭起或采用与建筑物拉结的形式，不能与脚手架连在一起，以免影响脚手架的稳固。

5）提升机未安装超高限位器。超高限位器是为防止意外情况下电源不能断开吊篮仍继续上升，造成卷扬机仍继续运行拉断钢丝绳或拉翻物料提升机。

6）提升机未立网或立网防护不全。物料提升机安装完后，在其外面应搭设脚手架并张挂立网全封闭防护，以免从运行的吊篮内落物伤人。

7）提升机的四门安装不全。物料提升机的四门包括进料口防护门、卸料平台防护门和吊篮前门、后门，现在施工现场的物料提升机大多数只有吊篮前门，而缺少其他三门。为了使用安全，施工现场应保证四门齐全且正常使用。

8）提升机在安装完毕后，必须经正式验收，符合要求后方可投入使用。同时，使用单位应对每台提升机建立设备技术档案备查，其内容应包括：验收、检修、试验及事故情况。

（2）使用

1）物料提升机应有图纸、计算书及说明书，并按相关标准进行试验，确认符合要求后，方可投入运行。

2）物料提升机设计、制作应符合下列规定：

① 物料提升机的结构设计计算应符合现行行业标准《龙门架及井架物料提升机安全技术规范》JGJ 88—2010、现行国家标准《钢结构设计规范》GB 50017—2003 的有关规定。

② 物料提升机设计提升机结构的同时，应对其安全防护装置进行设计和选型，不得留给使用单位解决。

③ 物料提升机应有标牌，标明额定起重量、最大提升高度及制造单位、制造日期。

（3）拆卸　井架式物料提升机的安装一般按以下顺序：将底架按要求就位→将第一节标准节安装于标准节底架上→提升抱杆→安装卷扬机→利用卷扬机和抱杆安装标准节→安装吊笼→穿绕起升钢丝绳→安装安全装置。物料提升机的拆卸按安装架设的反程序进行。

3. 物料提升机的使用管理

1）使用单位应建立设备档案，档案内容应包括下列项目：

① 安装检测及验收记录。

② 大修及更换主要零部件记录。

③ 设备安全事故记录。

④ 累计运转记录。

2）物料提升机必须由取得特种作业操作证的人员操作。

3）物料提升机严禁载人。

4）物料应在吊笼内均匀分布，不应过度偏载。

5）不得装载超出吊笼空间的超长物料，不得超载运行。

6）在任何情况下，不得使用限位开关代替控制开关运行。

7）物料提升机每班作业前司机应进行作业前检查，确认无误后方可作业。应检查确认下列内容：

① 制动器可靠有效。

② 限位器灵敏完好。

③ 停层装置动作可靠。

④ 钢丝绳磨损在允许范围内。

⑤ 吊笼及对重导向装置无异常。

⑥ 滑轮、卷扬筒防钢丝绳脱槽装置可靠有效。

⑦ 吊笼运行通道内无障碍物。

8）当发生防坠安全器制停吊笼的情况时，应查明制停原因，排除故障，并应检查吊笼、导轨架及钢丝绳，应确认无误并重新调整防坠安全器后运行。

9）物料提升机夜间施工应有足够照明，照明用电应符合现行行业标准《施工现场临时用电安全技术规范（附条文说明）》JGJ 46—2005 的规定。

10）物料提升机在大雨、大雾、风速达 13m/s 及以上大风等恶劣天气时，必须停止运行。

11）作业结束后，应将吊笼返回最底层停放。控制开关应扳至零位，并应切断电源，锁好开关箱。

业务要点 4：施工升降机

1. 施工升降机的安全装置

施工升降机应设有限位开关、极限开关和防松绳开关。

（1）限位开关　施工升降机必须设置自动复位型的上、下行程限位开关，其目的是防止吊笼上、下时超过需停位置，或因司机误操作以及电气故障等原因继续上行或下降引发事故。行程限位开关均应由吊笼或相关零件的运动直接触发。

（2）极限开关　上、下极限开关的作用是在上、下限位开关不起作用时，当吊笼运行超过限位开关和越程后（越程是指限位开关与极限开关之间所规定的安全距离），能及时切断电源使吊笼停车。

齿轮齿条式施工升降机和钢丝绳式人货两用施工升降机必须设置极限开关，吊笼越程超出限位开关后，极限开关须切断总电源使吊笼停车。极限开关为非自动复位型的，其动作后必须手动复位才能使吊笼重新启动。

极限开关不应与限位开关共用一个触发元件。

上、下极限开关的安装位置如下：

1）在正常工作状态下，上极限开关的安装位置应保证上极限开关与上限位开关之间的越程距离：

① 齿轮齿条式施工升降机为 0.15m。

② 钢丝绳式施工升降机为 0.5m。

2）在正常工作状态下，下极限开关的安装位置应保证吊笼碰到缓冲器之前，下极限开关首先动作。

（3）减速开关　对于额定提升速度大于 0.7m/s 的施工升降机，还应设有吊笼上下运行减速开关，该开关的安装位置应保证在吊笼触发上、下行程限位开关之前动作，使高速运行的吊笼提前减速。

（4）防松绳开关　施工升降机的对重钢丝绳或提升钢丝绳的绳数不少于两条且相互独立时，在钢丝绳组的一端应设置张力均衡装置，并装有由相对伸长量控制的非自动复位型的防松绳开关。当其中一条钢丝绳出现的相对伸长量超过允许值或断绳时，该开关将切断控制电路，吊笼停车。

对采用单根提升钢丝绳或对重钢丝绳出现松绳时，防松绳开关立即切断控制电路，制动器制动。

（5）超载保护装置　施工升降机应装有超载保护装置，该装置应对吊笼内载荷、吊笼顶部载荷均有效。超载保护装置在载荷达到额定载重量的 110% 前应能中止吊笼启动，在齿轮齿条式施工升降机载荷达到额定载重量的 90% 时应能给出报警信号。

（6）导轨架的附着装置　导轨架的高度超过最大独立高度时，应设有附着装置。施工升降机运动部件与除登机平台以外的建筑物和固定施工设备之间的距离不应小于 0.2m。

（7）防坠安全器　吊笼应具有有效的装置使吊笼在导向装置失效时仍能保持在导轨上。有对重的施工升降机，当对重质量大于吊笼质量时，应有双向防坠安全器或对重防坠安全装置。

防坠安全器在施工升降机的接高和拆卸过程中应仍起作用。

在非坠落试验的情况下，防坠安全器动作后，吊笼应不能运行。只有当故障排除，安全器复位后吊笼才能正常运行。防坠安全器试验时，吊笼不允许载人。当吊笼装有两套或多套安全器时，都应采用渐进式安全器。

防坠安全器应防止由于外界物体侵入或因气候条件影响而不能正常工作。任何防坠安全器均不能影响施工升降机的正常运行。

防坠安全器只能在有效的标定期限内使用，有效标定期限不应超过一年。

2. 施工升降机常见事故隐患

1）施工升降机装拆隐患。

2）施工升降机的司机未持证上岗。

3）不按设计要求及时配置配重。

4）安全装置装设不当甚至不装。

5）楼层门设置不符合要求。

6）建筑工程质量与技术标准规定不按升降机额定荷载控制人员数量和物料重量。

7）限速器未按规定进行每 3 个月一次的坠落试验。

3. 施工升降机安装、使用及拆卸

（1）施工升降机的安装

1）安装作业人员应按施工安全技术交底内容进行作业。

2）安装单位的专业技术人员、专职安全生产管理人员应进行现场监督。

3）施工升降机的安装作业范围应设置警戒线及明显的警示标志。非作业人员不得进入警戒范围。任何人不得在悬吊物下方行走或停留。

4）进入现场的安装作业人员应佩戴安全防护用品，高处作业人员应系安全带，穿防滑鞋。作业人员严禁酒后作业。

5）安装作业中应统一指挥，明确分工。危险部位安装时应采取可靠的防护措施。当指挥信号传递困难时，应使用对讲机等通信工具进行指挥。

6）当遇大雨、大雪、大雾或风速大于 13m/s（6 级风）等恶劣天气时，应停止安装作业。

7）电气设备安装应按施工升降机使用说明书的规定进行，安装用电应符合现行行业标准《施工现场临时用电安全技术规范（附条文说明）》JGJ 46—2005 的规定。

8）施工升降机金属结构和电气设备金属外壳均应接地，接地电阻不应大于 4Ω。

9）安装时应确保施工升降机运行通道内无障碍物。

10）安装作业时必须将按钮盒或操作盒移至吊笼顶部操作。当导轨架或附墙架上有人员作业时，严禁开动施工升降机。

11）传递工具或器材不得采用投掷的方式。

12）在吊笼顶部作业前应确保吊笼顶部护栏齐全完好。

13）吊笼顶上所有的零件和工具应放置平稳，不得超出安全护栏。

14）安装作业过程中，安装作业人员和工具等总载荷不得超过施工升降机的额定安装载重量。

15）当安装吊杆上有悬挂物时，严禁开动施工升降机。严禁超载使用安装吊杆。

16）层站应为独立受力体系，不得搭设在施工升降机附墙架的立杆上。

17）当需安装导轨架加厚标准节时，应确保普通标准节和加厚标准节的安装部位正确，不得用普通标准节替代加厚标准节。

18）接高导轨架标准节时，应按使用说明书的规定进行附墙连接。

19）每次加节完毕后，应对施工升降机导轨架的垂直度进行校正，且应按规定及时重新设置行程限位和极限限位，经验收合格后方能运行。

20）连接件和连接件之间的防松防脱件应符合使用说明书的规定，不得用其他物件代替。对有预紧力要求的连接螺栓，应使用扭力扳手或专用工具，按规定的拧紧次序将螺栓准确地紧固到规定的扭矩值。安装标准节连接螺栓时，宜螺杆在下，螺母在上。

21）当发现故障或危及安全的情况时，应立刻停止安装作业，采取必要的安全防护措施，应设置警示标志并报告技术负责人。在故障或危险情况未排除之前，不得继续安装作业。

22）当遇意外情况不能继续安装作业时，应使已安装的部件达到稳定状态并固定牢靠，经确认合格后方能停止作业。作业人员下班离岗时，应采取必要的防护措施，并应设置明显的警示标志。

23）安装完毕后应拆除为施工升降机安装作业而设置的所有临时设施，清理施工场地上作业时所用的索具、工具、辅助用具、各种零配件和杂物等。

（2）施工升降机的使用

1）不得使用有故障的施工升降机。

2）严禁施工升降机使用超过有效标定期的防坠安全器。

3）施工升降机额定载重量、额定乘员数标牌应置于吊笼醒目位置。严禁在超过额定载重量或额定乘员数的情况下使用施工升降机。

4）当电源电压值与施工升降机额定电压值的偏差超过±5％，或供电总功率小于施工升降机的规定值时，不得使用施工升降机。

5）应在施工升降机作业范围内设置明显的安全警示标志，应在集中作业区做好安全防护。

6）当建筑物超过2层时，施工升降机地面通道上方应搭设防护棚。当建筑物高度超过24m时，应设置双层防护棚。

7）使用单位应根据不同的施工阶段、周围环境、季节和气候，对施工升降机采取相应的安全防护措施。

8）使用单位应在现场设置相应的设备管理机构或配备专职的设备管理人员，并指定专职设备管理人员、专职安全生产管理人员进行监督检查。

9）当遇大雨、大雪、大雾、施工升降机顶部风速大于20m/s或导轨架、电缆表面结有冰层时，不得使用施工升降机。

10）严禁用行程限位开关作为停止运行的控制开关。

11）使用期间，使用单位应按使用说明书的要求对施工升降机定期进行保养。

12）在施工升降机基础周边水平距离5m以内，不得开挖井，不得堆放易燃易爆物品及其他杂物。

13）施工升降机运行通道内不得有障碍物，不得利用施工升降机的导轨架、横竖支撑、层站等牵拉或悬挂脚手架、施工管道、绳缆标语、旗帜等。

14）施工升降机安装在建筑物内部井道中时，应在运行通道四周搭设封闭屏障。

15）安装在阴暗处或夜班作业的施工升降机，应在全行程装设明亮的楼层编号标志灯。夜间施工时作业区应有足够的照明，照明应满足现行行业标准《施工现场临时用电安全技术规范（附条文说明）》JGJ 46—2005的要求。

16）施工升降机不得使用脱皮、裸露的电线、电缆。

17）施工升降机吊笼底板应保持干燥整洁。各层站通道区域不得有物品长期堆放。

18）施工升降机司机严禁酒后作业。工作时间内司机不应与其他人员闲谈，不应有妨碍施工升降机运行的行为。

19）施工升降机司机应遵守安全操作规程和安全管理制度。

20）实行多班作业的施工升降机，应执行交接班制度。

21）施工升降机每天第一次使用前，司机应将吊笼升离地面1～2m，停车试验制动器的可靠性。当发现问题，应经修复合格后方能运行。

22）施工升降机每 3 个月应进行 1 次 1.25 倍额定载重量的超载试验，确保制动器性能安全可靠。

23）工作时间内司机不得擅自离开施工升降机。当有特殊情况需离开时，应将施工升降机停到最底层，关闭电源并锁好吊笼门。

24）操作手动开关的施工升降机时，不得利用机电连锁开动或停止施工升降机。

25）层门门栓宜设置在靠施工升降机一侧，且层门应处于常闭状态。未经施工升降机司机许可，不得启闭层门。

26）施工升降机专用开关箱应设置在导轨架附近便于操作的位置，配电容量应满足施工升降机直接启动的要求。

27）施工升降机使用过程中，运载物料的尺寸不应超过吊笼的界限。

28）散状物料运载时应装入容器、进行捆绑或使用织物袋包装，堆放时应使载荷分布均匀。

29）运载溶化沥青、强酸、强碱、溶液、易燃物品或其他特殊物料时，应由相关技术部门做好风险评估和采取安全措施，且应向施工升降机司机、相关作业人员书面交底后方能运载。

30）当使用搬运机械向施工升降机吊笼内搬运物料时，搬运机械不得碰撞施工升降机。卸料时，物料放置速度应缓慢。

31）当运料小车进入吊笼时，车轮处的集中载荷不应大于吊笼底板和层站底板的允许承载力。

32）吊笼上的各类安全装置应保持完好有效。经过大雨、大雪、台风等恶劣天气后，应对各安全装置进行全面检查，确认安全有效后方能使用。

33）当在施工升降机运行中发现异常情况时，应立即停机，直到排除故障后方能继续运行。

34）当在施工升降机运行中由于断电或其他原因中途停止时，可进行手动下降。吊笼手动下降速度不得超过额定运行速度。

35）作业结束后应将施工升降机返回最底层停放，将各控制开关拨到零位，切断电源、锁好开关箱、吊笼门和地面防护围栏门。

（3）施工升降机的拆卸

1）拆卸前应对施工升降机的关键部件进行检查，当发现问题时，应在问题解决后方能进行拆卸作业。

2）施工升降机拆卸作业应符合拆卸工程专项施工方案的要求。

3）应有足够的工作面作为拆卸场地，应在拆卸场地周围设置警戒线和醒目的安全警示标志，并应派专人监护。拆卸施工升降机时不得在拆卸作业区域内进行与拆卸无关的其他作业。

4）夜间不得进行施工升降机的拆卸作业。

5）拆卸附墙架时施工升降机导轨架的自由端高度应始终满足使用说明书的要求。

6）应确保与基础相连的导轨架在最后一个附墙架拆除后，仍能保持各方向的稳定性。

7）施工升降机拆卸应连续作业。当拆卸作业不能连续完成时，应根据拆卸状态采取相应的安全措施。

8）吊笼未拆除之前，非拆卸作业人员不得在地面防护围栏内、施工升降机运行通道内、导轨架内以及附墙架上等区域活动。

第三节　桩工机械

本节导图：

本节主要介绍桩工机械，内容包括柴油打桩机、锤，振动桩、锤，强夯机，螺旋钻孔机，履带式打桩机，静力压桩机，转盘钻孔机，全套管钻机等。其内容关系框图如下：

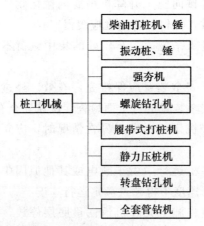

业务要点1：柴油打桩机、锤

1）打桩机作业区内应无高压线路。作业区应有明显标志或围栏，非工作人员不得进入。桩锤在施打过程中，操作人员必须在距离桩锤中心5m以外监视。

2）机组人员做登高检查或维修时，必须系安全带。工具和其他物件应放在工具包内，高空人员不得向下随意抛物。

3）柴油打桩锤应使用规定配合比的燃油，作业前，应将燃油箱注满，并将出油阀门打开。

4）作业前，应打开放气螺塞，排出油路中的空气，并应检查和试验燃油泵，从清扫孔中观察喷油情况。发现不正常时，应予调整。

5）作业前，应使用起落架将上活塞提起稍高于上汽缸，打开贮油室油塞，按规定加满润滑油。对自动润滑的桩锤，应采用专用油泵向润滑油管路加入润滑油，并应排出管路中的空气。

6）对新启用的桩锤，应预先沿上活塞一周浇入 0.5L 润滑油，并应用油枪对下活塞加注一定量的润滑油。

7）应检查所有紧固螺栓，并应重点检查导向板的固定螺栓，不得在松动及缺件情况下作业。

8）应检查并确认起落架各工作机构安全可靠，起动钩与上活塞接触线在 5～10mm 之间。

9）提起桩锤脱出砧座后，其下滑长度不宜超过 200mm。超过时应调整桩帽绳扣。

10）应检查导向板磨损间隙，当间隙超过 7mm 时，应予更换。

11）应检查缓冲橡胶垫，当砧座和橡胶垫的接触面小于原面积 2/3 时，或下汽缸法兰与砧座间小于 7mm 时，均应更换橡胶垫。

12）对水冷式桩锤，应将水箱内的水加满。冷却水必须使用软水。冬季应加温水。

13）桩锤启动前，应使桩锤、桩帽和桩在同一轴线上，不得偏心打桩。

14）在桩贯入度较大的软土层启动桩锤时，应先关闭油门冷打，待每击贯入度小于 100mm 时，再开启油门启动桩锤。

15）锤击中，上活塞最大起跳高度不得超过出厂说明书规定。目视测定高度宜符合出厂说明书上的目测表或计算公式。当超过规定高度时，应减小油门，控制落距。

16）当上活塞下落而柴油锤未燃爆时，上活塞可发生短时间的起伏，此时起落架不得落下，应防撞击碰块。

17）打桩过程中，应有专人负责拉好曲臂上的控制绳。在意外情况下，可使用控制绳紧急停锤。

18）当上活塞与启动钩脱离后，应将起落架继续提起，宜使它与上汽缸达到或超过 2m 的距离。

19）作业中，应重点观察上活塞的润滑油是否从油孔中泄出。当下汽缸为自动加油泵润滑时，应经常打开油管头，检查有无油喷出。当无自动加油泵时，应每隔 15min 向下活塞润滑点注入润滑油。当一根桩打进时间超过 15min 时，则应在打完后立即加注润滑油。

20）作业中，当桩锤冲击能量达到最大能量时，其最后 10 锤的贯入值不得小于 5mm。

21）桩帽中的填料不得偏斜，作业中应保证锤击桩帽中心。

22）作业中，当水套的水由于蒸发而低于下汽缸吸排气口时，应及时补充，严禁无水作业。

23）作业中，当停机时间较长时，应将桩锤落下垫好，检修时不得悬吊桩锤。

24）严禁吊桩、吊锤、回转或行走等动作同时进行。打桩机在吊有桩和锤的情况下，操作人员不得离开岗位。

25）遇有雷雨、大雾和六级及以上大风等恶劣气候时，应停止一切作业。当风力超过七级或有风暴警报时，应将打桩机顺风向停置，并应增加缆风绳，或将桩立柱放倒在地面上，立柱长度在 27m 及以上时，应提前放倒。

26）作业后，应将打桩机停放在坚实平整的地面上，将桩锤落下垫实，并切断动力电源。

27）停机后，应将桩锤放到最低位置，盖上汽缸盖和吸排气孔塞子，关闭燃料阀，将操作杆置于停机位置，起落架升至高于桩锤 1m 处，锁住安全限位装置。

28）长期停用的桩锤，应从桩机上卸下，放掉冷却水、燃油及润滑油，将燃烧室及上、下活塞打击面清洗干净，并应做好防腐措施，盖上保护套，入库保存。

💿 业务要点 2：振动桩、锤

1）打桩机作业区内应无高压线路。作业区应有明显标志或围栏，非工作人员不得进入。桩锤在施打过程中，操作人员必须在距离桩锤中心 5m 以外监视。

2）机组人员做登高检查或维修时，必须系安全带。工具和其他物件应放在工具包内，高空人员不得向下随意抛物。

3）作业场地至电源变压器或供电主干线的距离应在 200m 以内。

4）电源容量与导线截面应符合出厂使用说明书的规定，启动时，电压降应按《建筑机械使用安全技术规程》JGJ 33—2012 第 3.4.7 条规定执行。

5）液压箱、电气箱应置于安全平坦的地方。电气箱和电动机必须安装保护接地设施。

6）长期停放重新使用前，应测定电动机的绝缘值，且不得小于 0.5MΩ，并应对电缆芯线进行导通试验。电缆外包橡胶层应完好无损。

7）应检查并确认电气箱内各部件完好，接触无松动，接触器触点无烧毛现象。

8）作业前，应检查振动桩锤减振器与连接螺栓的紧固性，不得在螺栓松动或缺件的状态下启动。

9）应检查并确认振动箱内润滑油位在规定范围内。用手盘转胶带轮时，振动箱内不得有任何异响。

10）应检查各传动胶带的松紧度，过松或过紧时应进行调整。胶带防护罩不应有破损。

11）夹持器与振动器连接处的紧固螺栓不得松动。液压缸根部的接头防护罩应齐全。

12）应检查夹持片的齿形。当齿形磨损超过 4mm 时，应更换或用堆焊修复。使用前，应在夹持片中间放一块 10～15mm 厚的钢板进行试夹。试夹中液压缸应无渗漏，系统压力应正常，不得在夹持片之间无钢板时试夹。

13）悬挂振动桩锤的起重机，其吊钩上必须有防松脱的保护装置。振动桩锤悬挂钢架的耳环上应加装保险钢丝绳。

14）启动振动桩锤应监视启动电流和电压，一次启动时间不应超过 10s。当启动困难时，应查明原因，排除故障后，方可继续启动。启动后，应待电流降到正常值时，方可转到运转位置。

15）振动桩锤启动运转后，应待振幅达到规定值时，方可作业。当振幅正常后仍不能拔桩时，应改用功率较大的振动桩锤。

16）拔钢板桩时，应按打入顺序的相反方向起拔，夹持器在夹持板桩时，应靠近相邻一根，对工字桩应夹紧腹板的中央。如钢板桩和工字桩的头部有钻孔时，应将钻孔焊平或将钻孔以上割掉，亦可在钻孔处焊加强板，应严防拔断钢板桩。

17）夹桩时，不得在夹持器和桩的头部之间留有空隙，并应待压力表显示压力达到额定值后，方可指挥起重机起拔。

18）拔桩时，当桩身埋入部分被拔起 1.0～1.5m 时，应停止振动，用钢丝绳拴好吊桩，再起振拔桩。当桩尖在地下只有 1～2m 时，应停止振动，由起重机直接拔桩。待桩完全拔出后，在吊桩钢丝绳未吊紧前，不得松开夹持器。

19）沉桩前，应以桩的前端定位，调整导轨与桩的垂直度，不应使倾斜度超过 2°。

20）沉桩时，吊桩的钢丝绳应紧跟桩下沉速度而放松。在桩入土±3m 之前，可利用桩机回转或导杆前后移动，校正桩的垂直度。在桩入土超过 3m 时，不得再进行校正。

21）沉桩过程中，当电流表指数急剧上升时，应降低沉桩速度，使电动机不超载。但当桩沉入太慢时，可在振动桩锤上加一定量的配重。

22）作业中，当遇液压软管破损、液压操纵箱失灵或停电（包括熔丝烧断）时，应立即停机，将换向开关放在"中间"位置，并应采取安全措施，不得让桩从夹持器中脱落。

23）作业中，应保持振动桩锤减振装置各摩擦部位具有良好的润滑。

24）严禁吊桩、吊锤、回转或行走等动作同时进行。打桩机在吊有桩和锤的情况下，操作人员不得离开岗位。

25）作业中，当停机时间较长时，应将桩锤落下垫好，检修时不得悬吊桩锤。

26）遇有雷雨、大雾和六级及以上大风等恶劣气候时，应停止一切作业。当风力超过七级或有风暴警报时，应将打桩机顺风向停置，并应增加缆风绳，或将桩立桩放倒在地面上，立柱长度在27m及以上时，应提前放倒。

27）作业后，应将打桩机停放在坚实平整的地面上，将桩锤落下垫实，并切断动力电源。

28）作业后，应将振动桩锤沿导杆放至低端，并采用木块垫实，带桩管的振动桩锤可将桩管插入地下一半。

29）作业后，除应切断操纵箱上的总开关外，尚应切断配电盘上的开关，并应采用防雨布将操纵箱遮盖好。

业务要点3：强夯机

1）担任强夯作业的主机，应按照强夯等级的要求经过计算选用。用履带式起重机作机的，应执行《建筑机械使用安全技术规程》JGJ 33—2012第4.2节规定。

2）强夯机的作业场地应平整，门架底座与夯机着地部位应保持水平，当下沉超过100m时，应重新垫高。

3）强夯机械的门架、横梁、脱钩器等主要结构和部件的材料及制作质量，应经过严格检查，对不符合设计要求的，不得使用。

4）强夯机在工作状态时，起重臂仰角应置于70°。

5）梯形门架支腿不得前后错位，门架支腿在未支稳垫实前，不得提锤。

6）变换夯位后，应重新检查门架支腿，确认稳固可靠，然后再将锤提升100～300mm，检查整机的稳定性，确认可靠后，方可作业。

7）夯锤下落后，在吊钩尚未降至夯锤吊环附近前，操作人员不得提前下坑挂钩。从坑中提锤时，严禁挂钩人员站在锤上随锤提升。

8）当夯锤留有相应的通气孔在作业中出现堵塞现象时，应随时清理。但严禁在锤下进行清理。

9）当夯坑内有积水或因黏土产生的锤底吸附力增大时，应采取措施排除，不得强行提锤。

10）转移夯点时，夯锤应由辅机协助转移，门架随夯机移动前，支腿离地面高度不得超过500mm。

11）作业后，应将夯锤下降，放实在地面上。在非作业时严禁将锤悬停在空中。

业务要点4：螺旋钻孔机

1）钻孔机作业区内应无高压线路。作业区应有明显标志或围栏，非工作人员不得进入。

2）机组人员做登高检查或维修时，必须系安全带。工具和其他物件应放在工具包内。高空作业人员不得向下随意抛物。

3）使用钻机的现场，应按钻机说明书的要求清除孔位及周围的石块等障碍物。

4）作业场地距电源变压器或供电主干线距离应在200m以内，启动时电压降不得超过额定电压的10%。

5）电动机和控制箱应有良好的接地装置。

6）安装前，应检查并确认钻杆及各部件无变形。安装后，钻杆与动力头的中心线允许偏斜为全长的1%。

7）安装钻杆时，应从动力头开始，逐节往下安装。不得将所需钻杆长度在地面上全部接好后一次起吊安装。

8）动力头安装前，应先拆下滑轮组，将钢丝绳穿绕好。钢丝绳的选用，应按说明书规定的要求配备。

9）安装后，电源的频率与控制箱内频率转换开关上的指针应相同，不同时，应采用频率转换开关予以转换。

10）钻机应放置平稳、坚实，汽车式钻孔机应架好支腿，将轮胎支起，并应用自动微调或线锤调整挺杆，使之保持垂直。

11）启动前，应检查并确认钻机各部件连接牢固，传动带的松紧度适当，减速箱内油位符合规定，钻深限位报警装置有效。

12）启动前，应将操纵杆放在空挡位置。启动后，应做空运转试验，检查仪表、温度、音响、制动等各项工作正常，方可作业。

13）施钻时，应先将钻杆缓慢放下，使钻头对准孔位，当电流表指针偏向无负荷状态时即可下钻。在钻孔过程中，当电流表超过额定电流时，应放慢下钻速度。

14）钻机发出下钻限位报警信号时，应停钻，并将钻杆稍稍提升，待解除报警信号后，方可继续下钻。

15）钻孔中卡钻时，应立即切断电源，停止下钻。未查明原因前，不得强行启动。

16）作业中，当需改变钻杆回转方向时，应待钻杆完全停转后再进行。

17）钻孔时，当机架出现摇晃、移动、偏斜或钻头内发出有节奏的响声时，应立即停钻，经处理后，方可继续施钻。

18）扩孔达到要求孔径时，应停止扩削，并拢扩孔刀管，稍松数圈，使管内存土全部输送到地面，即停钻。

19）作业中停电时，应将各控制器放置零位，切断电源，并及时将钻杆全部从孔内拔出，使钻头接触地面。

20）钻机运转时，应防止电缆线被缠入钻杆中，必须有专人看护。

21）钻孔时，严禁用手清除螺旋片中的泥土。发现紧固螺栓松动时，应立即停机，在紧固后方可继续作业。

22）成孔后，应将孔口加盖保护。

23）遇有雷雨、大雾和六级及以上大风等恶劣气候时，应停止一切作业。

24）作业后，应将钻杆及钻头全部提升至孔外，先清除钻杆和螺旋叶片上的泥土，再将钻头按下接触地面，各部制动住，操纵杆放到空挡位置，切断电源。

25）当钻头磨损量达20mm时，应予更换。

业务要点5：履带式打桩机

1）打桩机作业区内应无高压线路。作业区应有明显标志或围栏，非工作人员不得进入。桩锤在施打过程中，操作人员必须在距离桩中心5m以外监视。

2）机组人员做登高检查或维修时，必须系安全带。工具和其他物件应放在工具包内，高空人员不得向下随意抛物。

3）组成打桩机的履带式起重机，应执行《建筑机械使用安全技术规程》JGJ 33—2012第4.2节的规定。配装的柴油打桩锤或振动桩锤，应执行《建筑机械使用安全技术规程》JGJ 33—2012第7.2、第7.3节的规定。

4）打桩机的安装场地应平坦坚实，当地基承载力达不到规定的压应力时，应在履带下铺设路基箱或30mm厚的钢板，其间距不得大于300mm。

5）打桩机的安装、拆卸应按照出厂说明书规定程序进行。用伸缩式履带的打桩机，应将履带扩张后方可安装。履带扩张应在无配重情况下进行，上部回转平台应转到与履带呈90°的位置。

6）立柱底座安装完毕后，应对水平微调液压缸进行试验，确认无问题时，应再将活塞杆缩进，并准备安装立柱。

7）立柱安装时，履带驱动轮应置于后部，履带前倾覆点应采用铁楔块填实，并应制动住行走机构和回转机构，用销轴将水平伸缩臂定位。在安装垂直液压缸时，应在下面铺木垫板将液压缸顶实，并使主机保持平衡。

8）安装立柱时，应按规定扭矩将连接螺栓拧紧，立柱支座下方应垫千斤顶并顶实。安装后的立柱，其下方搁置点不应少于 3 个。立柱的前端和两侧应系缆风绳。

9）立柱竖立前，应向顶梁各润滑点加注润滑油，再进行卷扬筒制动试验。试验时，应先将立柱拉起 300～400mm 后制动住，然后放下，同时应检查并确认前后液压缸千斤顶牢固可靠。

10）立柱的前端应垫高，不得在水平以下位置扳起立柱。当立柱扳起时，应同步放松缆风绳。当立柱接近垂直位置，应减慢竖立速度。扳到 75°～83° 时，应停止卷扬，并收紧缆风绳，再装上后支撑，用后支撑液压缸使立柱竖直。

11）安装后支撑时，应有专人将液压缸向主机外侧拉住，不得撞击机身。

12）安装桩锤时，桩锤底部冲击块与桩帽之间应有下述厚度的缓冲垫木：对金属桩，垫木厚度应为 100～150mm；对混凝土桩，垫木厚度应为 200～250mm。作业中应观察垫木的损坏情况，损坏严重时应予更换。

13）连接桩锤与桩帽的钢丝绳张紧度应适宜，过紧或过松时，应予调整，拉紧后应留有 200～250mm 的滑出余量，并应防止绳头插入汽缸法兰与冲击块内损坏缓冲垫。

14）拆卸应按与安装时相反程序进行。放倒立柱时，应使用制动器使立柱缓缓放下，并用缆风绳控制，不得不加控制地快速下降。

15）正前方吊桩时，对混凝土预制桩，立桩中心与桩的水平距离不得大于 4m。对钢管桩，水平距离不得大于 7m。严禁偏心吊桩或强行拉桩等。

16）使用双向立柱时，应待立柱转向到位，并用锁销将立柱与基杆锁住后，方可起吊。

17）施打斜桩时，应先将桩锤提升到预定位置，并将桩吊起，套入桩帽，桩尖插入桩位后再后仰立柱，并且把后支撑杆顶紧。立柱后仰时，打桩机不得回转及行走。

18）打桩机带锤行走时，应将桩锤放至最低位。行走时，驱动轮应在尾部位置，并应有专人指挥。

19）在斜坡上行走时，应将打桩机重心置于斜坡的上方，斜坡的坡度不得大于 5°，在斜坡上不得回转。

20）严禁吊桩、吊锤、回转或行走等动作同时进行。打桩机在吊有桩和锤的情况下，操作人员不得离开岗位。

21）作业中，当停机时间较长，应将桩锤落下垫好，检修时不得悬吊桩锤。

22）遇有雷雨、大雾和 6 级及以上大风等恶劣气候时，应停止一切作业。当风力超过七级或有风暴警报时，应将打桩机顺风向停置，并应增加缆风绳，或将桩立柱放倒在地面上，立桩长度在 27m 及以上时，应提前放倒。

23）作业后，应将桩锤放在已打入地下的桩头或地面垫板上，将操纵杆置于停机位置，起落架升至比桩锤高 1m 的位置，锁住安全限位装置，并应使全部制动生效。

24）作业后，应将打桩机停放在坚实平整的地面上，将桩锤落下垫实，并切断动力电源。

◎ 业务要点 6：静力压桩机

1）压桩机作业区内应无高压线路。作业区应有明显标志或围栏，非工作人员不得进入。压桩过程中，操作人员必须在距离桩中心 5m 以外监视。

2）机组人员做登高检查或维修时，必须系安全带。工具和其他物件应放在工具包内，高空人员不得向下随意抛物。

3）压桩机安装地点应按施工要求进行先期处理，应平整场地，地面应达到 35kPa 的平均地基承载力。

4）安装时，应控制好两个纵向行走机构的安装间距，使底盘平台能正确对位。

5）电源在导通时，应检查电源电压并使其保持在额定电压范围内。

6）各液压管路连接时，不得将管路强行弯曲。安装过程中，应防止液压油过多流损。

7）安装配重前，应对各紧固件进行检查，在紧固件未拧紧前不得进行配重安装。

8）安装完毕后，应对整机进行试运转，对吊桩用的起重机应进行满载试吊。

9）作业前应检查并确认各传动机构、齿轮箱、防护罩等良好，各部件连接牢固。

10）作业前应检查并确认起重机起升、变幅机构正常，吊具、钢丝绳、制动器等良好。

11）应检查并确认电缆表面无损伤，保护接地电阻符合规定，电源电压正常，旋转方向正确。

12）应检查并确认润滑油、液压油的油位符合规定，液压系统无泄漏，液压缸动作灵活。

13）冬季应清除机上积雪，工作平台应有防滑措施。

14）压桩作业时，应有统一指挥，压桩人员和吊桩人员应密切联系，相互配合。

15）当压桩机的电动机尚未正常运行前，不得进行压桩。

16）起重机吊桩进入夹持机构进行接桩或插桩作业中，应确认在压桩开始前吊钩已安全脱离桩体。

17）接桩时，上一节应提升 350～400mm，此时，不得松开夹持板。

18）压桩时，应按桩机技术性能表作业，不得超载运行。操作时动作不应过猛，避免冲击。

19）顶升压桩机时，四个顶升缸应两个一组交替动作，每次行程不得超过 100mm。当单个顶升缸动作时，行程不得超过 50mm。

20）压桩时，非工作人员应离机 10m 以外。起重机的起重臂下，严禁站人。

21）压桩过程中，应保持桩的垂直度，如遇地下障碍物使桩产生倾斜时，不得采用压桩机行走的方法强行纠正，应先将桩拔起，待地下障碍物清除后，重新插桩。

22）当桩在压入过程中，夹持机构与桩侧出现打滑时，不得任意提高液压缸压力，强行操作，而应找出打滑原因，排除故障后，方可继续进行。

23）当桩的贯入阻力太大，使桩不能压至标高时，不得任意增加配重。应保护液压元件和构件不受损坏。

24）当桩顶不能最后压到设计标高时，应将桩顶部分凿去，不得用桩机行走的方式，将桩强行推断。

25）当压桩引起周围土体隆起，影响桩机行走时，应将桩机前进方向隆起的土铲平，不得强行通过。

26）压桩机行走时，长、短船与水平坡度不得超过 5°。纵向行走时，不得单向操作一个手柄，应两个手柄一起动作。

27）压桩机在顶升过程中，船形轨道不应压在已入土的单一桩顶上。

28）压桩机上装设的起重机及卷扬机的使用，应执行《建筑机械使用安全技术规程》JGJ 33—2012 第 4 章的规定。

29）严禁吊桩、吊锤、回转或行走等动作同时进行。打桩机在吊有桩和锤的情况下，操作人员不得离开岗位。

30）遇有雷雨、大雾和六级及以上大风等恶劣气候时，应停止一切作业。当风力超过七级或有风暴警报时，应将打桩机顺风向停置，并应增加缆风绳，或将桩立柱放倒在地面上。立柱长度在 27m 及以上时，应提前放倒。

31）作业完毕，应将短船运行至中间位置，停放在平整地面上，其余液压缸应全部回程缩进，起重机吊钩应升至最上部，并应使各部制动生效，最后应将外露活塞杆擦干净。

32）作业后，应将控制器放在"零位"，并依次切断各部电源，锁闭门窗，冬季应放尽各部积水。

33）转移工地时，应按规定程序拆卸后，用汽车装运。所有油管接头处应加闷头螺栓，不得让尘土进入。液压软管不得强行弯曲。

业务要点 7：转盘钻孔机

1）钻孔机作业区内应无高压线路。作业区应有明显标志或围栏，非工作人员不得进入。

2）安装钻孔机前，应掌握勘探资料、并确认地质条件符合该钻机的要求，地下无埋设物，作业范围内无障碍物，施工现场与架空输电线路的安全距离符合规定。

3）安装钻孔机时，钻机钻架基础应夯实、整平。轮胎式钻机的钻架下应铺设枕木，垫起轮胎，钻机垫起后应保持整机处于水平位置。

4）钻机的安装和钻头的组装应按照说明书规定进行，竖立或放倒钻架时，应有熟练的专业人员进行。

5）钻架的吊重中心、钻机的卡孔和护进管中心应在同一垂直线上，钻杆中心允许偏差为 20mm。

6）钻头和钻杆连接螺纹应良好，滑扣时不得使用。钻头焊接应牢固，不得有裂纹。钻杆连接处应加便于拆卸的厚垫圈。

7）作业前重点检查项目应符合下列要求：

① 各部件安装紧固，转动部位和传动带有防护罩，钢丝绳完好，离合器、制动带功能良好。

② 润滑油符合规定，各管路接头密封良好，无漏油、漏气、漏水现象。

③ 电气设备齐全、电路配置完好。

④ 钻机作业范围内无障碍物。

8）作业前，应将各部操纵手柄先置于空挡位置，用人力扳动无卡阻，再启动电动机空载运转，确认一切正常后，方可作业。

9）开机时，应先送浆后开钻。停机时，应先停钻后停浆。泥浆泵应有专人看管，对泥浆质量和浆面高度应随时测量和调整，保证浓度合适。停钻时，出现漏浆应及时补充。并应随时清除沉淀池中杂物，保持泥浆纯净和循环不中断，防止塌孔和埋钻。

10）开钻时，钻压应轻，转速应慢。在钻进过程中，应根据地质情况和钻进深度，选择合适的钻压和钻速，均匀给进。

11）变速箱换挡时，应先停机，挂上挡后再开机。

12）加接钻杆时，应使用特制的连接螺栓均匀紧固，保证连接处的密封性，并做好连接处的清洁工作。

13）钻进中，应随时观察钻机的运转情况，当发生异响、吊索具破损、漏气、漏渣以及其他不正常情况时，应立即停机检查，排除故障后，方可继续开钻。

14）提钻、下钻时，应轻提轻放。钻机下和井孔周围 2m 以内及高压胶管下，不得站人。严禁钻杆在旋转时提升。

15）发生提钻受阻时，应先设法使钻具活动后再慢慢提升，不得强行提升。如钻进受阻时，应采用缓冲击法解除，并查明原因，采取措施后，方可钻进。

16）钻架、钻台平车、封口平车等的承载部位不得超载。

17）使用空气反循环时，其喷浆口应遮拦，并应固定管端。

18）钻进进尺达到要求时，应根据钻杆长度换算孔底标高，确认无误后，再把钻头略微提起，降低转速，空转 5～20min 后再停钻。停钻时，应先停钻后停风。

19）钻机的移位和拆卸，应按照说明书规定进行，在转移和拆运过程中，应防止碰撞机架。

20）作业后，应对钻机进行清洗和润滑，并应将主要部位遮盖妥当。

21）遇有雷雨、大雾和六级及以上大风等恶劣气候时，应停止一切作业。

业务要点 8：全套管钻机

1）钻机作业区内应无高压线路。作业区应有明显标志或围栏，非工作人员不得进入。

2）安装钻机前，应符合《建筑机械使用安全技术规程》JGJ 33—2012 第 7.7.1 条的规定。

3）钻机安装场地应平整、夯实，能承载该机的工作压力。当地基不良时，钻机下应加铺钢板防护。

4）安装钻机时，应在专业技术人员指挥下进行。安装人员必须经过培训，熟悉安装工艺及指挥信号，并有保证安全的技术措施。

5）与钻机相匹配的起重机，应根据成桩时所需的高度和起重量进行选择。当钻机与起重机连接时，各个部位的连接均应牢固可靠。钻机与动力装置的液压油管和电缆线应按出厂说明书规定连接。

6）引入机组的照明电源，应安装低压变压器，电压不应超过 36V。

7) 作业前应进行外观检查并应符合下列要求：

① 钻机各部外观良好，各连接螺栓无松动。

② 燃油、润滑油、液压油、冷却水等符合规定，无渗漏现象。

③ 各部钢丝绳无损坏和锈蚀，连接正确。

④ 各卷扬机的离合器、制动器无异常现象，液压装置工作有效。

⑤ 套管和浇注管内侧无明显的变形和损伤，未被混凝土黏结。

8) 应通过检查确认无误后，方可启动内燃机，并急速运转逐步加速至额定转速，按照指定的桩位对位，通过调试，使钻机纵横向达到水平、位正，再进行作业。

9) 机组人员应监视各仪表指示数据，倾听运转声响，发现异状或异响，应立即停机处理。

10) 第一节套管入土后，应随时调整套管的垂直度。当套管入土5m以下时，不得强行纠偏。

11) 在作业过程中，当发现主机在地面及液压支撑处下沉时，应立即停机。在采用30mm厚钢板或路基箱扩大托承面、减小接地应力等措施后，方可继续作业。

12) 在套管内挖掘土层中，碰到坚硬土岩和风化岩硬层时，不得用锤式抓斗冲击硬层，应采用十字凿锤将硬层有效地破碎后，方可继续挖掘。

13) 用锤式抓斗挖掘管内土层时，应在套管上加装保护套管接头的喇叭口。

14) 套管在对接时，接头螺栓应按出厂说明书规定的扭矩，对称拧紧。接头螺栓拆下时，应立即洗净后浸入油中。

15) 起吊套管时，应使用专用工具吊装，不得用卡环直接吊在螺纹孔内，亦不得使用其他损坏套管螺纹的起吊方法。

16) 挖掘过程中，应保持套管的摆动。当发现套管不能摆动时，应采用拔出液压缸将套管上提，再用起重机助拔，直至拔起部分套管能摆动为止。

17) 浇注混凝土时，钻机操作应和灌注作业密切配合，应根据孔深、桩长适当配管，套管与浇注管保持同心，在浇注管埋入混凝土2~4m之间时，应同步拔管和拆管，并应确保浇注成桩质量。

18) 遇有雷雨、大雾和6级及以上大风等恶劣气候时，应停止一切作业。

19) 作业后，应将打桩机停放在坚实平整的地面上，将桩锤落下垫实，并切断动力电源。

20) 作业后，应就地清除机体、锤式抓斗及套管等外表的混凝土和泥砂，将机架放回行走的原位，将机组转移至安全场所。

第四节　混凝土机械设备

本节导图：

本节主要介绍混凝土机械设备，内容包括混凝土搅拌机、混凝土搅拌站、混凝土搅拌运输车、混凝土泵及泵车、混凝土喷射机、混凝土振动器、混凝土振动台等。其内容关系框图如下：

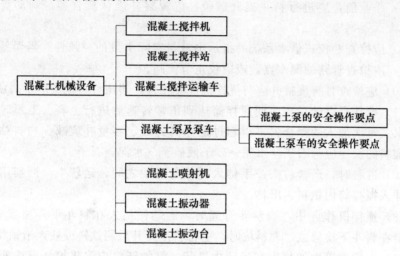

业务要点1：混凝土搅拌机

1）固定式搅拌机应安装在牢固的台座上。当长期固定时，应埋置地脚螺栓。当短期使用时，应在机座上铺设木枕并找平放稳。

2）固定式搅拌机的操纵台，应使操作人员能看到各部工作情况。电动搅拌机的操纵台，应垫上橡胶板或干燥木板。

3）移动式搅拌机的停放位置应选择平整坚实的场地，周围应有良好的排水沟渠。就位后，应放下支腿将机架顶起达到水平位置，使轮胎离地。当使用期较长时，应将轮胎卸下妥善保管，轮轴端部用油布包扎好，并用枕木将机架垫起支牢。

4）对需设置上料斗地坑的搅拌机，其坑口周围应垫高夯实，应防止地面水流入坑内。上料轨道架的底端支承面应夯实或铺砖，轨道架的后面应采用木料加以支承，应防止作业时轨道变形。

5）料斗放到最低位置时，在料斗与地面之间，应加一层缓冲垫木。

6）作业前重点检查项目应符合下列要求：

① 电源电压升降幅度不超过额定值的5％。

② 电动机和电器元件的接线牢固,保护接零或接地电阻符合规定。

③ 各传动机构、工作装置、制动器等均紧固可靠,开式齿轮、皮带轮等均有防护罩。

④ 齿轮箱的油质、油量符合规定。

7) 作业前,应先启动搅拌机空载运转。应确认搅拌筒或叶片旋转方向与筒体上箭头所示方向一致。对反转出料的搅拌机,应使搅拌筒正、反转运转数分钟,并应无冲击抖动现象和异常噪声。

8) 作业前,应进行料斗提升试验,应观察并确认离合器、制动器灵活可靠。

9) 应检查并校正供水系统的指示水量与实际水量的一致性。当误差超过2%时,应检查管路的漏水点,或应校正节流阀。

10) 应检查骨料规格并应与搅拌机性能相符,超出许可范围的不得使用。

11) 搅拌机启动后,应使搅拌筒达到正常转速后进行上料。上料时应及时加水。每次加入的拌合料不得超过搅拌机的额定容量并应减少物料粘罐现象,加料的次序应为石子→水泥→砂子或砂子→水泥→石子。

12) 进料时,严禁将头或手伸入料斗与机架之间。运转中,严禁用手或工具伸入搅拌筒内扒料、出料。

13) 搅拌机作业中,当料斗升起时,严禁任何人在料斗下停留或通过。当需要在料斗下检修或清理料坑时,应将料斗提升后用铁链或插入销锁住。

14) 向搅拌筒内加料应在运转中进行,添加新料应先将搅拌筒内原有的混凝土全部卸出后方可进行。

15) 作业中,应观察机械运转情况,当有异常或轴承温升过高等现象时,应停机检查。当需检修时,应将搅拌筒内的混凝土清除干净,然后再进行检修。

16) 加入强制式搅拌机的骨料最大粒径不得超过允许值,并应防止卡料。每次搅拌时,加入搅拌筒的物料不应超过规定的进料容量。

17) 强制式搅拌机的搅拌叶片与搅拌筒底及侧壁的间隙,应经常检查并确认符合规定,当间隙超过标准时,应及时调整。当搅拌叶片磨损超过标准时,应及时修补或更换。

18) 作业后,应对搅拌机进行全面清理。当操作人员需进入筒内时,必须切断电源或卸下熔断器,锁好开关箱,挂上"禁止合闸"标牌,并应有专人在外监护。

19) 作业后,应将料斗降落到坑底,当需升起时,应用链条或插销扣牢。

20) 冬期作业后,应将水泵、放水开关、量水器中的积水排尽。

21) 搅拌机在场内移动或远距离运输时,应将进料斗提升到上止点,用保险铁链或插销锁住。

业务要点 2：混凝土搅拌站

1）混凝土搅拌站的安装，应由专业人员按出厂说明书规定进行，并应在技术人员主持下，组织调试，在各项技术性能指标全部符合规定并验收合格后，方可投产使用。

2）作业前检查项目应符合下列要求：

① 搅拌筒内和各配套机构的传动、运动部位及仓门、斗门、轨道等均无异物卡住。

② 各润滑油箱的油面高度符合规定。

③ 打开阀门，排放气路系统中气水分离器的过多积水，打开贮气筒排污螺塞，放出油水混合物。

④ 提升料斗或拉铲的钢丝绳安装、卷扬筒缠绕均正确，钢丝绳及滑轮符合规定，提升料斗及拉铲的制动器灵敏有效。

⑤ 各部螺栓已紧固，各进、排料阀门无超限磨损，各输送带的张紧度适当，不跑偏。

⑥ 称量装置的所有控制和显示部分工作正常，其精度符合规定。

⑦ 各电气装置能有效控制机械动作，各接触点和动、静触头无明显损伤。

3）混凝土搅拌楼（站）的操作人员必须熟悉所有工作设备的性能与特点，并认真执行操作规程和保养规程。

4）操作盘上的主令开关、旋钮、按钮、指示灯等应经常检查其准确性、可靠性。操作人员必须弄清操作程序和各旋钮、按钮的作用后，方可独立进行操作。

5）应按搅拌站的技术性能准备合格的砂、石骨料，粒径超出许可范围的不得使用。

6）机械起动后应先观察各部运转情况，并检查油、气、水的压力是否符合要求。空转片刻后，检查油、水、气路畅通情况和有无遗漏，各料门起闭是否灵活。

7）机械运转中，不得进行润滑和调整工作。严禁将手伸入料斗、拌筒探模进料情况。

8）作业过程中，在贮料区内和提升斗下，严禁人员进入。

9）当拉铲被障碍物卡死时不得强行起拉，不得用拉铲起吊重物，在拉料过程中，不得进行回转操作。

10）搅拌机不具备满载起动的性能，搅拌中不得停机。如发生故障或停电时，应立即切断电源，将搅拌筒内的混凝土清除干净，然后进行检修或等待电源恢复。

11）切勿使机械超载工作，并应经常检查电动机的温升。如发现运转声音异常、转速达不到规定时，应立即停止运行，并检查其原因。如因电压过低，不得强制运行。

12）停机前应先卸载，然后按顺序关闭各部开关和管路。作业后清理搅拌筒、出料门及出料斗积灰，并用水冲洗，同时冲洗附加剂及其供给系统。

13）冰冻季节和长期停放后使用，应放尽水泵、附加剂泵、水箱及附加剂箱内存水。

14）电气部分应按一般电气安全规程进行定期检查，并需有良好的接地保护，电源电压波动应在 10％以内。

15）作业后，应清理搅拌筒、出料门及料斗，并用水冲洗，同时冲洗附加剂及其供给系统。称量系统的刀座、刀口应清洗干净，并应确保称量精度。

16）当搅拌站转移或停运时，应将水箱、附加剂箱、水泥、砂、石贮存料斗及称量斗内的物料排净，并清洗干净。转移中，应将杆杠秤表头平衡砣秤杆固定，以保护计量装置。传感器应卸载。

17）作业前检查搅拌机润滑油箱油面高度；检查气路系统中气水分离器积水情况，积水过多时，打开阀门排放；检查油雾器内油位，过低时应加 20号或 30 号锭子油；拧开贮气筒下部排污螺塞，放出油水混合物。

18）冰冻季节，应放尽水泵、附加剂泵、水箱及附加剂箱内的存水，并应起动水泵和附加剂泵运转 1～2min。

◉ 业务要点 3：混凝土搅拌运输车

1）新车开始使用前必须进行全面检查和试车，一切正常后方可正式使用。

2）启动前检查燃油、机油和冷却水的容量、轮胎气压、各紧固件的紧固情况，以及各主要操作系统的工作性能，确认合格后方可起动。

3）各部液压油的压力应按规定要求不能随意改动，液压油的油量、油质、油温应达到规定要求，所有油路各部件无渗漏现象。

4）启动后应低速运转，检查发动机运转情况及机油压力是否正常，待水温上升后再开始工作。正常工作水温应保持在 75～90℃之间。

5）必须以一挡起步。离合器要分离彻底，结合平稳，禁止用离合器处于结合状态来控制车速。

6）搅拌运输时，装载混凝土的重量不能超过允许载重量。

7）行驶前检查锁紧装置必须将料斗锁牢，以防行驶时掉斗，损坏机件。

8）搅拌车在露天停放时，装料前应先将搅拌筒反转，使筒内的积水和杂物排出，以保证运输混凝土的质量。

9）搅拌车通过桥、洞时，应注意通过高度及宽度，以免发生碰撞事故。

10）工作装置连续运转时间不应超过 8h。

11）上坡时如遇路面不良或坡度较大，应提前换入低速挡行驶，下坡时严禁脱挡滑行，转弯时应先减速，急转弯时应换入低速挡。

12）翻斗车采用前轮驱动，前轮制动，因此制动时必须均匀逐渐踩下制动踏板，尽量避免紧急制动。

13）通过泥泞地段或雨后砂地要低速缓行，避免换挡、制动或急剧加速，并不要靠近路边或沟旁行驶，防止侧滑。

14）翻斗车排成纵列行驶时，要和前车保持 8m 左右的距离，在下雨或冰雪的路面上还应加大间距。

15）搅拌车运送混凝土的时间不得超过搅拌站规定的时间，若中途发现水分蒸发，可适当加水，以保证混凝土质量。

16）运送混凝土途中，搅拌筒不得停转，以防止混凝土产生初凝及离析现象。

17）搅拌筒由正转变为反转时，必须先将操纵手柄放至中间位置，待搅拌筒停转后，再将操作手柄放至反转位置。

18）水箱的水量要经常保持装满，以防急用。冬季停车时，要将水箱和供水系统水放尽。

19）如用作搅拌混凝土使用时，应按下列步骤进行：

① 进料、搅拌。先注入总用水量的 2/3，再按配合比设计的 1/2 粗骨料和 1/2 细骨料以及全部水泥顺次装入搅拌筒，随后将余下的 1/2 细骨料装入，最后将余下的 1/2 粗骨料和 1/3 水装入。

② 搅拌筒转速及搅拌时间。进料时搅拌筒转速应为 $6\sim10r/min$；搅拌时间为进料完毕后 $5\sim10r/min$。

③ 搅动、出料。在输送途中，搅拌筒应以 $1\sim3r/min$ 的速度搅动；出料时，搅拌筒转速应为 $2\sim10r/min$。

20）出料斗根据需要使用，不够长时可自行接长。

21）出料前，最好先向筒内加少量水，使进料流畅，并可防止粘料。

22）在坑沟边缘卸料时，应设安全挡块，车辆接近坑边应减速行驶，避免剧烈冲撞。

23）停车时要选择适当地点，不要在坡道上停车。冬季要防止车辆与地面冻结。

业务要点 4：混凝土泵及泵车

1. 混凝土泵的安全操作要点

1) 混凝土泵应安放在平整、坚实的地面上，周围不得有障碍物，在放下支腿并调整后应使机身保持水平和稳定，轮胎应楔紧。

2) 泵送管道的敷设符合下列要求：

① 水平泵送管道应直线敷设。

② 垂直泵送管道不得直接装接在泵的输出口上，应在垂直管前端加装长度不小于 20m 的水平管，并在水平管近泵处加装逆止阀。

③ 敷设向下倾斜的管道时，应在输出口上加装一段水平管，其长度不应小于倾斜管高低差的 5 倍。当倾斜度较大时，应在坡度上端装设排气活阀。

④ 泵送管道应有支承固定，在管道和固定物之间应设置木垫作缓冲，不得直接与钢筋或模板相连，管道与管道间应连接牢靠；管道接头和卡箍应扣牢密封，不得漏浆；不得将已磨损管道装在后端高压区。

⑤ 泵送管道敷设后，应进行耐压试验。

3) 砂石粒径、水泥强度等级及配合比应按出厂规定，满足泵机可泵性的要求。

4) 作业前，应检查并确认泵机各部螺栓紧固，防护装置齐全可靠，各部位操纵开关、调整手柄、手轮、控制杆、旋塞等均在正确位置，液压系统正常无泄漏，液压油符合规定，搅拌斗内无杂物，上方的保护格网完好无损并盖严。

5) 输送管道的管壁厚度应与泵送压力匹配，近泵处应选用优质管子。管道接头、密封圈及弯头等应完好无损。高温烈日下应采用湿麻袋或湿草袋遮盖管路，并应及时浇水降温，寒冷季节应采取保温措施。

6) 应配备清洗管、清洗用品、接球器及有关装置。开泵前，无关人员应离开管道周围。

7) 启动后，应空载运转，观察各仪表的指示值，检查泵和搅拌装置的运转情况，确认一切正常后，方可作业。泵送前应向料斗加入 10L 清水和 0.3m³ 的水泥砂浆润滑泵及管道。如果管长超过 100m，应随布料管延伸适当增加水和砂浆。

8) 若气温较低，空运转时间应长些，要求液压油的温度升至 15℃以上时才能投料泵送。

9) 泵送作业中，料斗中的混凝土平面应保持在搅拌轴轴线以上。料斗格网上不得堆满混凝土，应控制供料流量，及时清除超粒径的骨料及异物，不得随意移动格网。

10）当进入料斗的混凝土有离析现象时应停泵，待搅拌均匀后再泵送。当骨料分离严重，料斗内灰浆明显不足时，应剔除部分骨料，另加砂浆重新搅拌。

11）泵送混凝土应连续作业；当因供料中断被迫暂停时，停机时间不得超过 30min。暂停时间内应每隔 5～10min（冬季 3～5min）作 2～3 个冲程反泵→正泵运动，再次投料泵送前应先将料搅拌。当停泵时间超限时，应排空管道。

12）垂直向上泵送中断后再次泵送时，应先进行反向推送，使分配阀内混凝土吸回料斗，经搅拌均匀后再正向泵送。

13）泵机运转时，严禁将手或铁锹伸入料斗或用手抓握分配阀。当需在料斗或分配阀上工作时，应先关闭电动机和消除蓄能器压力。

14）不得随意调整液压系统压力。当油温超过 70℃时，应停止泵送，但仍应使搅拌叶片和风机运转，待降温后再继续运行。

搅拌轴卡住不转时，要暂停泵送，及时排除故障。

15）水箱内应贮满清水，当水质浑浊并有较多砂粒时，应及时检查处理。

16）泵送时，不得开启任何输送管道和液压管道；不得调整、修理正在运转的部件。

17）作业中，应对泵送设备和管路进行观察，发现隐患应及时处理。对磨损超过规定的管子、卡箍、密封圈等应及时更换。

18）应防止管道堵塞。泵送混凝土应搅拌均匀，控制好坍落度；在泵送过程中，不得中途停泵。

19）当出现输送管堵塞时，应进行反泵运转，使混凝土返回料斗；当反泵几次仍不能消除堵塞，应在泵机卸载情况下，拆管排除堵塞。

20）作业后，应将料斗内和管道内的混凝土全部输出，然后对泵机、料斗、管道等进行冲洗。当用压缩空气冲洗管道时，进气阀不应立即开大，只有当混凝土顺利排出时，方可将进气阀开至最大。在管道出口端前方 10m 内严禁站人，并应用金属网篮等收集冲出的清洗球和砂石粒。对凝固的混凝土，应采用刮刀清除。

21）作业后，应将两侧活塞转到清洗室位置，并涂上润滑油。各部位操纵开关、调整手柄、手轮、控制杆、旋塞等均应复位。液压系统应卸载。

2. 混凝土泵车的安全操作要点

1）构成混凝土泵车的汽车底盘、内燃机、空气压缩机、水泵、液压装置等的使用，应执行《建筑机械使用安全技术规程》JGJ 33—2012 第 6.1、第 6.2、第 6.3、第 3.2、第 3.5、第 7.10 节及附录 C 的规定。

2）泵车就位地点应平坦坚实，周围无障碍物，上空无高压输电线。泵车不得停放在斜坡上。

3）泵车就位后，应支起支腿并保持机身的水平和稳定。当用布料杆送料时，机身倾斜度不得大于3°。

4）就位后，泵车应显示停车灯，避免碰撞。

5）作业前检查项目应符合下列要求：

① 燃油、润滑油、液压油、水箱添加充足，轮胎气压符合规定，照明和信号指示灯齐全良好。

② 液压系统工作正常，管道无泄漏；清洗水泵及设备齐全良好。

③ 搅拌斗内无杂物，料斗上保护格网完好并盖严。

④ 输送管路连接牢固，密封良好。

6）布料杆所用配管和软管应按出厂说明书的规定选用，不得使用超过规定直径的配管，装接的软管应拴上防脱安全带。

7）伸展布料杆应按出厂说明书的顺序进行。布料杆升离支架后方可回转。严禁用布料杆起吊或拖拉物件。

8）当布料杆处于全伸状态时，不得移动车身。作业中需要移动车身时，应将上段布料杆折叠固定，移动速度不得超过10km/h。

9）不得在地面上拖拉布料杆前端软管；严禁延长布料配管和布料杆。当风力在六级及以上时，不得使用布料杆输送混凝土。

10）泵送管道的敷设，应按《建筑机械使用安全技术规程》JGJ 33—2012第8.5.2条的规定执行。

11）泵送前，当液压油温度低于15℃时，应采用延长空运转时间的方法提高油温。

12）泵送时应检查泵和搅拌装置的运转情况，监视各仪表和指示灯，发现异常，应及时停机处理。

13）料斗中混凝土面应保持在搅拌轴中心线以上。

14）泵送混凝土应连续作业。当因供料中断被迫暂停时，应按《建筑机械使用安全技术规程》JGJ 33—2012第8.5.10条的要求执行。

15）作业中，不得取下料斗上的格网，并应及时清除不合格的骨料或杂物。

16）泵送中当发现压力表上升到最高值，运转声音发生变化时，应立即停止泵送，并应采用反向运转方法排除管道堵塞；无效时，应拆管清洗。

17）作业后，应将管道和料斗内的混凝土全部输出，然后对料斗、管道等进行冲洗。当采用压缩空气冲洗管道时，管道出口端前方10m内严禁站人。

18）作业后，不得用压缩空气冲洗布料杆配管，布料杆的折叠收缩应按规定顺序进行。

19）作业后，各部位操纵开关、调整手柄、手轮、控制杆、旋塞等均应复位，液压系统应卸荷，并应收回支腿，将车停放在安全地带，关闭门窗。冬季应放净存水。

业务要点5：混凝土喷射机

1）喷射机应用于喷射作业，应按出厂说明书规定的配合比配料，风源应是符合要求的稳压源，电源、水源、加料设备等均应配套。

2）管道安装应正确，连接处应紧固密封。当管道通过道路时，应设置在地槽内并加盖保护。

3）喷射机内部应保持干燥和清洁，加入的干料配合比及湿润程度，应符合喷射机性能要求，不得使用结块的水泥和未经筛选的砂石。

4）作业前重点检查项目应符合下列要求：

① 安全阀灵敏可靠。

② 电源线无破裂现象，接线牢靠。

③ 各部密封件密封良好，对橡胶结合板和旋转板出现的明显沟槽及时修复。

④ 压力表指针在上、下限之间，根据输送距离，调整上限压力的极限值。

⑤ 喷枪水环（包括双水环）的孔眼畅通。

5）启动前，应先接通风、水、电，开启进气阀逐步达到额定压力，再启动电动机空载运转，确认一切正常后，方可投料作业。

6）机械操作和喷射操作人员应有联系信号，送风、加料、停料、停风以及发生堵塞时，应及时联系，密切配合。

7）在喷嘴前方严禁站人，操作人员应始终站在已喷射过的混凝土支护面以内。

8）作业中，当暂停时间超过1h时，应将仓内及输料管内的干混合料全部喷出。

9）发生堵管时，应先停止喂料，对堵塞部位进行敲击，迫使物料松散，然后用压缩空气吹通。此时，操作人员应紧握喷嘴，严禁甩动管道伤人。当管道中有压力时，不得拆卸管接头。

10）转移作业面时，供风、供水系统应随之移动，输料软管不得随地拖拉和折弯。

11）停机时，应先停止加料，然后再关闭电动机和停送压缩空气。

12）作业后，应将仓内和输料软管内的干混合料全部喷出，并应将喷嘴拆下清洗干净，清除机身内外黏附的混凝土料及杂物。同时应清理输料管，并应使密封件处于放松状态。

业务要点 6：混凝土振动器

1. 插入式振动器

1）插入式振动器的电动机电源上，应安装漏电保护装置，接地或接零应安全可靠。

2）操作人员应经过用电教育，作业时应穿戴绝缘胶鞋和绝缘手套。

3）电缆线应满足操作所需的长度。电缆线上不得堆压物品或让车辆挤压，严禁用电缆线拖拉或吊挂振动器。

4）使用前，应检查各部并确认连接牢固，旋转方向正确。

5）振动器不得在初凝的混凝土、地板、脚手架和干硬的地面上进行试振。在检修或作业间断时，应断开电源。

6）作业时，振动棒软管的弯曲半径不得小于 500mm，并不得多于两个弯，操作时应将振动棒垂直地沉入混凝土，不得用力硬插、斜推或让钢筋夹住棒头，也不得全部插入混凝土中，插入深度不应超过棒长的 3/4，不宜触及钢筋、芯管及预埋件。

7）振动棒软管不得出现断裂，当软管使用过久使长度增长时，应及时修复或更换。

8）作业停止需移动振动器时，应先关闭电动机，再切断电源。不得用软管拖拉电动机。

9）作业完毕，应将电动机、软管、振动棒清理干净，并应按规定要求进行保养作业。振动器存放时，不得堆压软管，应平直放好，并应对电动机采取防潮措施。

2. 附着式、平板式振动器

1）附着式、平板式振动器轴承不应承受轴向力，在使用时，电动机轴应保持水平状态。

2）在一个模板上同时使用多台附着式振动器时，各振动器的频率应保持一致，相对面的振动器应错开安装。

3）作业前，应对附着式振动器进行检查和试振。试振不得在干硬土或硬质物体上进行。安装在搅拌站料仓上的振动器，应安置橡胶垫。

4）安装时，振动器底板安装螺孔的位置应正确，应防止底脚螺栓安装扭斜而使机壳受损。底脚螺栓应紧固，各螺栓的紧固程度应一致。

5）使用时，引出电缆线不得拉得过紧，更不得断裂。作业时，应随时观察电气设备的漏电保护器和接地或接零装置并确认合格。

6）附着式振动器安装在混凝土模板上时，每次振动时间不应超过 1min，当混凝土在模内泛浆流动或成水平状即刻停振，不得在混凝土初凝状态时再振。

7）装置振动器的构件模板应坚固牢靠，其面积应与振动器额定振动面积相适应。

8）平板式振动器作业时，应使平板与混凝土保持接触，使振波有效地振实混凝土，待表面出浆，不再下沉后，即可缓慢向前移动，移动速度应能保证混凝土振实出浆。在振的振动器，不得搁置在已凝或初凝的混凝土上。

◎ 业务要点 7：混凝土振动台

1）振动台应安装在牢固的基础上，地脚螺栓应拧紧。基础中间应留有地下坑道，应能调整和检修。

2）使用前，应检查并确认电动机和传动装置完好，特别是轴承座螺栓、偏心块螺栓、电动机螺栓和齿轮箱螺栓等紧固件紧固牢靠。

3）振动台不宜长时间空载运转。振动台上应安置牢固可靠的模板并锁紧夹具，并应保证模板混凝土和台面一起振动。

4）齿轮箱的油面应保持在规定的平面上，作业时油温不得超过 70%。

5）应经常检查各部轴承，并应定期拆洗更换润滑油，作业中应重点检查轴承温升，当发现过热时应停机检修。

6）电动机接地应良好，电缆线与线接头应绝缘良好，不得有破损漏电现象。

7）振动台台面应经常保持清洁、平整，使其与模板接触良好。发现裂纹应及时修补。

第五节　钢筋加工及焊接机械设备

◎ 本节导图：

本节主要介绍钢筋加工及焊接机械设备，内容包括钢筋加工机械、钢筋焊接机械等。其内容关系框图如下页所示。

◎ 业务要点 1：钢筋加工机械

1. 钢筋除锈机

1）检查钢丝刷的固定螺栓有无松动，传动部分润滑和封闭式防护罩及排尘设备等完好情况。

2）操作人员必须束紧袖口，戴防尘口罩、手套和防护眼镜。

3）严禁将弯钩成型的钢筋上机除锈。弯度过大的钢筋宜在基本调直后除锈。

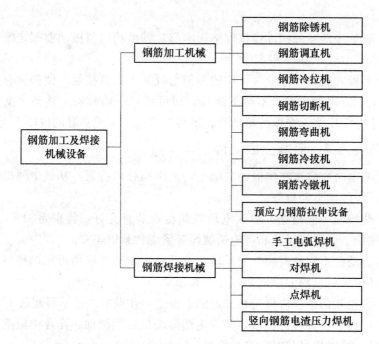

4）操作时应将钢筋放平，手握紧，侧身送料，严禁在除锈机正面站人。整根长钢筋除锈应由两人配合操作，互相呼应。

2. 钢筋调直机

1）调直机安装必须平稳，料架、料槽应安装平直，并应对准导向筒、调直筒和下切刀孔的中心线。电动机必须设可靠接零保护。

2）用手转动飞轮，检查传动机构和工作装置，调整间隙，紧固螺栓，确认正常后，启动空运转，并应检查轴承无异响，齿轮啮合良好，待运转正常后，方可作业。

3）按调直钢筋的直径，选用适当的调直块及传动速度。调直短于2m或直径大于9m的钢筋应低速进行。经调试合格，方可送料。

4）在调直块未固定、防护罩未盖好前不得送料。作业中严禁打开各部防护罩及调整间隙。

5）当钢筋送入后，手与曳轮必须保持一定距离，不得接近。

6）送料前应将不直的料头切去。导向筒前应装一根1m长的钢管，钢筋必须先穿过钢管再送入调直前端的导孔内。当钢筋穿入后，手与压辊必须保持一定距离。

7）作业后，应松开调直筒的调直块并回到原来位置，同时预压弹簧必须回位。

8）机械上不准搁置工具、物件，避免振动落入机体。

9）圆盘钢筋放入放圈架上要平稳，乱丝或钢筋脱架时，必须停机处理。

10）已调直的钢筋，必须按规格、根数分成小捆，散乱钢筋应随时清理、堆放整齐。

3. 钢筋冷拉机

1）根据冷拉钢筋的直径，合理选用卷扬机，卷扬钢丝绳应经封闭式导向滑轮并和被拉钢筋水平方向成直角。卷扬机的位置必须使操作人员能见到全部冷拉场地，卷扬机距离冷拉中线不少于 5m。

2）冷拉场地在两端地锚外侧设置警戒区，装设防护栏杆及警告标志。严禁无关人员在此停留。操作人员在作业时必须离开钢筋至少 2m 以外。

3）用配重控制的设备必须与滑轮匹配，并有指示起落的记号，没有指示记号时应有专人指挥。配重框提起时高度应限制在离地面 300mm 以内，配重架四周应有栏杆及警告标志。

4）作业前，应检查冷拉夹具，夹齿必须完好，滑轮、拖拉小车应润滑灵活，拉钩、地锚及防护装置均应齐全牢固。确认良好后，方可作业。

5）卷扬机操作人员必须看到指挥人员发出信号，并待所有人员离开危险区后方可作业。冷拉应缓慢、均匀地进行，随时注意停车信号或见到有人进入危险区时，应立即停拉，并稍稍放松卷扬钢丝绳。

6）用延伸率控制的装置，必须装设明显的限位标志，并应有专人负责指挥。

7）夜间工作照明设施应装设在张拉危险区外。如需要装设在场地上空时，其高度应超过 5m。灯泡应加防护罩，导线不得用裸线。

8）每班冷拉完毕，必须将钢筋整理平直，不得相互乱压和单头挑出，未拉盘筋的引头应盘住，机具拉力部分均应放松。

9）导向滑轮不得使用开口滑轮。维修或停机，必须切断电源，锁好箱门。

10）作业后，应放松卷扬钢丝绳，落下配重，切断电源，锁好开关箱。

4. 钢筋切断机

1）接送料的工作台台面应和切刀下部保持水平，工作台的长度可根据加工材料长度确定。

2）启动前，必须检查切断机，确定安装正确，刀片无裂纹，刀架螺栓紧固，防护罩牢靠。然后用手转动皮带轮，检查齿轮啮合间隙，调整切刀间隙。

3）启动后，应先空运转，检查各传动部分及轴承运转正常后，方可作业。

4）机械未达到正常转速时不得切料。钢筋切断应在调直后进行，切料时必须使用切刀的中、下部位，紧握钢筋对准刃口迅速送入。

5）不得剪切直径及强度超过机械铭牌规定的钢筋和烧红的钢筋。一次切断多根钢筋时，总截面面积应在规定范围内。

6）剪切低合金钢时，应换高硬度切刀，剪切直径应符合机械铭牌规定。

7）切断短料时，手和切刀之间的距离应保持 150mm 以上，如手握端小于 400mm 时，应用套管或夹具将钢筋短头压住或夹牢。

8）机械运转中，严禁用手直接清除切刀附近的断头和杂物。钢筋摆动周围和切刀附近，非操作人员不得停留。

9）发现机械运转不正常，有异响或切刀歪斜等情况，应立即停机检修。

10）作业后，应切断电源，用钢刷清除切刀间的杂物，进行整机清洁保养。

5. 钢筋弯曲机

1）工作台和弯曲机台面要保持水平，并在作业前准备好各种心轴及工具。

2）按加工钢筋的直径和弯曲半径的要求装好芯轴、成型轴、挡铁轴或可变挡架，芯轴直径应为钢筋直径的 2.5 倍。

3）检查芯轴、挡铁轴、转盘应无损坏和裂纹，防护罩紧固可靠，经空运转确认正常后，方可作业。

4）操作时要熟悉倒顺开关控制工作盘旋转的方向，钢筋放置要和挡架、工作盘旋转方向相配合，不得放反。

5）作业时，将钢筋需弯的一头插在转盘固定销的间隙内，另一端紧靠机身固定销，并用手压紧。检查机身固定销子确实安放在挡住钢筋的一侧，方可开动。

6）作业中，严禁更换芯轴、成型轴、销子和变换角度以及调速等作业，严禁在运转时加油和清扫。

7）弯曲钢筋时，严禁超过本机规定的钢筋直径、根数及机械转速。

8）弯曲高强度或低合金钢筋时，应按机械铭牌规定换算最大允许直径并调换相应的芯轴。

9）严禁在弯曲钢筋的作业半径内和机身不设固定销的一侧站人。弯曲好的半成品应堆放整齐，弯钩不得朝上。

10）改变工作盘旋转方向时必须在停机后进行，即从正转→停→反转，不得直接从正转→反转或从反转→正转。

6. 钢筋冷拔机

1）机械的安装应坚实稳固，保持水平位置。固定式机械应有可靠的基础。移动式机械作业时应楔紧行走轮。

2）室外作业应设置机棚，机旁应有堆放原料、半成品的场地。

3）加工较长的钢筋时，应有专人帮扶，并听从操作人员指挥，不得任意推拉。

4）应检查并确认机械各连接件牢固，模具无裂纹，轧头和模具的规格配套，然后启动主机空运转，确认正常后，方可作业。

5）在冷拔钢筋时，每道工序的冷拔直径应按机械出厂说明书规定进行，不得超量缩减模具孔径，无资料时，可按每次缩减孔径 0.5～1.0mm。

6）轧头时，应先使钢筋的一端穿过模具长度达 100～150mm，再用夹具夹牢。

7）作业时，操作人员的手和轧辊应保持 300～500mm 的距离。不得用手直接接触钢筋和滚筒。

8）冷拔模架中应随时加足润滑剂，润滑剂应采用石灰和肥皂水调和晒干后的粉末。钢筋通过冷拔模前，应抹少量润滑脂。

9）当钢筋的末端通过冷拔模后，应立即脱开离合器，同时用手闸挡住钢筋末端。

10）拔丝过程中，当出现断丝或钢筋打结乱盘时，应立即停机。在处理完毕后，方可开机。

11）作业后，应堆放好成品，清理场地，切断电源，锁好开关箱，做好润滑工作。

7. 钢筋冷镦机

1）机械的安装应坚实稳固，保持水平位置。固定式机械应有可靠的基础。移动式机械作业时应楔紧行走轮。

2）室外作业应设置机棚，机旁应有堆放原料、半成品的场地。

3）加工较长的钢筋时，应有专人帮扶，并听从操作人员指挥，不得任意推拉。

4）应根据钢筋直径，配换相应夹具。

5）应检查并确认模具、中心冲头无裂纹，并应校正上下模具与中心冲头的同心度，坚固各部螺栓，做好安全防护。

6）启动后应先空运转，调整上下模具紧度，对准冲头模进行镦头校对，确认正常后，方可作业。

7）机械未达到正常转速时，不得镦头。当镦出的头大小不匀时，应及时调整冲头与夹具的间隙。冲头导向块应保持有足够的润滑。

8）作业后，应堆放好成品，清理场地，切断电源，锁好开关箱，做好润滑工作。

8. 预应力钢筋拉伸设备

1）采用钢模配套张拉，两端要有地锚，还必须配有卡具、锚具，钢筋两端须镦头，场地两端外侧应有防护栏杆和警告标志。

2）检查卡具、锚具及被拉钢筋两端镦头，如有裂纹或破损，应及时修复或更换。

3）卡具刻槽应较所拉钢筋的直径大 0.7～1mm，并保证有足够强度使锚具不致变形。

4）空载运转，校正千斤顶和压力表的指示吨位，定出表上的数字，对比张拉钢筋吨位及延伸长度。检查油路应无泄漏，确认正常后，方可作业。

5）作业中，操作要平稳、均匀，张拉时两端不得站人。拉伸机在有压力情况下严禁拆卸液压系统上的任何零件。

6）在测量钢筋的伸长和拧紧螺母时，应先停止拉伸，操作人员必须站在侧面操作。

7）用电热张拉法带电操作时，应穿绝缘胶鞋和戴绝缘手套。

8）张拉时，不准用手摸或脚踩钢筋或钢丝。

9）作业后，切断电源，锁好开关箱。千斤顶全部卸载并将拉伸设备放在指定地点进行保养。

业务要点 2：钢筋焊接机械

1. 手工电弧焊机

（1）事故隐患

1）由于外界环境（工况条件）因素，如雨雪气候、潮湿、高温等，电焊机仍在使用，又未采取相应的安全防范措施，造成对人体的伤害（如触电等）。

2）电焊机及相关设备本身存在安全隐患而造成对操作人员的伤害事故。

3）因操作人员违章操作或未采取自我安全防护措施（如无证上岗，不戴防护手套、眼镜或面罩等）而造成对人体的伤害。

（2）安全要求

1）作业环境要求

①电焊机外壳应完好无损，有防雨、防潮、防晒措施，并备有消防用品。

②遇恶劣天气（如雷雨、雪）应停止露天焊接作业，在潮湿地工作，操作人员应站在绝缘垫或木板上。

③作业点周围和下方应采取防火措施，应指定专人监护。

④焊接预热工件时，应有石棉布或挡板等隔热措施。

⑤多台焊机在一起集中施焊时，应分接在三相电源上，使三相负载平衡，多台焊机的接地装置应分别由接地极处引接，不得串联。

⑥严禁在带压力的容器或管道上施焊，焊接带电的设备必须先切断电源。

⑦ 施焊场地周围应清除易燃易爆物品，或进行覆盖、隔离。

⑧ 焊接储存过易燃、易爆、有毒物品的容器或管道，必须清除干净，并将所有孔口打开。

⑨ 在密闭金属容器内施焊时，容器必须可靠接地，通风良好，并有专人监护，严禁向容器内输入氧气。

2）设备要求

① 电焊机使用前，必须经设备管理部门验收，确认符合要求，方可正式使用，设备挂上合格牌。

② 用电必须符合规范要求，三级配电两级保护，做好保护接零，一次、二次侧接线柱防护罩齐全。

③ 电源应使用自动开关。使用电焊机二次侧空载降压保护装置。电焊机应有专用电源控制开关，开关的熔断丝容量应为该机额定电流的 1.5 倍，严禁用其他金属丝代替熔断丝，完工后立即切断电源。

④ 焊钳与把线必须绝缘良好，连接牢固，更换焊条应戴手套，把线长度为 20～30m，如需接长时，接头不准超过两个，以防电阻过大、发热而引起燃烧。

⑤ 手把线与零线穿越道路时，应穿管埋设或架空，以防碾压和磨损；电焊把线与零线不准搭在氧气瓶和起重机钢丝绳等附件上。

3）对作业人员的要求

① 操作人员必须持有效证件方可上岗。

② 操作者不准穿着化纤质服装。推拉开关时，应站在侧面，以防电弧火花灼伤，一手推拉开关，另一手不准放在任何导体上。

③ 高处作业时，焊工不准手持焊把脚登梯子焊接。焊条应装入焊条桶或工具袋内，焊条头要妥善处理，不准随意投扔。

④ 清除焊渣、采用电弧气刨清根时，应戴防护眼镜或面罩，防止铁渣飞溅伤人。

⑤ 施焊工作结束，应切断焊机电源，并检查操作地点，确认无起火危险后，方可离开。

2. 对焊机

1）电焊机的使用应执行《建筑机械使用安全技术规程》JGJ 33—2012 第 12.1 节、第 12.4 节的规定。

2）对焊机应安置在室内，并应有可靠的接地或接零。当多台对焊机并列安装时，相互间距不得小于 3m，应分别接在不同相位的电网上，并应分别有各自的刀型开关。导线的截面不应小于表 3-2 的规定。

表 3-2 导线截面

对焊机的额定功率/kVA	25	50	75	100	150	200	500
一次电压为 220V 时导线截面/mm²	10	25	35	45	—	—	—
一次电压为 380V 时导线截面/mm²	6	16	25	35	50	70	150

3）焊接前，应检查并确认对焊机的压力机构灵活，夹具牢固，气压、液压系统无泄漏，一切正常后，方可施焊。

4）焊接前，应根据所焊接钢筋截面，调整二次电压，不得焊接超过对焊机规定直径的钢筋。

5）断路器的接触点、电极应定期光磨，二次电路全部连接螺栓应定期紧固。冷却水温度不得超过 40℃。排水量应根据温度调节。

6）焊接较长钢筋时，应设置托架，配合搬运钢筋的操作人员，在焊接时应防止火花烫伤。

7）闪光区应设挡板，与焊接无关的人员不得入内。

8）焊接操作及配合人员必须按规定穿戴劳动防护用品，并必须采取防止触电、高空坠落、瓦斯中毒和火灾等事故的安全措施。

9）现场使用的电焊机，应设有防雨、防潮、防晒的机棚，并应装设相应的消防器材。

10）高空焊接或切割时，必须系好安全带，焊接周围和下方应采取防火措施，并应有专人监护。

11）雨天不得在露天电焊。在潮湿地带作业时，操作人员应站在铺有绝缘物品的地方，并应穿绝缘鞋。

12）冬季施焊时，室内温度不应低于 8℃。作业后，应放尽机内冷却水。

3. 点焊机

1）作业前，应清除上、下两电极的油污。通电后，机体外壳应无漏电。

2）启动前，应先接通控制线路的转向开关和焊接电流的小开关，调整好极数，再接通水源、气源，最后接通电源。

3）焊机通电后，应检查电气设备、操作机构、冷却系统、气路系统及机体外壳有无漏电现象。电极触头应保持光洁。有漏电时，应立即更换。

4）作业时，气路、水冷系统应畅通。气体应保持干燥。排水温度不得超过 40℃，排水量可根据气温调节。

5）严禁在引燃电路中加大熔断器。当负载过小使引燃管内电弧不能发生时，不得闭合控制箱的引燃电路。

6）当控制箱长期停用时，每月应通电加热 30min。更换闸流管时应预热 30min。正常工作的控制箱的预热时间不得小于 5min。

7）焊接操作及配合人员必须按规定穿戴劳动防护用品，并必须采取防止触电、高空坠落、瓦斯中毒和火灾等事故的安全措施。

8）现场使用的电焊机，应设有防雨、防潮、防晒的机棚，并应装设相应的消防器材。

9）高空焊接或切割时，必须系好安全带，焊接周围和下方应采取防火措施，并应有专人监护。

10）当清除焊缝焊渣时，应戴防护眼镜，头部应避开敲击焊渣飞溅方向。

11）雨天不得在露天电焊。在潮湿地带作业时，操作人员应站在铺有绝缘物品的地方，并应穿绝缘鞋。

4. 竖向钢筋电渣压力焊机

1）应根据施焊钢筋直径选择具有足够输出电流的电焊机。电源电缆和控制电缆联接应正确、牢固。控制箱的外壳应牢靠接地。

2）施焊前，应检查供电电压并确认正常，在一次电压降大于8％时，不宜焊接。焊接导线长度不得大于30mm，截面面积不得小于50mm²。

3）施焊前，应检查并确认电源及控制电路正常，定时准确，误差不大于5％，机具的传动系统、夹装系统及焊钳的转动部分灵活自如，焊剂已干燥，所需附件齐全。

4）施焊前，应按所焊钢筋的直径，根据参数表标定好所需的电源和时间。一般情况下，时间（s）可为钢筋的直径数（mm），电流（A）可为钢筋直径的20倍数（mm）。

5）起弧前，上、下钢筋应对齐，钢筋端头应接触良好。对锈蚀粘有水泥的钢筋，应采用钢丝刷清除，并保证导电良好。

6）施焊过程中，应随时检查焊接质量，当发现倾斜、偏心、未熔合、有气孔等现象时，应重新施焊。

7）每个接头焊完后，应停留5～6min保温，寒冷季节应适当延长。当拆下机具时，应扶住钢筋，过热的接头不得过于受力。焊渣应待完全冷却后清除。

8）焊接操作及配合人员必须按规定穿戴劳动防护用品，并必须采取防止触电、高空坠落、瓦斯中毒和火灾等事故的安全措施。

9）现场使用的电焊机，应设有防雨、防潮、防晒的机棚，并应装设相应的消防器材。

10）高空焊接时，必须系好安全带，焊接周围和下方应采取防火措施，并应有专人监护。

11）当清除焊缝焊渣时，应戴防护眼镜，头部应避开敲击焊渣飞溅方向。

12）雨天不得在露天电焊。在潮湿地带作业时，操作人员应站在铺有绝缘物品的地方，并应穿绝缘鞋。

第六节　装饰装修机械

本节导图：

本节主要介绍装饰装修机械，内容包括灰浆搅拌机、灰浆泵、喷浆机、高压无气喷涂机、水磨石机、混凝土切割机等。其内容关系框图如下：

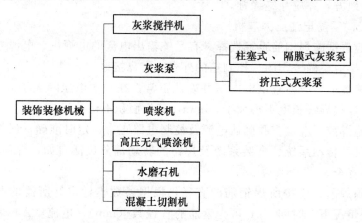

业务要点 1：灰浆搅拌机

1）固定式搅拌机应有牢靠的基础；移动式搅拌机应采用方木或撑架固定，并保持水平。

2）作业前，应检查并确认传动机构、工作装置、防护装置等牢固可靠，V 胶带松紧度适当，搅拌叶片和筒壁间隙在 3～5mm 之间，搅拌轴两端密封良好。

3）启动后，应先空运转，检查搅拌叶片旋转方向正确，方可加料加水，进行搅拌作业。加入的砂子应过筛。

4）运转中，严禁用手或木棒等伸进搅拌筒内，或在筒口清理灰浆。

5）作业中，当发生故障不能继续搅拌时，应立即切断电源，将筒内灰浆倒出，排除故障后方可使用。

6）固定式搅拌机的上料斗应能在轨道上移动。料斗提升时，严禁斗下有人。

7）作业后，应清除机械内外砂浆和积料，用水清洗干净。

业务要点 2：灰浆泵

1. 柱塞式、隔膜式灰浆泵

1）灰浆泵应安装平稳。输送管路的布置宜短直、少弯头。全部输送管道接头应紧密连接，不得渗漏。垂直管道应固定牢固。管道上不得加压或悬挂重物。

2）作业前，应检查并确认球阀完好，泵内无干硬灰浆等物，各连接件紧固牢靠，安全阀已调整到预定的安全压力。

3）泵送前，应先用水进行泵送试验，检查并确认各部位无渗漏。当有渗漏时，应先排出。

4）被输送的灰浆应搅拌均匀，不得有干砂和硬块。不得混入石子或其他杂物。灰浆稠度应为 80～120mm。

5）泵送时，应先开机后加料。应先用泵压送适量石灰膏润滑输送管道，然后再加入稀灰浆，最后调整到所需稠度。

6）泵送过程应随时观察压力表的泵送压力，当泵送压力超过预调的 1.5MPa 时，应反向泵送，使管道内部分灰浆返回料斗，再缓慢泵送。当无效时，应停机卸压检查，不得强行泵送。

7）泵送过程不宜停机。当短时间内不需泵送时，可打开回浆阀使灰浆在泵体内循环运行。当停泵时间较长时，应每隔 3～5min 泵送一次，泵送时间宜为 0.5min，应防灰浆凝固。

8）故障停机时，应打开泄浆阀使压力下降，然后排除故障。灰浆泵压力未达到零时，不得拆卸空气室、安全阀和管道。

9）作业后，应采用石灰膏或浓石灰水把输送管道里的灰浆全部泵出，再用清水将泵和输送管道清洗干净。

2. 挤压式灰浆泵

1）使用前，应先接好输送管道，往料斗加注清水。启动灰浆泵后，当输送胶管出水时，应折起胶管，待升到额定压力时停泵，观察各部位应无渗漏现象。

2）作业前，应先用水、再用白灰膏润滑输送管道后，方可加入灰浆，开始泵送。

3）料斗加满灰浆后，应停止振动，待灰浆从料斗泵送完时，再加新灰浆振动筛料。

4）泵送过程应注意观察压力表。当压力迅速上升，有堵管现象时，应反转泵送 2～3 转，使灰浆返回料斗，经搅拌后再泵送。当多次正反泵仍不能畅通时，应停机检查，排除堵塞。

5）工作间歇时，应先停止送灰，后停止送气，并应防气嘴被灰堵塞。

6）作业后，应对泵机和管路系统全部清洗干净。

业务要点 3：喷浆机

1）石灰浆的密度应为 $1.06\sim1.10g/cm^3$。

2）喷涂前，应对石灰浆采用 60 目筛网过滤两遍。

3）喷嘴孔径宜为 $2.0\sim2.8mm$；当孔径大于 2.8mm 时，应及时更换。

4）泵体内不得无液体空转。在检查电动机旋转方向时，应先打开料桶开关，让石灰浆流入泵体内部后，再开动电动机带泵旋转。

5）作业后，应往料斗注入清水，开泵清洗直到水清为止，再倒出泵内积水，清洗疏通喷头座及滤网，并将喷枪擦洗干净。

6）长期存放前，应清除前、后轴承座内的石灰浆积料，堵塞进浆口，从出浆口注入机油约 50ml，再堵塞出浆口，开机运转约 30s，使泵体内润滑防锈。

业务要点 4：高压无气喷涂机

1）启动前，调压阀、卸压阀应处于开启状态，吸入软管、回路软管接头和压力表、高压软管及喷枪等均应连接牢固。

2）喷涂燃点在 21℃ 以下的易燃涂料时，必须接好地线，地线的一端接电动机零线位置，另一端应接涂料桶或被喷的金属物体。喷涂机不得和被喷物放在同一房间里，周围严禁有明火。

3）作业前，应先空载运转，然后用水或溶剂进行运转检查。确认运转正常后，方可作业。

4）喷涂中，当喷枪堵塞时，应先将枪关闭，使喷嘴手柄旋转 180°，再打开喷枪用压力涂料排出堵塞物，当堵塞严重时，应停机卸压后，拆下喷嘴，排除堵塞。

5）不得用手指试高压射流，射流严禁正对其他人员。喷涂间隙时，应随手关闭喷枪安全装置。

6）高压软管的弯曲半径不得小于 250mm，亦不得在尖锐的物体上用脚踩高压软管。

7）作业中，当停歇时间较长时，应停机卸压，将喷枪的喷嘴部位放入溶剂内。

8）作业后，应彻底清洗喷枪。清洗时不得将溶剂喷回小口径的溶剂桶内。应防止产生静电火花引起着火。

业务要点 5：水磨石机

1）水磨石机宜在混凝土达到设计强度 70％～80％时进行磨削作业。

2）作业前，应检查并确认各连接件紧固，当用木槌轻击磨石发出无裂纹的清脆声音时，方可作业。

3）电缆线应离地架设，不得放在地面上拖动。电缆线应无破损，保护接地良好。

4）在接通电源、水源后，应手压扶把使磨盘离开地面，再启动电动机。并应检查确认磨盘旋转方向与箭头所示方向一致，待运转正常后，再缓慢放下磨盘，进行作业。

5）作业中，使用的冷却水不得间断，用水量宜调至工作面不发干。

6）作业中，当发现磨盘跳动或异响，应立即停机检修。停机时，应先提升磨盘后关机。

7）更换新磨石后，应先在废水磨石地坪上或废水泥制品表面磨 1～2h，待金刚石切削刃磨出后，再投入工作面作业。

8）作业后，应切断电源，清洗各部位的泥浆，放置在干燥处，用防雨布遮盖。

业务要点 6：混凝土切割机

1）使用前，应检查并确认电动机、电缆线均正常，保护接地良好，防护装置安全有效，锯片选用符合要求，安装正确。

2）启动后，应空载运转，检查并确认锯片运转方向正确，升降机构灵活，运转中无异常、异响，一切正常后，方可作业。

3）操作人员应双手按紧工件，均匀送料，在推进切割机时，不得用力过猛。

操作时不得戴手套。

4）切割厚度应按机械出厂铭牌规定进行，不得超厚切割。

5）加工件送到与锯片相距 300mm 处或切割小块料时，应使用专用工具送料，不得直接用手推料。

6）作业中，当工件发生冲击、跳动及异常声响时，应立即停机检查，排除故障后，方可继续作业。

7）严禁在运转中检查、维修各部件。锯台上和构件锯缝中的碎屑应采用专用工具及时清除，不得用手捡拾或抹拭。

8）作业后，应清洗机身，擦干锯片，排放水箱余水，收回电缆线，并存放在干燥、通风处。

第七节　木工机械设备

本节导图：

本节主要介绍木工机械设备，内容包括平刨、圆盘锯、带锯机、压刨床等。其内容关系框图如下：

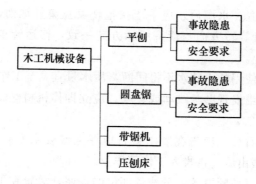

业务要点 1：平刨

1. 事故隐患

1）木质不均匀（如节疤），刨削时切削力突然增加，使得两手推压木料原有的平衡突遭破坏，木料弹出或翻倒，而操作人员的两手仍按原来的方式施力，手指伸进刨口被切。

2）加工的木料过短，木料长度小于 250mm。操作人员违章操作或操作方法不正确，导致手指被切。

3）临时用电不符规范要求，如三级配电二级保护不完善，缺漏电保护器或失效，导致触电。

4）传动部位无防护罩，导致机械伤害。

2. 安全要求

1）平刨使用前，必须经设备管理部门验收，确认符合要求后，方可正式使用。设备挂上合格牌。

2）用电必须符合规范要求，三级配电两级保护，有保护接零（TN-S 系统）和漏电保护器。

3）必须使用圆柱形刀轴，禁止使用方轴。刨口开口量不得超过规定值。刨刀刃口伸出量不能超过外径 1.1mm。

4）每台木工平刨上必须装有安全防护装置（护手安全装置及传动部位防护罩），并配有刨小薄料的压板或压棍。

5）平刨在施工现场应置于木工作业区内，若位于塔吊作业范围内时，应搭设防护棚，并落实消防措施。

6）操作人员衣袖要扎紧，不准戴手套，应严格执行安全操作规程。机械运转时，不得进行维修、保养，不得移动或拆除护手装置进行刨削。

业务要点 2：圆盘锯

1. 事故隐患

1）圆锯片安装不正确，锯齿因受力较大而变钝后，锯切时引起木材飞掷伤人。

2）圆锯片有裂缝、凹凸、歪斜等缺陷，锯齿折断使得圆锯片在工作时发生撞击，引起木材飞掷或圆锯本身破裂伤人等危险。

3）安全防护缺陷，如传动皮带防护缺陷、护手安全装置残损、未做保护接零和漏电保护或其装置失效等，引发安全事故。

2. 安全要求

1）圆盘锯在进入施工现场，必须经过验收，安装三级配电二级保护，电器开关良好（必须采用单向按钮开关），熔断丝规格符合规定，确认符合要求后方能使用，设备应挂上合格牌。

2）锯片上方必须安装保险挡板和滴水装置，在锯片后面，离齿 10～15mm 处，必须安装弧形楔刀。锯片的安装，应保持与轴同心。皮带传动处应有防护罩。

3）锯片必须平整，锯口要适当，锯片要与主动轴匹配、紧固。锯片必须锯齿尖锐，不得连续缺齿两个，裂纹长度不得超过 20mm，裂缝末端应冲止裂孔。

4）操作前应检查机械是否完好，锯片是否有断、裂现象，并装好防护罩，运转正常后方能投入使用。

5）操作人员应戴安全防护眼镜；操作人员不得站在锯片旋转离心力面上操作，手不得跨越锯片。

6）木料锯到接近端头时，应由下手拉料进锯，上手不得用手直接送料，应用木板推送。锯料时，不准将木料左右搬动或高抬；送料不宜用力过猛，遇木节要减慢进锯速度，以防木节弹出伤人。

7）锯短料时，应使用推棍，不准直接用手推，进料速度不得过快，下手接料必须使用刨钩。剖短料时，料长不得小于锯片直径的 1.5 倍，料高不得大于锯片直径的 1/3。截料时，截面高度不准大于锯片直径的 1/3。

8）锯线走偏，应逐渐纠正，不准猛扳。锯片运转时间过长，温度过高时，应用水冷却；直径 60cm 以上的锯片在操作中，应喷水冷却。

9）木料若卡住锯片时，应立即停车后处理。

业务要点3：带锯机

1）作业前，检查锯条，如锯条齿侧的裂纹长度超过10mm，锯条接头处裂纹长度超过10mm，以及连续缺齿两个和接头超过三个锯条均不得使用。裂纹在以上规定内必须在裂纹终端冲一止裂孔。锯条松紧度调整适当后，先空载运转，如声音正常、无串条现象时，方可作业。

2）作业中，操作人员应站在带锯机的两侧。跑车开动后，行程范围内的轨道周围不准站人，严禁在运行中上、下跑车。

3）原木进锯前，应调好尺寸，进锯后不得调整。进锯速度应均匀，不能过猛。

4）在木材的尾端越过锯条0.5m后，方可进行倒车。倒车速度不宜过快，要注意木槎、节疤碰卡锯条。

5）平台式带锯作业时，送接料要配合一致。送料、接料时不得将手送进台面。锯短料时，应用推棍送料。回送木料时，要离开锯条50mm以上，并须注意木槎、节疤碰卡锯条。

6）装设有气力吸尘罩的带锯机，当木屑堵塞吸尘管口时，严禁在运转中用木棒在锯轮背侧清理管口。

7）锯机张紧装置的压砣（重锤），应根据锯条的宽度与厚度调节挡位或增减副砣，不得用增加重锤重量的办法克服锯条口松或串条等现象。

业务要点4：压刨床

1）压刨床必须用单向开关，不得安装倒顺开关，三、四面刨应按顺序开动。

2）作业时，严禁一次刨削两块不同材质、规格的木料，被刨木料的厚度不得超过50mm。操作者应站在机床的一侧，接、送料时不戴手套，送料时必须先进大头。

3）刨刀与刨床台面的水平间隙应在10～30mm之间，刨刀螺钉必须重量相等，紧固时用力应均匀一致，不得过紧或过松，严禁使用带开口槽的刨刀。

4）每次进刀量应为2～5mm，如遇硬木或节疤，应减小进刀量，降低送料速度。

5）进料必须平直，发现木料走偏或卡住，应停机降低台面，调正木料。送料时手指必须与滚筒保持20cm以上距离。接料时，必须待料出台面后方可上手。

6）刨料长度小于前后滚中心距的木料，禁止在压刨机上加工。

7）木料厚度差2mm的不得同时进料。刨削吃刀量不得超过3mm。

8）刨料长度不得短于前后压滚的中心距离，厚度小于 10mm 的薄板，必须垫托板。

9）压刨必须装有回弹灵敏的逆止爪装置，进料齿辊及托料光辊应调整水平和上下距离一致，齿辊应低于工件表面 1～2mm，光辊应高出台面 0.3～0.8mm，工作台台面不得歪斜和高低不平。

10）清理台面杂物时必须停机（停稳）、断电，用木棒进行清理。

第八节　其他机械设备

本节导图：

本节主要介绍其他机械设备，内容包括机动翻斗车、空压机、套丝切管机、手持式电动工具等。其内容关系框图如下：

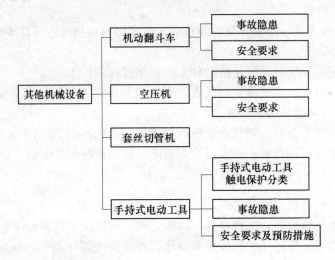

业务要点 1：机动翻斗车

1. 事故隐患

1）车辆由于缺乏定期检查和维修保养而引起车辆伤害事故。

2）司机未经培训违章行驶，引起车辆伤害事故。

2. 安全要求

1）翻斗车在使用前，必须经过设备及安全管理部门验收，确认符合要求，取得准用证后方能使用。

2）司机必须经过安全培训，持证上岗，严禁无证或酒后开车。禁止行车载人或违章行车。

3）车辆发动前，应将变速杆放在零挡位置，并拉紧手刹车。

4）车辆发动后，应先检查各种仪表、方向机构、制动装置、灯光等，必须确保灵敏可靠后，方可鸣笛起车。

5）雨、雪、雾天气，车的最高时速不得超过 25km/h，转弯时，防止车辆横滑。

6）卸料时不得行驶，应先将车停稳，再抬起锁紧机构手柄进行卸料，禁止在制动的同时进行翻斗卸料，避免造成惯性移位事故。坡道停车卸料时，要拉紧刹车。

7）倒车和停车不准靠近基坑（槽）边沿，以防土质松软车辆倾覆。

8）检修或班后刷车时必须熄火并拉好手制动。在驾驶员如要离开驾驶室时，应将车开至安全地段，将车停妥后，方能离开。

9）翻斗车应定期进行检查和维修保养。

业务要点 2：空压机

1. 事故隐患

安全装置失灵、违章操作，导致空压机或储气罐物理性爆炸事故。

2. 安全要求

1）固定式应安装在固定的基础上，移动式应用楔木将轮子固定。

2）各部机件连接牢固，气压表、安全阀和压力调节器等齐全完整、灵敏可靠，外露传动部分防护罩齐全。

3）输送管无急弯；储气罐附近严禁施焊和其他热作业。

4）操作人员持有效证件上岗，上岗前对机具做好例行保养工作。

业务要点 3：套丝切管机

1）套丝切管机应安放在稳固的基础上。

2）应先空载运转，进行检查、调整，确认运转正常后方可作业。

3）应按加工管径选用板牙头和板牙，板牙应按顺序放入，作业时应采用润滑油润滑板牙。

4）当工件伸出卡盘端面的长度过长时，后部应加装辅助托架，并调整好高度。

5）切断作业时，不得在旋转手柄上加长力臂；切平管端时，不得进刀过快。

6）当加工件的管径或椭圆度较大时，应两次进刀。

7）作业中应采用刷子清除切屑，不得敲打振落。

业务要点 4：手持式电动工具

1. 手持式电动工具触电保护分类

施工作业使用手持式电动工具，必须遵守《手持式电动工具管理、使用、检查和维修安全技术规程》GB/T 3787—2006 的规定。电动工具按其触电保护分为Ⅰ、Ⅱ、Ⅲ类：

1）Ⅰ类工具在防止触电的保护方面不能仅依靠其本身的基本绝缘，还要有一个附加的安全防护措施（必须做保护接零）。由于安全性差，现已停止生产，但仍有以前生产的Ⅰ类工具在使用中。在电动工具造成触电死亡事故的统计中，几乎都是由Ⅰ类工具引起的。

2）Ⅱ类工具在防止触电的保护方面不仅依靠基本绝缘，而且它还提供双重绝缘或加强绝缘的附加安全预防措施，或者说是将个人防护用品以可靠、有效的方式设计制作在工具上，具有双重独立的保护系统，可不做保护接零。

3）Ⅲ类工具在防止触电的保护方面依靠由安全特低电压供电和在工具内部不会产生比安全特低电压高的高压，其电压一般为 36V。使用时必须用安全隔离变压器供电。可不做保护接零。

2. 事故隐患

手持式电动工具的安全隐患主要存在于电器方面，易发生触电事故：

1）未设置保护接零和两级漏电保护器，或保护失效。

2）电动工具绝缘层破损漏电。

3）电源线和随机开关箱不符合要求。

4）工人违反操作规定或未按规定穿戴绝缘用品。

3. 安全要求及预防措施

1）手持式电动工具在使用前，外壳、手柄、负荷线、插头、开关等必须完好无损，使用前必须做空载试验，经过设备、安全管理部门验收，确定符合要求，发给准用证或有验收手续方能使用。设备挂上合格牌。

2）使用Ⅰ类手持式电动工具必须按规定穿戴绝缘用品或站在绝缘垫上，并确保有良好的接零或接地措施，保护零线与工作零线分开，保护零线采用 $1.5mm^2$ 以上多股软铜线。安装漏电保护器漏电电流不大于 15mA、动作时间不大于 0.1s。

3）在一般的场所为保证安全，应当用Ⅱ类工具，并装设额定漏电电流不大于 15mA、动作时间不大于 0.1s 的漏电保护器。Ⅱ类工具绝缘电阻不得低于 7MΩ。

4）露天、潮湿场所或在金属构架上作业必须使用Ⅱ类或Ⅲ类工具，并装设防溅的漏电保护器。严禁使用Ⅰ类手持式电动工具。

5）狭窄场所（锅炉、金属容器、地沟、管道内等），宜选用带隔离变压器的Ⅲ类手持式电动工具。隔离变压器、漏电保护器装设在狭窄场所外面，工作时应有人监护。

6）手持式电动工具的负荷线必须采用耐气候性的橡皮护套铜芯软电缆，

并不得有接头。

7）电动工具在使用中不得任意调换插头，更不能不用插头，而将导线直接插入插座内。当电动工具不用或需调换工作头时，应及时拔下插头。插插头时，开关应在断开位置，以防突然启动。

8）使用过程中要经常检查，如发现绝缘损坏、电源线或电缆护套破裂、接地线脱落、插头插座开裂、接触不良以及断续运转等故障时，应立即停机修理。移动电动工具时，必须握持工具的手柄，不能用拖拉橡皮软线来搬动工具，并随时注意防止橡皮软线擦破、割断和轧坏现象，以免造成人身事故。

9）长期搁置未用的电动工具，使用前必须用 500V 兆欧表测定绕组与机壳之间的绝缘电阻值，应不得低于 $7M\Omega$，否则须进行干燥处理。

10）电动工具不适宜在含有易燃、易爆或腐蚀性气体及潮湿等特殊环境中使用，并应存放于干燥、清洁和没有腐蚀性气体的环境中。对于非金属壳体的电动机、电器，在存放和使用时应避免与汽油等溶剂接触。

第四章 建筑施工专项安全技术

第一节 脚手架安全技术

本节导图：

本节主要介绍脚手架安全技术，内容包括脚手架基础知识、扣件式钢管脚手架、型钢悬挑脚手架、门式钢管脚手架、碗扣式脚手架、附着式升降脚手架、承插型盘扣式钢管支架、高处作业吊篮、满堂脚手架等。其内容关系框图如下：

业务要点 1：脚手架基础知识

1. 脚手架的分类

狭义的脚手架是指施工现场为工人操作并解决垂直和水平运输而搭设的各种支架，广义的脚手架还包括支撑架，即为钢结构安装或浇筑混凝土构件等搭设的承力支架，后者即所谓支模架。

（1）按脚手架搭设的构造形式分

1）单排脚手架：即只有一排立杆，横向水平杆的一端搁置固定在墙体上的脚手架。

2）双排脚手架：即由内外两排立杆和水平杆等构成的脚手架。

3）满堂脚手架：在纵、横方向，由不少于三排立杆并与水平杆、水平剪刀撑、竖向剪刀撑、扣件等构成的脚手架。该架体顶部作业层施工荷载通过水平杆传递给立杆，顶部立杆呈偏心受压状态。

4）满堂支撑架：在纵、横方向，由不少于三排立杆并与水平杆、水平剪刀撑、竖向剪刀撑、扣件等构成的承力支架。该架体顶部的钢结构安装等（同类工程）施工荷载通过可调托撑轴心传力给立杆，顶部立杆呈轴心受压状态。

5）开口型和封圈型脚手架：沿建筑周边非交圈设置的脚手架为开口型脚手架；其中呈直线型的脚手架为一字型脚手架。沿建筑周边交圈设置的脚手架即为封圈型脚手架。

（2）《建筑施工安全检查标准》JCJ 59—2011 的分类

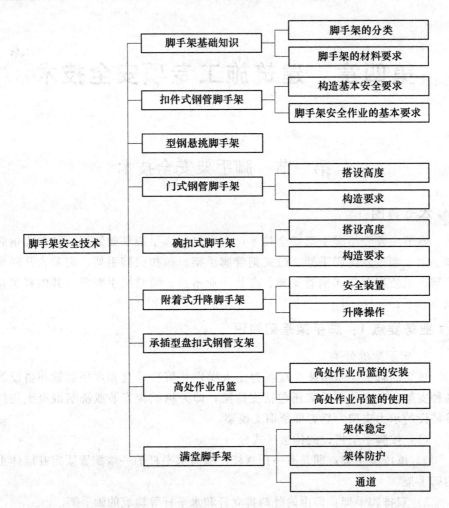

《建筑施工安全检查标准》JCJ 59—2011 将脚手架分为扣件式钢管脚手架、悬挑式脚手架、门型钢管脚手架、碗扣式脚手架、附着式升降脚手架、承插型盘扣式钢管支架、高处作业吊篮、满堂脚手架等 8 类。其中附着式升降脚手架和高处作业吊篮属工具式脚手架。

2. 脚手架的材料要求

（1）钢管

1）钢管采用外径为 48～51mm，壁厚为 3～3.5mm 的管材。

2）钢管应平直光滑，无裂纹、结疤、分层、错位、硬弯、毛刺、压痕和深的划道。

3）钢管应有产品质量合格证，钢管必须涂有防锈漆并严禁打孔。

4）钢管两端截面应平直，切斜偏差不大于 1.7mm。严禁有毛口、卷口和斜口等现象。

5）脚手架钢管的尺寸应按表 4-1 采用，每根钢管的最大重量不应大于 25kg。

表 4-1　脚手架钢管尺寸　　　　　　　　　（单位：mm）

截面尺寸		最 大 长 度	
外径 ϕ	壁厚 t	横向水平杆	其他杆
48	3.5	2200	6500
51	3		

（2）扣件

1）采用可锻造铸铁制作的扣件，其材质应符合现行国家标准《钢管脚手架扣件》（GB 15831—2006）的规定。

2）扣件必须有产品合格证或租赁单位的质量保证证明。

3）旧扣件使用前应进行质量检查，有裂纹、变形的严禁使用，出现滑丝的螺栓必须更换。

（3）木杆

1）木架手架搭设一般采用剥皮杉木、落叶松或其他坚韧的硬杂木，其材质应符合现行国家标准《木结构设计规范》GB 50005—2003 中有关规定。不得采用杨木、柳木、桦木、椴木、油松等材质松脆的树种。

2）重复使用中，凡腐朽、折裂、枯节等有疵残现象的杆件，应认真剔除，不宜采用。

3）各种杆件具体尺寸要求见表 4-2。

表 4-2　杆件尺寸要求

杆件名称	梢径/D	长度/L
立杆	180mm$\geqslant D\geqslant$70mm	$L\geqslant$6mm
纵向水平杆	杉木：$D\geqslant$80mm 落叶松：$D\geqslant$70mm	$L\geqslant$6mm
小横杆	杉木：$D\geqslant$80mm 硬木：$D\geqslant$70mm	2.3mm$>L\geqslant$2.1mm

（4）竹竿

1）竹脚手架搭设，应取用 4～6 年生的毛竹为宜，且没有虫蛀、白麻、黑斑和枯脆现象。

2）横向水平杆（小横杆）、顶杆等没有连通二节以上的纵向裂纹。立杆、纵向水平杆（大横杆）等没有连通四节以上的纵向裂纹。

3）各种杆件具体尺寸要求见表 4-3。

表 4-3　杆件尺寸要求

杆件名称	小头有效直径/D
立杆、大横杆、斜杆	脚手架总高度 H：$H<20$m，$D=60$mm； $H\geqslant20$m，$D\geqslant75$mm
小横杆	脚手架总高度 H：$H<20$m，$D=75$mm； $H\geqslant20$m，$D\geqslant90$mm
防护栏杆	$D\geqslant50$mm

（5）绑扎材料

绑扎材料根据脚手架类型选用，具体要求见表 4-4。

表 4-4　绑扎材料要求

脚手架类型	材料名称	材料要求
木脚手架	镀锌钢丝、回火钢丝	1）立杆连接必须选择 8 号镀锌钢丝或回火钢丝 2）纵横向水平杆（大小横杆）接头可以选择 10 号镀锌钢丝或回火钢丝 3）禁止绑扎钢丝重复使用，且不得有锈蚀斑痕
木脚手架	机制麻、棕绳	1）如试用期 3 个月以内或架体较低、施工荷载较小时，可以采用直径不小于 12mm 的机制麻或棕绳 2）凡受潮、变质、发霉的绳子不得使用
竹脚手架	镀锌铁丝	1）一般选用 18 号以上的规格 2）如使用 18 号镀锌铁丝应双根并联进行绑扎，每个节点应缠绕五圈以上
竹脚手架	竹篾	1）应选用新鲜竹子劈成的片条，厚度为 0.6～0.8mm，宽度为 5mm 左右，长度约 2.6m 2）要求无断腰、霉点、枯脆和六节疤或受过腐蚀 3）每个节点应使用 2～3 根进行绑扎，使用前应隔天用水浸泡 4）使用一个月应对脚手架的绑扎节点进行检查保养

（6）脚手板

脚手板可采用钢、木、竹材料制作，每块重量不宜大于 30kg。具体材料要求见表 4-5。

表 4-5　脚手板材料要求

类型	材料要求
钢脚手板	1）冲压新钢脚手板，必须有产品质量合格证 2）板长度为 1.5～3.6m，厚为 2～3mm，肋高 5cm，宽为 23～25cm 3）旧板表面锈蚀斑点直径不大于 5mm，并沿横截面方向不得多于 3 处 4）脚手板一端应压连接卡口，以便铺设时扣住另一块的端部，板面应冲有防滑圆孔 5）不得使用裂纹和凹陷变形严重的脚手板

续表

类　型		材　料　要　求
木脚手板		1）应使用厚度不小于 50mm 的杉木或松木板 2）板宽应为 200～300mm，板长一般为 3～6m，端部还应用 10～14 号钢丝绑扎，以防开裂 3）不得使用腐朽、虫蛀、扭曲、破裂和有大横透节的木板
竹脚手板	竹芭脚手板	1）用平放带竹青的竹片纵横纺织而成 2）板长一般为 2～2.5m，宽为 0.8～1.2m 3）每根竹片宽度不小于 30mm，厚度不小于 8mm，横筋一正一反，边缘处纵横筋相交点用钢丝扎紧
	竹串片脚手板	1）用螺栓将侧立的竹片并列连接而成 2）板长一般为 2～2.5m，宽为 0.25m，厚度一般不小于 50mm 3）螺栓直径为 8～10mm，间距为 500～600mm，首支螺栓离板端为 200～250mm 4）有虫蛀、枯脆、松散现象的竹脚板不得使用

（7）安全网

1）必须使用维纶、锦纶、尼龙等材料制成。

2）安全网宽度不得小于 3m，长度不得大于 6m，网眼不得大于 10cm。

3）严禁使用损坏或腐朽的安全网和丙纶网。

4）密目安全网只准做立网使用。

业务要点 2：扣件式钢管脚手架

1. 构造基本安全要求

1）脚手架构配件检查与验收要求进场钢管、扣件、脚手应规定进行质量检验，钢管上严禁打孔。

2）钢管扣件式脚手架构造要求。

① 结构尺寸要求：

常用密目式安全网全封闭单、双排脚手架结构的设计尺寸，可按表 4-6、表 4-7 采用。

表 4-6　常用密目式安全网全封闭双排脚手架结构设计尺寸

连墙件设置	立杆横距 l_b/m	步距 h/m	下列荷载时的立杆纵距 l_a/m				脚手架允许搭设高度 H/m
			2+0.35/ (kN/m²)	2+2+2×0.35/ (kN/m²)	3+0.35/ (kN/m²)	3+2+2×0.35/ (kN/m²)	
二步三跨	1.05	1.5	2.0	1.5	1.5	1.5	50
		1.80	1.8	1.5	1.5	1.5	32
	1.30	1.5	1.8	1.5	1.5	1.5	50
		1.80	1.8	1.2	1.5	1.2	30
	1.55	1.5	1.8	1.5	1.5	1.5	38
		1.80	1.8	1.2	1.5	1.2	22

连墙件设置	立杆横距 l_b/m	步距 h/m	下列荷载时的立杆纵距 l_a/m				脚手架允许搭设高度 H/m
			$2+0.35/$ (kN/m^2)	$2+2+2\times0.35/$ (kN/m^2)	$3+0.35/$ (kN/m^2)	$3+2+2\times0.35/$ (kN/m^2)	
三步三跨	1.05	1.5	2.0	1.5	1.5	1.5	43
		1.80	1.8	1.2	1.5	1.2	24
	1.30	1.5	1.8	1.5	1.5	1.2	30
		1.80	1.8	1.2	1.5	1.2	17

注：1. 表中所示 $2+2+2\times0.35(kN/m^2)$，包括下列荷载：$2+2(kN/m^2)$ 为二层装修作业层施工荷载标准值；$2\times0.35(kN/m^2)$ 为二层作业层脚手板自重荷载标准值。

2. 作业层横向水平杆间距，应按不大于 $l_a/2$ 设置。

3. 地面粗糙度为 B 类，基本风压 $W_o=0.4kN/m^2$。

表 4-7　常用密目式安全网全封闭单排脚手架结构设计尺寸

连墙件设置	立杆横距 l_b/m	步距/h	下列荷载时的立杆纵距 l_a/m		脚手架允许搭设高度 H/m
			$2+0.35/$ (kN/m^2)	$3+0.35/$ (kN/m^2)	
二步三跨	1.20	1.5	2.0	1.8	24
		1.80	1.5	1.2	24
	1.40	1.5	1.8	1.5	24
		1.80	1.5	1.2	24
三步三跨	1.20	1.5	2.0	1.8	24
		1.80	1.2	1.2	24
	1.40	1.5	1.8	1.5	24
		1.80	1.2	1.2	24

② 连墙件要求：

a. 脚手架连墙件设置的位置、数量应按专项施工方案确定，符合表 4-8 的规定。

表 4-8　扣件式钢管脚手架连墙件布置最大间距

搭设方法	高度	竖向间距/h	水平间距/l_a	每根连墙件覆盖面积/m²
双排落地	≤50m	3	3	≤40
双排悬挑	>50m	2	3	≤27
单排	≤24m	3	3	≤40

注：h—步距；l_a—纵距。

b. 连墙件的布置应符合下列规定：

（a）应靠近主节点设置，偏离主节点的距离不应大于 300mm。

（b）应从底层第一步纵向水平杆处开始设置，当该处设置有困难时，应采用其他可靠措施固定。

(c) 应优先采用菱形布置，或采用方形、矩形布置。

c. 开口型脚手架的两端必须设置连墙件，连墙件的垂直间距不应大于建筑物的层高，并且不应大于4m。

d. 连墙件中的连墙杆应呈水平设置，当不能水平设置时，应向脚手架一端下斜连接。

e. 连墙件必须采用可承受拉力和压力的构造。对高度24m以上的双排脚手架，应采用刚性连墙件与建筑物连接。

f. 当脚手架下部暂不能设连墙件时，应采取防倾覆措施。当搭设抛撑时，抛撑应采用通长杆件，并用旋转扣件固定在脚手架上，与地面的倾角应在45°~60°之间；连接点中心至主节点的距离不应大于300mm。抛撑应在连墙件搭设后再拆除。

g. 架高超过40m且有风涡流作用时，应采取抗上升翻流作用的连墙措施。

2. 脚手架安全作业的基本要求

(1) 脚手架搭设与拆除的一般要求

1) 脚手架安装与拆除人员必须是经考核合格的专业架子工，架子工应持证上岗。

2) 搭拆脚手架人员必须戴安全帽，系安全带，穿防滑鞋。

3) 当有六级强风及以上风、浓雾、雨或雪天气时应停止脚手架搭设与拆除作业。雨、雪后上架作业应有防滑措施，并应扫除积雪。

4) 夜间不宜进行脚手架搭设与拆除作业。

5) 脚手板应铺设牢靠、严实，并应用安全网双层兜底。施工层以下每隔10m应用安全网封闭。

6) 单、双排脚手架、悬挑式脚手架沿架体外围应用密目式安全网全封闭，密目式安全网宜设置在脚手架外立杆的内侧，并应与架体绑扎牢固。

7) 满堂脚手架与满堂支撑架在安装过程中，应采取防倾覆的临时固定措施。

8) 临街搭设脚手架时，外侧应有防止坠物伤人的防护措施。

9) 在脚手架上进行电、气焊作业时，应有防火措施和专人看守。

10) 工地临时用电线路的架设及脚手架接地、避雷措施等，应按现行行业标准《施工现场临时用电安全技术规范（附条文说明）》JGJ 46—2005的有关规定执行。

11) 搭拆脚手架时，地面应设围栏和警戒标志，并应派专人看守，严禁非操作人员入内。

（2）脚手架搭设的检查验收

1）脚手架及其地基基础应在下列阶段进行检查与验收：

① 基础完工后及脚手架搭设前。

② 作业层上施加荷载前。

③ 每搭设完 6～8m 高度后。

④ 达到设计高度后。

⑤ 遇有六级强风及以上风、大雨后，冻结地区解冻后。

⑥ 停用超过一个月。

2）搭设完成的脚手架应根据下列技术文件进行脚手架检查、验收：

① 相应的脚手架安全技术规范关于脚手架搭设的技术要求、允许偏差与检验方法；安装后的扣件螺栓拧紧扭力矩应采用扭力扳手检查，抽样方法应按随机分布原则进行。不合格的应重新拧紧至合格。

② 专项施工方案及变更文件。

③ 技术交底文件。

④ 构配件质量检查表。

3）脚手架使用中，应定期检查下列要求内容：

① 杆件的设置和连接，连墙件、支撑、门洞桁架等的构造应符合规范和专项施工方案的要求。

② 地基应无积水，底座应无松动，立杆应无悬空。

③ 扣件螺栓应无松动。

④ 立杆的沉降与垂直度的偏差应符合规范的规定；安全防护措施应符合本规范要求。

⑤ 应无超载使用。

（3）脚手架的使用

1）作业层上的施工荷载应符合设计要求，不得超载。不得将模板支架缆风绳、泵送混凝土和砂浆的输送管等固定在架体上；严禁悬挂起重设备，严禁拆除或移动架体上安全防护设施。

2）满堂支撑架在使用过程中，应设有专人监护施工，当出现异常情况时，应立即停止施工，并应迅速撤离作业面上人员。应在采取确保安全的措施后，查明原因，做出判断和处理。

3）不得将模板支架、缆风绳、泵送混凝土和砂浆的输送管等固定在脚手架上；脚手架不得与其他设施如井架和施工升降机运料平台、落地操作平台、防护棚等相连；严禁悬挂起重设备。

4）当有六级强风及以上风、浓雾、雨或雪天气时应停止脚手架搭设与拆除作业。

5）雨、雪后上架作业应有防滑措施，并应扫除积雪。

6）在脚手架使用期间，严禁拆除下列杆件：

① 主节点处的纵、横向水平杆，纵、横向扫地杆。

② 连墙件。

7）当在脚手架使用过程中开挖脚手架基础下的设备基础或管沟时，必须对脚手架采取加固措施。

（4）脚手架的拆除

1）脚手架拆除应按专项方案施工，拆除前应做好下列准备工作：

① 应全面检查脚手架的扣件连接、连墙件、支撑体系等是否符合构造要求。

② 应根据检查结果补充完善脚手架专项方案中的拆除顺序和措施，经审批后方可实施。

③ 拆除前应对施工人员进行交底。

④ 应清除脚手架上杂物及地面障碍物。

2）单、双排脚手架拆除作业必须由上而下逐层进行，严禁上下同时作业。连墙件必须随脚手架逐层拆除，严禁先将连墙件整层或数层拆除后再拆脚手架；分段拆除高差大于两步时，应增设连墙件加固。

3）当脚手架拆至下部最后一根长立杆的高度（约 6.5m）时，应先在适当位置搭设临时抛撑加固，再拆除连墙件。当单、双排脚手架采取分段、分立面拆除时，对不拆除的脚手架两端，应先按规范的有关规定设置连墙件和横向斜撑加固。

4）架体拆除作业应设专人指挥，当有多人同时操作时，应明确分工、统一行动，且应具有足够的操作面。

5）卸料时，各构配件严禁抛掷至地面。

6）运至地面的构配件应按本规范的规定及时检查、整修与保养，并应按品种、规格分别存放。

◎ 业务要点 3：型钢悬挑脚手架

型钢悬挑脚手架（包括卸料平台）应用较广，其安全要求有：

1）一次悬挑脚手架高度不宜超过 20m。

2）型钢悬挑梁宜采用双轴对称截面的型钢。悬挑钢梁型号及锚固件应按设计确定，钢梁截面高度不应小于 160mm。悬挑梁尾端应在两处及以上固定于钢筋混凝土梁板结构上。锚固型钢悬挑梁的 U 型钢筋拉环或锚固螺栓直径不宜小于 16mm（图 4-1）。

3）用于锚固的 U 型钢筋拉环或螺栓应采用冷弯成型。U 型钢筋拉环、锚

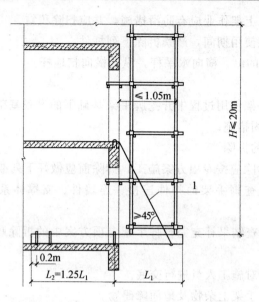

图 4-1 型钢悬挑脚手架构造（1 为钢丝绳或钢拉杆）

固螺栓与型钢间隙应用钢楔或硬木楔楔紧（图 4-2）。

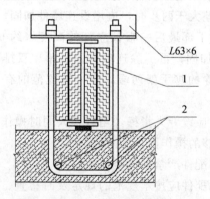

图 4-2 悬挑钢梁 U 型螺栓固定构造

1—木楔侧向楔紧　2—两根 1.5m 长直径 18mm 的 HRB335 钢筋

4）每个型钢悬挑梁外端宜设置钢丝绳或钢拉杆与上一层建筑结构斜拉结。钢丝绳、钢拉杆不参与悬挑钢梁受力计算；钢丝绳与建筑结构拉结的吊环应使用 HPB235 级钢筋，其直径不宜小于 20mm，吊环预埋锚固长度应符合现行国家标准《混凝土结构设计规范》GB 50010—2010 中钢筋锚固的规定。

5）悬挑钢梁悬挑长度应按设计确定，固定段长度不应小于悬挑段长度的 1.25 倍。型钢悬挑梁固定端应采用 2 个（对）及以上 U 型钢筋拉环或锚固螺栓与建筑结构梁板固定，U型钢筋拉环或锚固螺栓应预埋至混凝土梁、板底层钢筋位置，并应与混凝土梁、板底层钢筋焊接或绑扎牢固，其锚固长度应符合现行国家标准《混凝土结构设计规范》（GB 50010—2010）中钢筋锚固的规定（图4-3）。

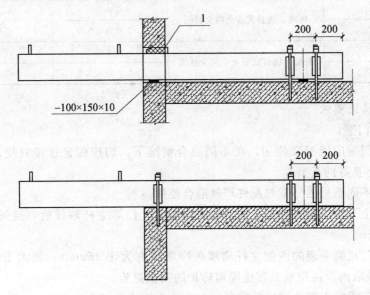

图4-3　悬挑钢梁的穿墙构造和楼面构造

1—木楔侧向楔紧

6）当型钢悬挑梁与建筑结构采用螺栓钢压板连接固定时，钢压板尺寸不应小于100mm×10mm（宽×厚）；当采用螺栓角钢压板连接时，角钢的规格不应小于63mm×63mm×6mm。

7）型钢悬挑梁悬挑端应设置能使脚手架立杆与钢梁可靠固定的定位点，定位点离悬挑梁端部不应小于100mm。

8）锚固位置设置在楼板上时，楼板的厚度不宜小于120mm。如果楼板的厚度小于120mm，应采取加固措施。

9）悬挑梁间距应按悬挑架架体立杆纵距设置，每一纵距设置一根。

10）悬挑架的外立面剪刀撑应自下而上连续设置。剪刀撑设置、连墙件设置应符合规范的规定。

11）锚固型钢的主体结构混凝土强度等级不得低于C20。

◎ 业务要点4：门式钢管脚手架

1. 搭设高度

门式钢管脚手架的搭设高度除应满足设计计算要求外，还不宜超过表4-9

的要求。

表 4-9　门式钢管脚手架的搭设高度

序号	搭 设 方 式	施工荷载标准值 $\sum Q_k/(kN/m^2)$	搭设高度/m
1	落地、密目式安全网全封闭	≤3.0	≤55
2		>3.0 且≤5.0	≤40
3	悬挑、密目式安全立网全封闭	≤3.0	≤24
4		>3.0 且≤5.0	≤18

2. 构造要求

1）门架：

① 门架应能配套使用，在不同组合情况下，均应保证连接方便、可靠，且应具有良好的互换性。

② 不同型号的门架与配件严禁混合使用。

③ 上下榀门架立杆应在同一轴线位置上，门架立杆轴线的对接偏差不应大于 2mm。

④ 门式脚手架的内侧立杆离墙面净距不宜大于 150mm；当大于 150mm时，应采取内设挑架板或其他隔离防护的安全措施。

⑤ 门式脚手架顶端栏杆宜高出女儿墙上端或檐口上端 1.5m。

2）加固杆：

① 当门式脚手架搭设高度在 24m 及以下时，在脚手架的转角处、两端及中间间隔不超过 15m 的外侧立面必须各设置一道剪刀撑，并应由底至顶连续设置。

② 当脚手架搭设高度超过 24m 时，在脚手架全外侧立面上必须设置连续剪刀撑。

③ 对于悬挑脚手架，在脚手架全外侧立面上必须设置连续剪刀撑。

④ 门式脚手架应在门架两侧的立杆上设置纵向水平加固杆，并应采用扣件与门架立杆扣紧。

⑤ 门式脚手架的底层门架下端应设置纵、横向通长的扫地杆。纵向扫地杆应固定在距门架立杆底端不大于 200mm 处的门架立杆上，横向扫地杆宜固定在紧靠纵向扫地杆下方的门架立杆上。

3）连墙件：

① 连墙件设置的位置、数量应按专项施工方案确定，并应按确定的位置设置预埋件。其要求见表 4-10。

表 4-10 门式脚手架连墙件最大间距或最大覆盖面积

序号	脚手架搭设方式	脚手架高度/m	连墙件间距/m		每根连墙件覆盖面积/m²
			竖向	水平向	
1	落地、密目式安全网全封闭	≤40	≤3h	3l	≤40
2					
3		>40	2h	3l	≤27
4	悬挑、密目式安全网全封闭	≤40	3h	3l	≤40
5		40~60	2h	3l	≤27
6		>60	2h	3l	≤20

注：表中 h 为步距，l 为跨距。

② 在门式脚手架的转角处或开口型脚手架端部，必须增设连墙件，连墙件的垂直间距不应大于建筑物的层高，且不应大于 4.0m。

③ 连墙件应靠近门架的横杆设置，距门架横杆不宜大于 200mm。连墙件应固定在门架的立杆上。

④ 连墙件宜水平设置，当不能水平设置时，与脚手架连接的一端，应低于与建筑结构连接的一端，连墙杆的坡度宜小于 1:3。

⑤ 连墙件的安装必须随脚手架搭设同步进行，严禁滞后安装。当脚手架操作层高出相邻连墙件以上两步时，在连墙件安装完毕前必须采用确保脚手架稳定的临时拉结措施。

◎ 业务要点 5：碗扣式脚手架

1. 搭设高度

双排碗扣式脚手架应按规范构造要求搭设；当连墙件按二步三跨设置，二层装修作业层、二层脚手板、外挂密目安全网封闭，且符合相应的基本风压值时，其允许搭设高度宜符合表 4-11 的规定。

表 4-11 双排碗扣式脚手架允许搭设高度

步距/m	横距/m	纵距/m	不同风压值下的允许搭设高度/m		
			0.4 (kN/m²)	0.5 (kN/m²)	0.6 (kN/m²)
1.8	0.9	1.2	68	62	52
		1.5	51	43	36
	1.2	1.2	59	53	46
		1.5	41	34	26

2. 构造要求

1）立杆：双排脚手架首层立杆应采用不同的长度交错布置，底层纵、横向横杆作为扫地杆距地面高度应小于或等于 350mm，严禁施工中拆除扫地杆，立杆应配置可调底座或固定底座。

2) 双排脚手架专用外斜杆设置应符合下列规定：

① 斜杆应设置在有纵、横向横杆的碗扣节点上。

② 在封圈的脚手架拐角处及一字形脚手架端部应设置竖向通高斜杆。

③ 当脚手架高度小于或等于 24m 时，每隔 5 跨应设置一组竖向通高斜杆；当脚手架高度大于 24m 时，每隔 3 跨应设置一组竖向通高斜杆；斜杆应对称设置。

④ 当斜杆临时拆除时，拆除前应在相邻立杆间设置相同数量的斜杆。

3) 连墙件的设置应符合下列规定：

① 连墙件应呈水平设置，当不能呈水平设置时，与脚手架连接的一端应下斜连接。

② 每层连墙件应在同一平面，其位置应由建筑结构和风荷载计算确定，且水平间距不应大于 4.5m。

③ 连墙件应设置在有横向横杆的碗扣节点处，当采用钢管扣件做连墙件时，连墙件应与立杆连接，连接点距碗扣节点距离不应大于 150mm。

④ 连墙件应采用可承受拉、压荷载的刚性结构，连接应牢固可靠。

业务要点 6：附着式升降脚手架

附着式升降脚手架是搭设一定高度并附着于工程结构上，依靠自身的升降设备和装置，可随工程结构逐层爬升或下降，并有防倾覆、防坠落装置的外脚手架。

1. 安全装置

附着式升降脚手架必须具有防倾覆、防坠落和同步升降控制的安全装置。

1) 防倾覆装置应符合下列规定：

① 防倾覆装置中必须包括导轨和两个以上与导轨连接的可滑动的导向件。

② 在防倾覆导向件的范围内应设置防倾覆导轨，且应与竖向主框架可靠连接。

③ 在升降和使用两种工况下，最上和最下两个导向件之间的最小间距不得小于 2.8m 或架体高度的 1/4。

④ 应具有防止竖向主框架倾斜的功能。

⑤ 应用螺栓与附墙支座连接，其装置与导向杆之间的间隙不应大于 5mm。

2) 防坠落装置必须符合下列规定：

① 防坠落装置应设置在竖向主框架处并附着在建筑结构上，每一升降点

不得少于一个防坠落装置，防坠落装置在使用和升降工况下都必须起作用。

② 防坠落装置必须是机械式的全自动装置，严禁使用每次升降都需重组的手动装置。

③ 防坠落装置技术性能除应满足承载能力要求外，还应符合表 4-12 的规定。

表 4-12　防坠落装置技术性能

脚手架类别	制动距离/mm
整体式升降脚手架	≤80
单片式升降脚手架	≤150

④ 防坠落装置应具有防尘、防污染的措施，并应灵敏可靠和运转自如。

⑤ 防坠落装置与升降设备必须分别独立固定在建筑结构上。

⑥ 钢吊杆式防坠落装置，钢吊杆规格应由计算确定，且不应小于 $\phi 25mm$。

3）同步控制装置应符合下列规定：

① 附着式升降脚手架升降时，必须配备有限制荷载或水平高差的同步控制系统。连续式水平支承桁架应采用限制荷载自控系统；简支静定水平桁架应采用水平高差同步自控系统；当设备受限时，可选择限制荷载自控系统。

② 限制荷载自控系统应具有超载、失载、报警和停机的功能。

③ 水平高差同步控制系统应具有下列功能：当水平支承桁架两端高差达到 30mm 时，应能自动停机；应具有显示各提升点的实际升高和超高的数据；不得采用附加重量的措施控制同步。

2. 升降操作

1）基本要求：附着式升降脚手架的升降应按升降作业程序和操作规程进行作业；操作人员不得停留在架体上；升降过程中不得有施工荷载；所有妨碍升降的障碍物应已拆除；所有影响升降作业的约束已经拆开；各相邻提升点间的高差不得大于 30mm，整体架最大升降差不得大于 80mm。

2）升降过程中应实行统一指挥、规范指令。升、降指令只能由总指挥一人下达；当有异常情况出现时，任何人均可立即发出停止指令。

3）当采用环链葫芦作升降动力时，应严密监视其运行情况，及时排除翻链、铰链和其他影响正常运行的故障。

4）当采用液压升降设备作升降动力时，应排除液压系统的泄漏、失压、颤动、液压缸爬行和不同步等问题和故障，确保正常工作。

5）架体升降到位后，应及时按使用状况要求进行附着固定。在没有完成架体固定工作前，施工人员不得擅自离岗或下班。

6）附着式升降脚手架架体升降到位固定后，应按规定进行检查，合格后方可使用；遇五级及以上大风和大雨、大雪、浓雾和雷雨等恶劣天气时，不得进行升降作业。

业务要点 7：承插型盘扣式钢管支架

承插型盘扣式钢管支架由立杆、水平杆、斜杆、可调底座及可调托座等构配件构成。立杆采用套管承插连接，水平杆和斜杆采用杆端扣接头卡入连接盘，用楔形插销快速连接，形成结构几何不变体系的钢管支架（简称速接架），根据其用途可分为脚手架与模板支架两类。

承插型盘扣式钢管支架的基本安全要求有：

1）搭设双排脚手架的高度在 24m 以下时，可按构造搭设；超过 24m 时，应进行设计计算，并编制专项施工方案。作为模板支架搭设时不宜超过 24m。

2）插销外表面应与水平杆和料杆杆端扣接头内表面吻合，插销连接应保证锤击自锁后不拔脱，抗拔力不得小于 3kN。

3）插销应具有可靠防拔脱构造措施，且应设置便于目视检查楔入深度的刻痕或颜色标记。

4）用作模板支架时，可调托座伸出顶层水平杆或双槽钢托梁的悬臂长度严禁超过 650mm，且丝杆外露长度严禁超过 400mm，可调托座插入立杆或双槽钢托梁长度不得小于 150mm。

5）搭设双排脚手架时，搭设高度不宜大于 24m，可根据使用要求选择架体几何尺寸，相邻水平杆步距宜选用 2m，立杆纵距宜选用 1.5m 或 1.8m，且不宜大于 2.1m，立杆横距宜选用 0.9m 或 1.2m。脚手架首层立杆宜采用不同长度的立杆交错布置，错开立杆竖向距离不应小于 500mm。

6）双排脚手架的斜杆或剪刀撑设置应符合下列要求：沿架体外侧纵向每 5 跨每层应设置一根竖向斜杆或每 5 跨间应设置扣件钢管剪刀撑，端跨的横向每层应设置竖向斜杆。

7）连墙件的设置应符合下列规定：连墙件必须采用可承受拉压荷载的刚性杆件，连墙件与脚手架立面及墙体应保持垂直，同一层连墙件宜在同一平面，水平间距不应大于 3 跨，与主体结构外侧面距离不宜大于 300mm；连墙件应设置在有水平杆的盘扣节点旁，连接点至盘扣节点距离不应大于 300mm；采用钢管扣件作连墙杆时，连墙杆应采用直角扣件与立杆连接。当脚手架下部暂不能搭设连墙件时，宜外扩搭设多排脚手架并设置斜杆形成外侧斜面状附加梯形架，待上部连墙件搭设后方可拆除附加梯形架。

业务要点 8：高处作业吊篮

高处作业吊篮是指悬挑机构架设于建筑物或构筑物上，利用提升机驱动悬吊平台，通过钢丝绳沿建筑物或构筑物立面上下运行的施工设备，也是为操作人员设置的作业平台。

1. 高处作业吊篮的安装

1）高处作业吊篮安装时应按专项施工方案，在专业人员的指导下实施。

2）安装作业前，应划定安全区域，并应排除作业障碍。

3）高处作业吊篮组装前应确认结构件、紧固件已经配套且完好，其规格型号和质量应符合设计要求。

4）高处作业吊篮所用的构配件应是同一厂家的产品。

5）在建筑物屋面上进行悬挂机构的组装时，作业人员应与屋面边缘保持2m以上的距离。组装场地狭小时应采取防坠落措施。

6）悬挂机构宜采用刚性联结方式进行拉结固定。

7）悬挂机构前支架严禁支撑在女儿墙上、女儿墙外或建筑物挑檐边缘。

8）前梁外伸长度应符合高处作业吊篮使用说明书的规定。

9）悬挑横梁前高后低，前后水平高差不应大于横梁长度的2％。

10）配重件应稳定可靠地安放在配重架上，并应有防止随意移动的措施。严禁使用破损的配重件或其他替代物。配重件的重量应符合设计规定。

11）安装时钢丝绳应沿建筑物立面缓慢下放至地面，不得抛掷。

12）当使用两个以上的悬挂机构时，悬挂机构吊点水平间距与吊篮平台的吊点间距应相等，其误差不应大于50mm。

13）悬挂机构前支架应与支撑面保持垂直，脚轮不得受力。

14）安装任何形式的悬挑结构，其施加于建筑物或构筑物支承处的作用力，均应符合建筑结构的承载能力，不得对建筑物和其他设施造成破坏和不良影响。

15）高处作业吊篮安装和使用时，在10m范围内如有高压输电线路，应按照现行行业标准《施工现场临时施工用电安全技术规范（附条文说明）》JGJ 46—2005的规定，采取隔离措施。

2. 高处作业吊篮的使用

1）高处作业吊篮应设置作业人员专用的挂设安全带的安全绳及安全锁扣。安全绳应固定在建筑物可靠位置上，不得与吊蓝上任何部位有连接，安全绳和安全锁扣应完好并应符合相应规定。

2）吊篮宜安装防护棚，防止高处坠物造成作业人员伤害。

3）吊篮应安装上限位装置，宜安装下限位装置。

4）使用吊蓝作业时，应排除影响吊篮正常运行的障碍。在吊篮下方可能造成坠落物伤害的范围，设置安全隔离区和警告标志，人员、车辆不得停留、通行。

5）在吊篮内从事安装、维修等作业时，操作人员应配戴工具袋。

6）使用境外吊篮设备应有中文使用说明书；产品的安全性能应符合我国的现行标准。

7）不得将吊篮作为垂直运输设备，不得采用吊篮运输物料。

8）吊篮内作业人员不应超过 2 个。

9）吊篮正常工作时，人员应从地面进入吊蓝，不得从建筑物顶部、窗口等处或其他孔洞处出入吊篮。

10）在吊篮内的作业人员应佩戴安全帽，系安全带，并应将安全锁扣正确挂置在独立设置的安全绳上。

11）吊篮平台内应保持荷载均衡，严禁超载运行。

12）吊篮做升降运行时，工作平台两端高差不得超过 150mm。

13）使用离心触发式安全锁的吊篮在空中停留作业时，应将安全锁锁定在安全绳上；空中启动吊篮时，应先将吊篮提升使安全绳松弛后再开启安全锁。不得在安全绳受力时强行扳动安全锁开启手柄；不得将安全锁开启手柄固定于开启位置。

14）吊蓝悬挂高度在 60m 及其以下的，宜选用长边不大于 7.5m 的吊篮平台；悬挂高度在 100m 及其以下的，宜选用长边不大于 5.5m 的吊篮平台；悬挂高度在 100m 以上的，宜选用不大于 2.5m 的吊篮平台。

15）进行喷涂作业或使用腐蚀性液体进行清洗作业时，应对吊篮的提升机、安全锁、电气控制柜采取防污染、防腐蚀保护措施。

16）悬挑结构平行移动时，应将吊篮平台降落至地面，并应使其钢丝绳处于松弛状态。

17）在吊篮内进行电焊作业时，应对吊篮设备、钢丝绳、电缆采取保护措施。不得将电焊机放置在吊篮内；电焊缆线不得与吊篮任何部位接触；电焊钳不得搭挂在吊篮上。

18）在高温、高湿等不良气候和环境条件下使用吊篮时，应采取相应的安全技术措施。

19）当吊篮施工遇有雨雪、大雾、风沙及 5 级以上大风等恶劣天气时，应停止作业，并将吊篮平台停放至地面，同时对钢丝绳、电缆进行绑扎固定。

20）当施工中发现吊篮设备故障和安全隐患时，应及时排除；对可能危及人身安全的，必须停止作业，并应由专业人员进行维修。维修后的吊篮应重新进行验收检查，合格后方可使用。

21）下班后，不得将吊篮停留在半空中，应将吊篮放至地面。人员离开吊篮，进行吊篮维修或每日收工后应将主电源切断，并将电气柜中各开关置于断开位置并加锁。

业务要点 9：满堂脚手架

满堂式脚手架是在纵、横方向，由不少于三排立杆并与水平杆、水平剪刀撑、竖向剪刀撑等构成的脚手架。其检查评定应当符合现行《建筑施工扣件式钢管脚手架安全技术规范》JGJ 130—2011 以及其他现行脚手架安全技术规范的规定。一般安全要求有：

1. 架体稳定

1）架体周圈与中部应按规范要求设置竖向剪刀撑及专用斜杆。

2）架体应按规范要求设置水平剪刀撑或水平斜杆。

3）架体高宽比大于 2 时，应按规范要求与建筑结构刚性连接或扩大架体底脚。

2. 架体防护

1）作业层应在外侧立杆 1.2m 和 0.6m 高度设置上、中两道防护栏杆。

2）作业层外侧应设置高度不小于 180mm 的挡脚板。

3）架体作业层脚手板下应用安全平网双层兜底，以下每隔 10m 应用安全平网封闭。

3. 通道

架体必须设置符合规范要求的上下通道。

第二节　高处作业安全技术

本节导图：

本节主要介绍高处作业安全技术，内容包括高处作业的定义、高处作业的分级与分类、高处作业的基本安全要求、临边作业、洞口作业、攀登作业、悬空作业、操作平台及交叉作业、建筑施工安全"三宝"等。其内容关系框图如下：

业务要点 1：高处作业的定义

凡在坠落高度基准面 2m 以上（含 2m）有可能坠落的高处进行的作业均称高处作业。所谓高处作业是指人在一定位置为基准的高处进行的作业。国家标准《高处作业分级》GB/T 3608—2008 规定："凡在坠落高度基准面 2m 以上（含 2m）有可能坠落的高处进行的作业，都称为高处作业。"根据这一规定，在建筑业中高处作业的范围是相当广泛的。在建筑物内作业时，若在 2m 以上的架子上进行操作，即为高处作业。

业务要点 2：高处作业的分级与分类

1. 高处作业的分级

1) 高处作业高度在 2～5m 时，称为一级高处作业。

2) 高处作业高度在 5～15m 时，称为二级高处作业。

3) 高处作业高度在 15～30m 时，称为三级高处作业。

4) 高处作业高度在 30m 以上时，称为特级高处作业。

2. 高处作业的分类

高处作业的种类分为一般高处作业和特殊高处作业两种。

特殊高处作业包括以下几个类别：

1）在阵风风力 6 级（风速 10.8m/s）以上的情况下进行的高处作业，称为强风高处作业。

2）在高温或低温环境下进行的高处作业，称为异温高处作业。

3）降雪时进行的高处作业，称为雪天高处作业。

4）降雨时进行的高处作业，称为雨天高处作业。

5）室外完全采用人工照明时进行的高处作业，称为夜间高处作业。

6）在接近或接触带电体条件下进行的高处作业，统称为带电高处作业。

7）在无立足点或无牢靠立足点的条件下，进行的高处作业，统称为悬空高处作业。

8）对突然发生的各种灾害事故，进行抢救的高处作业，称为抢救高处作业。

◎ 业务要点 3：高处作业的基本安全要求

从事高处作业的人员要佩戴安全帽、安全带等安全防护用具。安全带必须系挂在施工作业处上方的牢固构件上，防止挂钩滑脱，不得系挂在有尖锐棱角位，系挂点下方应有足够的净空，各种部件不得任意拆除，有损坏的不得使用。安全带应高挂低用，不得采用低于腰部水平的系挂方法。

作业点下方要设安全警戒区，有明显警戒标志，并设专人监护，提醒作业人员和其他有关人员注意安全。禁区围栏（墙）与作业位置外侧间距一般为：Ⅰ级高处作业为 2～4m；Ⅱ级高处作业为 3～6m；Ⅲ级高处作业为 4～8m；Ⅳ级高处作业为 5～10m。任何人不准在禁区内休息或工作。

◎ 业务要点 4：临边作业

1. 临边作业防护措施

对临边高处作业必须设置防护措施，并符合下列规定：

1）基坑周边，尚未安装栏杆或栏板的阳台、料台与挑平台周边，雨篷与挑檐边，无外脚手的屋面与楼层周边及水箱与水塔周边等处，都必须设置防护栏杆。

2）头层墙高度超过 3.2m 的二层楼面周边，以及无外脚手的高度超过 3.2m 的楼层周边，必须在外围架设安全平网一道。如图 4-4 所示。

根据建设部颁发的《建筑施工安全检查标准》JGJ 59—2011 的规定，取消了平网在落地式脚手架外围的使用，改为立网全封闭。立网应该使用密目式安全网，其标准是：密目密度不低于 2000 个/cm²；做耐贯穿试验（将网与

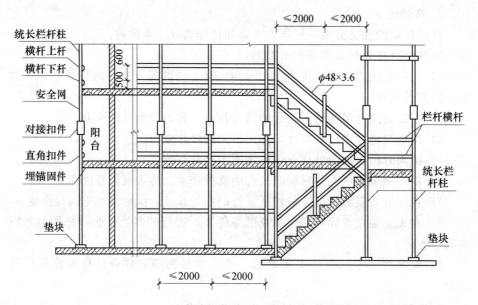

图 4-4　楼梯、楼层和阳台临边防护栏杆

地面成 300°夹角，在其中心上方 3m 处，用 5kg 重的 φ48～51mm 钢管垂直自由落下）不穿透。

3）分层施工的楼梯口和梯段边，必须安装临时护栏。回转式楼梯间应支设首层水平安全网，每隔 4 层设一道水平安全网。对于主体工程上升阶段的顶层楼梯口应随工程结构进度安装正式防护栏杆。

4）井架与建筑物通道的两侧边，必须设防护栏杆。地面通道上部应装设安全防护棚。双笼井架通道中间应予分隔封闭。

5）各种垂直运输接料平台，除两侧设防护栏杆外，平台口还应设置安全门或活动防护栏杆。

6）阳台栏板应随工程结构进度及时进行安装。

2. 临边防护栏杆杆件规格与连接要求

临边防护栏杆杆件的规格及连接要求，应符合下列规定：

1）毛竹横杆小头直径不应小于 70mm，栏杆柱小头直径不应小于 80mm，用不小于 16 号的镀锌钢丝、竹篾或塑料篾绑扎，不应少于 3 圈，并无泻滑。

2）原木横杆上杆梢直径不应小于 70mm，下杆梢直径不应小于 60mm，用不小于 12 号的镀锌钢丝、竹篾或塑料篾绑扎，不应少于 3 圈，要求表面平顺和稳固无动摇。

3）钢筋横杆上杆直径不应小于 16mm，下杆直径不应小于 14mm，栏杆柱直径不应小于 18mm，采用电焊或镀锌钢丝绑扎固定。

4）钢管横杆及栏杆柱均应采用 48mm×（2.75～3.5）mm 的管材，以扣件或电焊固定。

5）以其他钢材如角钢等作防护栏杆时，应选用强度相当的规格，以电焊固定。

3. 防护栏杆搭设要求

搭设临边防护栏杆时，必须符合下列要求：

1）防护栏杆应由上、下两道横杆及栏杆柱组成，上杆离地高度为 1.0～1.2m，下杆离地高度为 0.5～0.6m。坡度大于 1：22 的屋面，防护栏杆高应为 1.5m，并加挂安全立网。除经设计计算外，横杆长度大于 2m 时，必须加设栏杆柱。

2）栏杆柱的固定：

①当在基坑四周固定时，可采用钢管并打入地面 50～70cm 深。钢管离边口的距离，不应小于 50cm。当基坑周边采用板桩时，钢管可打在板桩外侧。

②当在混凝土楼面、屋面或墙面固定时，可用预埋件与钢管（钢筋）焊牢。当采用竹、木栏杆时，可在预埋件上焊接 30cm 长的 ∟50×5 角钢，其上下各钻一孔，然后用 10mm 螺栓与竹、木杆件拴牢。

③当在砖或砌块等砌体上固定时，可预先砌入规格相适应的 -80×6 弯转扁钢作预埋铁的混凝土块，然后用与楼面、屋面相同的方法固定。

3）栏杆柱的固定及其与横杆的连接，其整体构造应使防护栏杆在上杆任何处，能经受任何方向的 1000N 外力。当栏杆所处位置有发生人群拥挤、车辆冲击或物件碰撞等可能时，应加大横杆截面或加密柱距。

4）防护栏杆必须自上而下用安全立网封闭，或在栏杆下边设置严密固定的高度不低于 180mm 的挡脚板或 400mm 的挡脚笆。挡脚板与挡脚笆上如有孔眼，不应大于 25mm。板与笆下边距离底面的空隙不应大于 10mm。

但接料平台两侧的栏杆必须自上而下加挂安全立网。当临边的外侧面临街道时，除防护栏杆外，敞口立面必须采用满挂安全网或其他可靠措施作全封闭处理。

业务要点 5：洞口作业

1. 孔、洞的定义

《建筑施工高处作业安全技术规范》JGJ 80—1991 关于孔、洞的定义如下：

（1）孔　指楼板、屋面、平台等面上，短边尺寸小于 25cm 的孔洞；墙上，高度小于 75cm 的孔洞。

（2）洞　指楼板、屋面、平台等面上，短边尺寸等于或大于 25cm 的孔洞；墙上，高度大于或等于 75cm，宽度大于 45cm 的孔洞。

2. 洞口作业的防护措施

洞口作业是指洞与孔边口旁的高处作业，包括施工现场及通道旁深度在 2m 及 2m 以上的桩孔、人孔、沟槽与管道、孔洞等边沿上的作业。

1）进行洞口作业以及在因工程和工序需要而产生的，使人与物有坠落危险或危及人身安全的其他洞口进行高处作业时，必须按下列规定设置防护设施。

①板与墙的洞口，必须设置牢固的盖板、防护栏杆、安全网或其他防坠落的防护设施。

②电梯井口必须设防护栏杆或固定栅门；电梯井内应每隔两层并最多隔 10m 设一道安全网。

③钢管桩、钻孔桩等桩孔上口，杯形、条形基础上口，未填土的坑槽，以及人孔、天窗、地板门等处，均应按洞口防护设置稳固的盖件。

④施工现场通道附近的各类洞口与坑槽等处，除设置防护设施与安全标志外，夜间还应设红灯示警。

2）洞口根据具体情况采取设防护栏杆、加盖件、张挂安全网与装栅门等措施时，必须符合下列要求。

①楼板、屋面和平台等面上短边尺寸小于 25cm 但大于 2.5cm 的孔口，必须用坚实的盖板盖没。盖板应防止挪动移位。

②楼板面等处边长为 25～50cm 的洞口、安装预制构件时的洞口及缺件临时形成的洞口，可用竹、木等做盖板盖住洞口。盖板须能保持四周搁置均衡，并有固定其位置的措施。

③边长为 50～150cm 的洞口，必须设置以扣件扣接钢管而成的网格，并在其上满铺竹笆或脚手板。也可采用贯穿于混凝土板内的钢筋构成防护网，钢筋网格间距不得大于 20cm。

④边长在 150cm 以上的洞口，四周设防护栏杆，洞口下张设安全平网。

⑤垃圾井道和烟道，应随楼层的砌筑或安装而消除洞口，或参照预留洞口作防护。管道井施工时，除按上办理外，还应加设明显的标志。如有临时性拆移，需经施工负责人核准，工作完毕后必须恢复防护设施。

⑥位于车辆行驶道旁的洞口、深沟与管道坑、槽，所加盖板应能承受不小于当地额定卡车后轮有效承载力 2 倍的荷载。

⑦墙面等处的竖向洞口，凡落地的洞口应加装开关式、工具式或固定式的防护门，门栅网格的间距不应大于 15cm；也可采用防护栏杆，下设挡脚板（笆）。

⑧下边沿至楼板或底面低于 80cm 的窗台等竖向洞口，当侧边落差大于

2m 时，应加设 1.2m 高的临时护栏。

⑨对邻近的人与物有坠落危险性的其他竖向的孔、洞口，均应用钢板或钢筋制成的盖板加以防护，并有固定其位置的措施。

3）洞口防护设施的构造型式如图 4-5、图 4-6、图 4-7 所示。

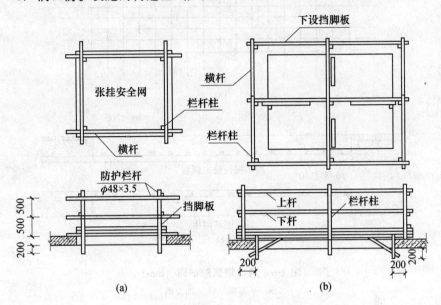

图 4-5　洞口防护栏杆（mm）

（a）边长 1500～2000 的洞口　（b）边长 2000～4000 的洞口

业务要点 6：攀登作业

在施工现场，凡借助于登高用具或登高设施，在攀登条件下进行的高处作业，称为攀登作业。攀登作业容易发生危险，因此在施工过程中，各类人员都应在规定的通道内行走，不允许在阳台间与非正规通道作登高或跨越，也不能利用傍架或脚手架杆件等施工设备进行攀登。

1. 登高用梯的使用要求

1）不得有缺档，因其极易导致失足，尤其对过重或较弱的人员危险性更大。

2）梯脚底部除须坚固外，还须采取包紧、钉胶皮、锚固或夹牢等措施，以防滑跌倾倒。

3）接长时，接头只允许有一处，且连接后梯梁强度不变。

4）常用固定式直爬梯的材料、宽度、高度及构造等许多方面，标准内都有具体规定，不得违反。

5）上下梯子时，必须面向梯子，且不得手持器物。

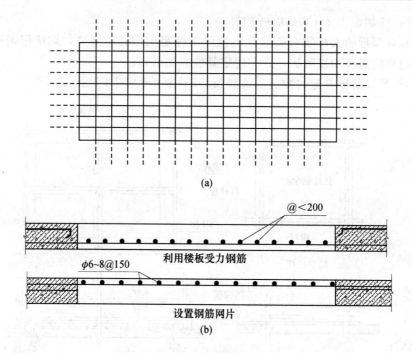

(a)

(b)

图 4-6　洞口钢筋防护网（mm）

（a）平面图　（b）剖面图

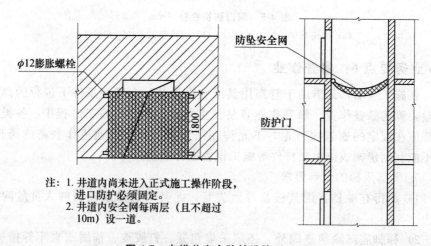

注：1. 井道内尚未进入正式施工操作阶段，
　　进口防护必须固定。
　　2. 井道内安全网每两层（且不超过
　　10m）设一道。

图 4-7　电梯井安全防护设施（mm）

2. 钢结构安装用登高设施的防护要求

1）钢柱安装登高时，应使用钢挂梯或设置在钢柱上的爬梯，挂梯构造如图 4-8 所示。

钢柱的接柱应使用梯子或操作台。操作台横杆的高度，当无电焊防风要

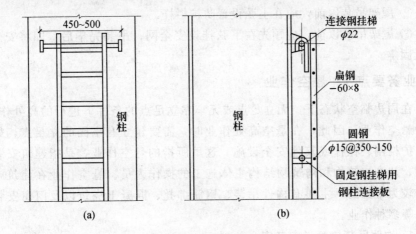

图 4-8 钢柱登高挂梯

（a）立面图 （b）剖面图

求时，其不宜小于 1m；当有电焊防风要求时，其不宜小于 1.8m，如图 4-9 所示。

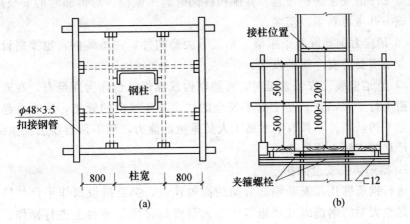

图 4-9 钢柱接柱用操作台

（a）平面图 （b）立面图

2）登高安装钢梁时，应视钢梁高度，在两端设置挂梯或搭设钢管脚手架。梁面上需行走时，其一侧的临时护栏横杆可采用钢索；当改用扶手绳时，绳的自然下垂度不应大于 L/20（L 为绳的长度），并应控制在 10cm 以内。

3）钢屋架的安装，应遵守下列规定。

① 在屋架上下弦登高操作时，对于三角形屋架应在屋脊处，梯形屋架应在两端，设置攀登时上下的梯架。材料可选用毛竹或原木，踏步间距不应大于 40cm，毛竹梢径不应小于 70mm。

② 屋架吊装以前，应在上弦设置防护栏杆。

③ 屋架吊装以前，应预先在下弦挂设安全网；吊装完毕后，即将安全网铺设固定。

业务要点 7：悬空作业

在周边临空状态下，无立足点或无牢靠立足点的条件下进行的高处作业，称为悬空作业。因此，在悬空高处作业时，需要建立有牢固的立足点，如设置防护栏网、栏杆或其他安全设施。这里所指的悬空作业，是指建筑安装工程中，从事建筑物和构筑物结构主体施工的操作人员。悬空作业在建筑施工现场较为常见的，主要有构件吊装、钢筋绑扎、混凝土浇筑以及门窗安装和油漆等多种作业。

1. 构件吊装与管道安装安全防护

1）构件吊装：

① 钢结构吊装应尽量先在地面上组装构件，避免或减少在悬空状态下进行的作业，同时还要预先搭设好在高处要进行的临时固定、电焊、高强螺栓连接等工序的安全防护设施，并随构件同时起吊就位。对拆卸时的安全措施，也应该一并考虑和予以落实。

② 预应力钢筋混凝土屋架、桁架等大型构件，在吊装前，也要搭设好进行作业所需要的安全防护设施。

2）管道安装：安装管道时，可将结构或操作平台作为立足点，在安装中的管道上行走和站立，是十分不安全的。尤其是横向的管道，尽管看起来表面上是平的，但并不具有承载施工人员重量的能力，稍不留意就会发生危险。所以严格禁止站立或依靠。

2. 钢筋绑扎安全防护

进行钢筋绑扎和安装钢筋骨架的高处作业，都要搭设操作平台和挂安全网。悬空大梁的钢筋绑扎，施工作业人员要站在操作平台上进行操作。绑扎柱和墙的钢筋，不能在钢筋骨架上站立或攀登上下。绑扎 2m 以上的柱钢筋，还需在柱的周围搭设作业平台。2m 以下的钢筋，可在地面或楼面上绑扎，然后竖立。

3. 混凝土浇筑的安全防护

1）浇筑离地面高度 2m 以上的框架、过梁、雨篷和小平台等，需搭设操作平台，不得站在模板或支撑杆件上操作。

2）浇筑拱形结构，应自两边拱角对称地相向进行。浇筑储仓，下口应先行封闭，并搭设脚手架以防人员坠落。

3）特殊情况下进行浇筑，如无安全设施，必须系好安全带，并扣好保险钩或架设安全网防护。

4. 支搭和拆卸模板时的安全防护

1）支撑和拆卸模板，应按规定的作业程序进行。前一道工序所支的模板未固定前，不得进行下一道工序。严禁在连接件和支撑件上攀登上下，并严禁在上下同一垂直面上装、卸模板。结构复杂的模板，其装、卸应严格按照施工组织设计的措施规定执行。支大空间模板的立柱的竖、横向拉杆必须牢固稳定。防止立柱走动发生坍塌等事故。

2）支设高度在 2m 以上的柱模板，四周应设斜撑，并设有操作平台。低于 2m 的可使用马凳操作。

3）支搭悬挑式模板时，应有稳固的立足点。支搭凌空构筑物模板时，应搭设支架或脚手架。模板面上有预留洞时，应在安装后将洞口盖严。混凝土板面拆模后，形成的临边或洞口，必须按有关规定予以安全防护。

4）拆模高处作业，应配置登高用具或设施，不得冒险操作。

5. 门窗工程悬空作业的安全操作规定

1）安装和油漆门、窗及安装玻璃时，严禁操作人员站在樘子或阳台栏板上操作。门、窗临时固定，封填材料未达到强度，以及电焊时，严禁手拉门、窗或进行攀登。

2）在高处外墙安装门、窗无外脚手架时，应张挂水平安全网。无水平安全网时，操作人员必须系好安全带，其保险钩应挂在操作人员上方的可靠物体上，并设专门人员加以监护，以防脱钩酿成事故。

3）进行高处窗户、玻璃安装和油漆作业时，操作人员的重心应位于室内，并系好安全带进行操作。

◎ 业务要点 8：操作平台及交叉作业

1. 操作平台

现场施工中用以站人、载物并可进行操作的平台称为操作平台。

（1）**移动式操作平台**　是指可以搬动的用于结构施工、室内装饰和水电安装等操作平台。

移动式操作平台必须符合以下规定方可使用（见图 4-10）：

① 操作平台由专业技术人员按现行的相应规范进行设计，计算及图样应编入施工组织设计。

② 操作平台面积不应超过 10m²，高度不应超过 5m。同时必须进行稳定计算，并采取措施减少立柱的长细比。

③ 装设轮子的移动式操作平台，连接应牢固可靠，立杆底端离地面不得大于 80mm。

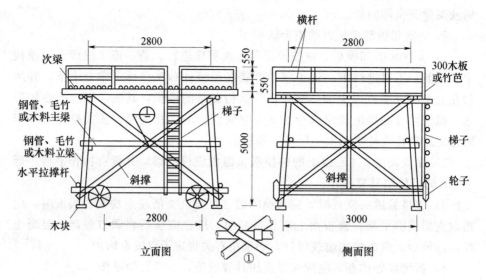

图 4-10　移动式操作平台（mm）

　　④ 操作平台采用 $\phi(48\sim51)$mm×3.5mm 钢管扣件连接，亦可采用门架式部件，按产品要求进行组装。平台的次梁间距不应大于 40cm，台面应满铺5cm 厚的木板或竹笆。

　　⑤ 操作平台四周必须设置防护栏杆，并应设置登高扶梯。

　　⑥ 移动式操作平台在移动时，平台上的操作人员必须撤离，不准上面载人移动平台。

　　（2）悬挑式钢平台　是指可以吊运和搁置于楼层边的用于接送物料和转运模板等的悬挑式的操作平台，通常采用钢构件制作。

　　悬挑式钢平台必须符合以下规定方可使用（见图 4-11）：

　　① 按现行规范进行设计，其结构构造应能防止左右晃动，计算书及图样应编入施工组织设计或专项方案，并按规定进行审批。

　　② 悬挑式钢平台的搁支点与上部拉结点必须位于建筑物上，不得设置在脚手架等施工设施上。

　　③ 斜拉杆或钢丝绳，构造上宜两边各设置前后两道，两道中的每一道均应作单道受力计算。应设 4 只吊环（经验算），吊环用甲类 3 号沸腾钢（不得使用螺纹钢）。

　　④ 安装、吊运时应用卸扣（甲）。钢丝绳绳卡应按规定设置（不少于 3只），钢丝绳与建筑物（柱、梁等）锐角利口处应加软垫物。钢平台外口略高于内口，周边设置固定的防护栏杆，并用结实的挡板进行围挡。钢平台底板不得有破损。

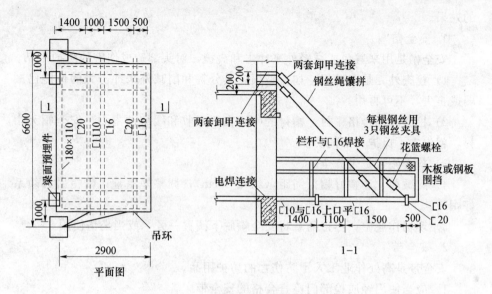

图 4-11 悬挑式钢平台（mm）

⑤ 钢平台搭设完毕后应组织专业人员进行验收，合格后挂牌方可使用，同时挂设限载重量牌以及操作规程牌。

2. 交叉作业

在施工现场的上下不同层次，于空间贯通状态下同时进行的高处作业称为交叉作业。交叉作业的安全防护措施有：

1）支模、粉刷、砌墙等各工种进行立体交叉作业时，不得在同一垂直方向上操作。下层作业的位置，必须处于依上层高度确定的可能坠落范围半径之外。不符合以上条件时，应设置安全防护层。

2）钢模板、脚手架等拆除时，下方不得有其他操作人员。

3）钢模板部件拆除后，临时堆放处距楼层边沿不应小于 1m。楼层边口、通道口、脚手架边缘等处，严禁堆放任何拆下物件。

4）结构施工自二层起，凡人员进出的通道口（包括井架、施工用电梯的进出通道口）均应搭设安全防护棚。高度超过 24m 的层次上的交叉作业，应设双层防护棚。

5）由于上方施工可能坠落物件或处于起重机扒杆回转范围之内的通道，在其受影响的范围内，必须搭设顶部能防止穿透的双层防护棚。

业务要点 9：建筑施工安全"三宝"

"三宝"是指现场施工作业中必备的安全帽、安全带和安全网。操作工人进入施工现场首先必须熟练掌握"三宝"的正确使用方法，以达到辅助预防的效果。

1. 安全帽

安全帽是用来避免或减轻外来冲击和碰撞，对头部造成伤害的防护用品。

1）检查外壳是否破损，如有破损，其分解和削减外来冲击力的性能已减弱或丧失，不可再用。

2）检查有无合格帽衬，帽衬的作用在于吸收和缓解冲击力，安全帽无帽衬，就失去了保护头部的功能。

3）检查帽带是否齐全。

4）配戴前，调整好帽衬间距（约 4～5cm），调整好帽箍；戴帽后必须系好帽带。

5）现场作业中，不得随意将安全帽脱下搁置一旁，或当坐垫使用。

2. 安全带

安全带是高处作业工人预防伤亡的防护用品。

1）应当使用经质检部门检查合格的安全带。

2）不得私自拆换安全带的各种配件；在使用前，应仔细检查各部分构件无破损时才能佩系。

3）使用过程中，安全带应高挂低用，并防止摆动、碰撞，避开尖刺和不接触明火，不能将钩直接挂在安全绳上，一般应挂到连接环上。

4）严禁使用打结和继接的安全绳，以防坠落时腰部受到较大冲力伤害。

5）作业时应将安全带的钩、环牢挂在系留点上，各卡接扣紧，以防脱落。

6）在温底较低的环境中使用安全带时，要注意防止安全绳的硬化割裂。

7）使用后，将安全带、绳卷成盘放在无化学试剂、阳光的场所中，切不可折叠。在金属配件上涂些机油，以防生锈。

8）安全带的使用期为 3～5 年，在此期间安全绳磨损时应及时更换，如果带子破裂应提前报废。

3. 安全网

安全网是用来防止人、物坠落，或用来避免、减轻坠落及物击伤害的网具。

1）施工现场使用的安全网必须有产品质量检验合格证，旧网必须有允许使用的证明书。

2）根据安装形式和使用目的，安全网可分为平网和立网。施工现场立网不能代替平网。

3）安装前必须对网及支撑物（架）进行检查，要求支撑物（架）有足够的强度、刚性和稳定性，且系网处无撑角及尖锐边缘，确认无误时方可安装。

4）安全网搬运时，禁止使用钩子，禁止把网拖过粗糙的表面或锐边。

5）在施工现场，安全网的支搭和拆除要严格按照施工负责人的安排进行，不得随意拆毁安全网。

6）在使用过程中，不得随意向网上乱抛杂物或撕坏网片。

7）安装时，在每个系结点上，边绳应与支撑物（架）靠紧，并用一根独立的系绳连接，系结点沿网边均匀分布，其距离不得大于 750mm。系结点应符合打结方便、连接牢固又容易解开，受力后又不会散脱的原则。有筋绳的网在安装时，也必须把筋绳连接在支撑物（架）上。

8）多张网连接使用时，相邻部分应靠紧或重叠，连接绳材料与网相同，强力不得低于网绳强力。

9）安装平网应外高里低，以 15° 为宜，网不宜绑紧。

10）装立网时，安装平面应与水平面垂直，立网底部必须与脚手架全部封严。

11）要保证安全网受力均匀。必须经常清理网上落物，网内不得有积物。

12）安全网安装后，必须经专人检查验收合格签字后才能使用。

第三节　施工用电安全技术

本节导图：

本节主要介绍施工用电安全技术，内容包括施工临时用电组织设计，外电线路安全技术要求，接地接零安全技术，防雷安全技术，配电室及临时用电线路架设安全技术，配电箱、开关箱安全技术，现场照明安全技术等。其内容关系框图如下：

业务要点 1：施工临时用电组织设计

1. 编制说明

根据《施工现场临时用电安全技术规范（附条文说明）》JGJ 46—2005 的规定：临时用电设备在 5 台以上或设备总容量在 50kW 及 50kW 以上者，应编制临时用电施工组织设计。

编制临时用电施工组织设计的目的在于使施工现场临时用电工程有一个可遵循的科学依据，从而保障其运行的安全可靠性。临时用电施工组织设计作为临时用电工程的主要技术资料，有助于加强对临时用电工程的技术管理，从而保障其使用的安全和可靠性。因此，编制临时用电施工组织设计是保障施工现场临时用电安全可靠的、首要的、不可缺少的基础性技术措施。

临时用电施工组织设计的任务是为现场施工设计一个完备的临时用电工

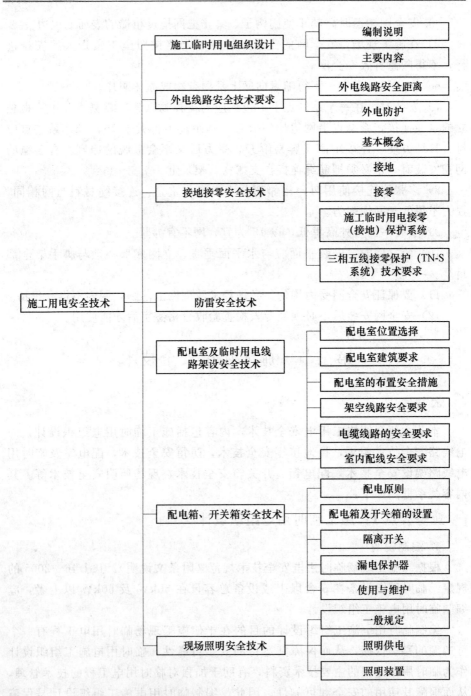

程，制订一套安全用电技术措施和电气防火措施，即所设计的临时用电的要求，同时还要兼顾用电的方便和经济。

2. 主要内容

（1）工程概况

1）工程名称。

2）工程所处的地理位置。

3）工程结构及占地面积。

（2）临时用电设计思路

1）根据现场实际情况选择配电线路形式（放射式、树干式、链式或环形配线）。

2）根据总计算负荷和峰值电流选择电源和备用电源。

3）根据总负荷、支路负荷计算出的总电流、支路电流和架设方式选择总电源线线径和支路线径。

（3）现场勘测 现场勘测工作包括：调查测绘现场的地形、地貌，正式工程的位置，上下水等地上、地下管线和沟道的位置，建筑材料、器具堆放位置，生产、生活暂设建筑物位置，用电设备装设位置以及现场周围环境等。

临时用电施工组织设计的现场勘测工作与建筑工程施工组织设计的现场勘测工作同时进行，或直接借用其勘测资料。

现场勘测资料是整个临时用电施工组织设计的地理环境条件。

（4）负荷计算

1）负荷计算的目的：电力负荷是指通过电气设备或线路上的电流或功率。它是以功率或热能的形式消耗于电气设备。建筑施工现场的供电系统所需要的电能通常是经过降压变电所从电力系统中获得的。

2）计算负荷确定方法：计算负荷是按发热条件选择电气设备的一个假定负荷，它所产生的热效应与实际变动负荷产生的最大热效应相等。根据计算负荷选择导线及电气设备，在运行中的最高温升不超过导线和电器的温升允许值。它的确定方法较多，目前施工中常采用的方法是需要系数法，在确定计算负荷计算之前，应首先要确定设备的设备容量。

（5）配电线路设计 配电线路设计主要是选择和确定线路走向，配电方式（架空线或埋地电缆等），敷设要求，导线排列，选择和确定配线型号、规格，选择和确定其周围的防护设施等。

配电线路设计不仅要与变电所设计相衔接，还要与配电箱设计相衔接，尤其要与变电系统的基本防护方式（应采用 TN-S 保护系统）相结合，统筹考虑零线的敷设和接地装置的敷设。

（6）配电箱与开关箱的设计 配电箱与开关箱设计是指为现场所用的非标准配电箱与开关箱的设计，配电箱与开关箱的设计是选择箱体材料，确定箱体结构尺寸，确定箱内电器配置和规格，确定箱内电气接线方式和电气保护措施等。

（7）接地与接地装置设计　接地是现场临时用电工程配电系统安全、可靠运行和防止人身直接或间接触电的基本保护措施。

（8）防雷设计　防雷设计包括：防雷装置装设位置的确定，防雷装置型号的选择，以及相关防雷接地的确定。

防雷设计应保证根据设计所设置的防雷装置，并保护范围可靠地覆盖整个施工现场，并对雷害起到有效的防护作用。

（9）编制安全用电技术措施和电气防火措施　编制安全用电技术措施和电气防火措施要和现场的实际情况相适应，其中主要重点是：电气设备的接地（重复接地），接零（TN-S 系统），保护问题，装设漏电保护器问题，一机、一闸、一漏、一箱问题，外用防护问题，开关电器的装设、维护、检修、更换问题，以及对水源、火源腐蚀变质、易燃易爆物的妥善处置等问题。

（10）电气设计施工图　对于施工现场临时用电工程来说，由于其设置一般只具有暂设的意义，所以可综合绘出体现设计要求的设计施工图，又由于施工现场临时用电工程是一个比较简单的用电系统，同时其中一些主要的、比较复杂的用电设备的控制系统已由制造厂家确定，无须重新设计。临时供电施工图是施工组织设计的具体表现，也是临电设计的重要内容。进行计算后的导线截面及各种电气设备的选择都要体现在施工图中，施工人员依照施工图布置配电箱、开关箱，按照图纸进行线路敷设。它主要分供电系统图和施工现场平面图。

业务要点 2：外电线路安全技术要求

1. 外电线路安全距离

安全距离主要是根据空气间隙的放电特性确定的。在施工现场中，安全距离主要是指在建工程（含脚手架）的外侧边缘与外电架空线路的边线之间的最小安全操作距离和施工现场机动车道与外电架空线路交叉时的最小垂直距离。详见表 4-13 和表 4-14。

表 4-13　在建工程（含脚手架）与外电架空线路的最小安全距离

外电线路电压/kV	<1	1～10	35～110	154～220	330～500
最小安全距离/m	4.0	6.0	8.0	10	15

表 4-14　施工现场的机动车道与外电架空线路交叉时的最小垂直距离

外电线路电压/kV	<1	1～10	35
最小垂直距离/m	6.0	7.0	7.0

在建工程不得在外电架空线路正下方施工、搭设作业棚、建造生活设施

或堆放构件、架具、材料及其他杂物等。

2. 外电防护

起重机严禁越过无防护设施的外电架空线路作业。在外电架空线路附近吊装时，起重机的任何部位或被吊物边缘在最大偏斜时与架空线路边线的最小安全距离应符合表 4-15 的规定。

表 4-15　起重机与架空线路边线的最小安全距离

电压/kV	<1	10	35	110	220	330	500
沿垂直方向/m	1.5	3.0	4.0	5.0	6.0	7.0	8.5
沿水平方向/m	1.5	2.0	3.5	4.0	6.0	7.0	8.5

施工现场开挖沟槽的边缘与埋地外电缆沟槽边缘之间距离不得小于 0.5m。在建工程与外电线路无法保证规定的最小安全距离时，为了确保施工安全，则必须采取绝缘隔离防护措施，并应悬挂醒目的警告标志牌。

架设防护设施时，必须经有关部门批准，采用线路暂时停电或其他可靠的安全技术措施，并应有电气工程技术人员和专职安全人员监护。

防护设施与外电线路之间的安全距离不得小于表 4-16 所列数值。

表 4-16　防护设施与外电线路之间的最小安全距离

外电线路电压等级/kV	≤10	35	110	220	330	500
最小安全距离/m	1.7	2.0	2.5	4.0	5.0	6.0

防护设施应坚固、稳定，且对外电线路的隔离防护应达到ⅠP30级。

设置网状遮栏、栅栏时，如果无法保证安全距离，则应与有关部门协商，采取停电、迁移外电线路或改变工程位置等措施，不得强行施工。

◉ 业务要点 3：接地接零安全技术

1. 基本概念

（1）接触电压　人体的两个部位同时接触具有不同电位的两处，则人体内就会有电流通过。加在人体两个部位之间出现电位差。

（2）跨步电压　跨步电压是指人的两脚分别站在地面上具有不同对地电位两点时，在人的两脚之间的电位差。跨步电压主要与人体和接地体之间距离、跨步的大小和方向及接地电流大小等因素有关。一般离接地体越近，跨步电压越大，反之越小。离开接地体 20m 以外，可以不考虑跨步电压的作用。

（3）高压与低压　正弦交流电 1000V 以上（含 1000V）为高压，1000V 以下为低压。

（4）安全电压　目前国际上公认，流经人体电流与电流在人体持续时间的乘积等于 30mA·s 为安全界限值。国家标准《特低电压（ELV 限值）》

（GB/T 3805—2008）中规定，安全电压额定值的等级（V）为 50、42、36、24、12、6。

2. 接地

将电气设备的某一可导电部分与大地通过接地装置用导体作电气连接。

（1）工作接地　在正常或故障情况下，为了保证电气设备能安全工作，必须把电力系统（电网上）某一点，通常为变压器的中性点接地，称为工作接地。接地方式可以是直接接地，或经电阻接地、经电抗接地、经消弧线圈接地。

（2）保护接地　在正常情况下把不带电，而在故障情况下可能呈现危险的对地电压的金属外壳和机械设备的金属构件，用导线和接地体连接起来，称为保护接地。保护接地的接地电阻一般不大于 4Ω。

（3）重复接地　在中性点直接接地的系统中，除在中性点直接接地以外，为了保证接地的作用和效果，还须在中性线上的一处或多处再作接地，称为重复接地。重复接地电阻应小于 10Ω。

（4）防雷接地　防雷装置（避雷针、避雷器、避雷线等）的接地，称为防雷接地。

3. 接零

电气设备与零线连接，就称为接零，是把电气设备在正常情况下不带电的金属部分与电网的零线紧密连接，有效地起到保护人身和设备安全的作用。

（1）工作接零　电气设备因运行需要而与工作零线连接，称为工作接零。

（2）保护接零　电气设备正常情况不带电的金属外壳和机械设备的金属构架与保护线连接，称为保护接零。城防、人防、隧道等潮湿或条件特别恶劣的施工现场电气设备须采用保护接零。

（3）注意要点　当施工现场与外电线路共用同一供电系统时，不得一部分设备作保护接零，另一部分作保护接地。

4. 施工临时用电接零（接地）保护系统

中性点直接接地的低压供电系统中，其电气设备的保护方式分为两种：接地保护系统与接零保护系统。

（1）接地保护系统（TT 系统）

TT 系统是指将电气设备的金属外壳直接接地的保护系统，称为接地保护系统。第一个符号 T 表示电力系统的中性点直接接地；第二个符号 T 表示负载设备外露不与带电体相接的金属导电部分与大地直接连接，而与系统如何接地无关。在 TT 系统中负载的所有接地均称为保护接地，如图 4-12 所示。这种供电系统的特点如下：

1）当电气设备的金属外壳带电（相线碰壳或设备绝缘损坏而漏电）时，

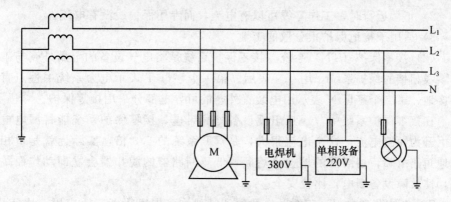

图 4-12　接地保护系统（TT 系统）

由于有接地保护，可以大大减少触电的危险性。但是，低压断路器（自动开关）不一定能跳闸，造成漏电设备的外壳对地电压高于安全电压，属于危险电压。

2）当漏电电流比较小时，即使有熔断器也不一定能熔断，还需要漏电保护器做保护。

3）TT 系统接地装置耗用钢材多，而且难以回收，费工、费料，因此，TT 系统难以推广。

当建设单位的供电是采用电力系统中性点直接接地的 TT 系统，施工单位需借用其电源作临时用电时，可采用一条专用保护线，以减少接地装置所需的钢材用量，如图 4-13 所示。

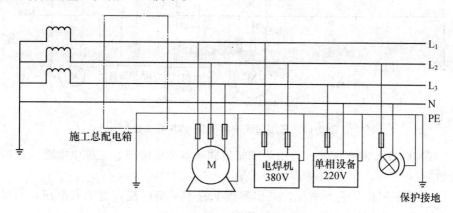

图 4-13　TT 系统供电设备专线接地保护

图 4-13 中点画线框内是施工用电总配电箱，把新增加的专用保护线 PE 线和工作零线 N 分开，其特点是：

1）共用接地线与工作零线没有电的联系。

2）正常运行时，工作零线可以有电流，而专用保护线没有电流。

3）适用于接地保护很分散的工地。

（2）接零保护（TN）系统 接零保护系统是将电气设备的金属外壳与工作零线相接的保护系统，用 TN 表示。第一个字母 T 表示电力系统中性点直接接地；第二个字母 N 表示用电装置外露的可导电部分采用接零保护。

在接零保护系统中，一旦出现设备外壳带电，接零保护系统能将漏电电流上升为短路电流，这个电流很大，是 TT 系统的 5.3 倍，实际上就是单相对地短路故障，熔断器的熔丝会熔断，低压断路器的脱扣器会立即动作而跳闸，使故障设备断电，比较安全。

TN 系统节省材料、工时，在我国和其他许多国家得到广泛应用，比 TT 系统优点多。TN 方式供电系统中，根据其保护零线是否与工作零线分开而划分为 TN-C 和 TN-S 两种系统。这第三个字母表示工作零线与保护零线的组合关系。C 表示工作零线与保护零线是合一的，即 TN-C；S 表示工作零线与保护零线是严格分开的，即 TN-S。专用保护零线又称为 PE 线。

1）TN-C 系统（三相四线接零保护）

TN-C 供电系统是用工作零线兼作保护零线，可以称作保护中性线，用 NPE 表示，如图 4-14 所示。

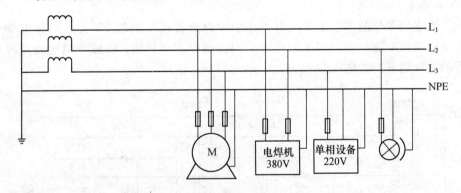

图 4-14 三相四线接零保护（TN-C 系统）

TN-C 方式供电系统只适用于三相负载基本平衡情况。这种供电系统的特点如下：

① 由于三相负载不平衡，工作零线上有不平衡电流，对地有电压，所以与保护线所连接的电气设备金属外壳有一定的电压。

② 如果工作零线断线，则保护接零的漏电设备外壳带电。

③ 如果电源的相线碰地，则设备的外壳电位升高，使中性线上的危险电位蔓延。

④ TN-C 系统干线上使用漏电保护器时，工作零线后面的所有重复接地

必须拆除，否则漏电开关合不上；而且，工作零线在任何情况下都不得断线。所以，使用中工作零线只能在漏电保护器的上侧有重复接地。

2）TN-S 系统（三相五线接零保护）

为避免 TN-C 系统的缺陷，TN-S 供电系统把工作零线 N 和专用保护线 PE 严格分开设置。其特点是：系统正常工作时，专用保护线上没有电流，只是工作零线上有不平衡电流。PE 线对地没有电压，而电气设备金属外壳接零保护是接在专用保护线 PE 上的，所以安全可靠。当在干线上使用漏电保护器时，工作零线不得重复接地，而 PE 线可以重复接地，但是不经过漏电保护器，所以 TN-S 系统供电干线上也可以安装漏电保护器。TN-S 系统如图 4-15 所示。

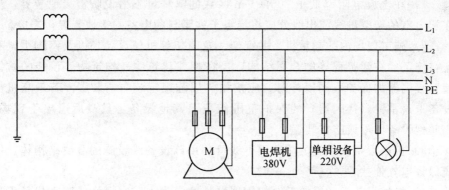

图 4-15 三相五线接零保护（TN-S 系统）

5. 三相五线接零保护（TN-S 系统）技术要求

TN-S 方式供电系统安全可靠，因此，《施工现场临时用电安全技术规范》JGJ 46—2005 规定："建筑施工现场临时用电工程专用的电源中性点直接接地的 220/380V 三相四线制低压电力系统，必须采用 TN-S 接零保护系统。"TN-S 接零保护系统应注意：

1）PE 保护线应由工作接地线端点引出，或由配电室（总配电箱）电流侧的零线端点引出。

2）PE 保护线严禁穿过漏电保护器，工作零线必须穿过漏电保护器。

3）配电箱中应设两块端子板（工作零线 N 与保护零线 PE）。PE 保护线端子板与金属电箱相连，工作零线端子板与金属电箱绝缘。

4）PE 保护线必须重复接地，工作零线禁止重复接地。

5）《施工现场临时用电安全技术规范》JGJ 46—2005 规定："当施工现场与外电线路共用同一供电系统时，电气设备不得一部分做保护接零，另一部分做保护接地。"

6）PE 保护线应符合下述要求：

① PE 保护线应单独敷设，不作他用，并统一使用为绿/黄双色线。

② PE 保护线上不得装设开关或熔断器。

③ PE 保护线的截面应不小于工作零线的截面，架空间距大于 12m 时，其截面用不小于 10m² 的绝缘铜芯线或不小于 16mm² 的绝缘铝芯线。

④ PE 保护线与电气设备相连时，应使用截面不小于 2.5mm² 的绝缘多股铜芯线。

⑤ PE 保护线除必须在配电室或总配电箱处作重复接地外，还必须在线路中间和末端作重复接地，其接地电阻值不大于 10Ω。

业务要点 4：防雷安全技术

1）在土壤电阻率低于 200Ω·m 区域的电杆可不另设防雷接地装置，但在配电室的架空进线或出线处应将绝缘子铁脚与配电室的接地装置相连接。

2）施工现场内的起重机、井字架、龙门架等机械设备，以及钢脚手架和正在施工的在建工程等的金属结构，当在相邻建筑物、构筑物等设施的防雷装置接闪器的保护范围以外时，应按相关规范规定装防雷装置。若最高机械设备上避雷针（接闪器）的保护范围能覆盖其他设备，且最后退出于现场，则其他设备可不设防雷装置。

3）机械设备或设施的防雷引下线可利用该设备或设施的金属结构体，但应保证电气连接。

4）机械设备上的避雷针（接闪器）长度应为 1～2m。塔式起重机可不另设避雷针（接闪器）。

5）安装避雷针（接闪器）的机械设备，所有固定的动力、控制、照明、信号及通信线路，宜采用钢管敷设。钢管与该机械设备的金属结构体应做电气连接。

6）施工现场内所有防雷装置的冲击接地电阻值不得大于 30Ω。

7）做防雷接地机械上的电气设备，所连接的 PE 线必须同时做重复接地，同一台机械电气设备的重复接地和机械的防雷接地可共用同一接地体，但接地电阻应符合重复接地电阻值的要求。

业务要点 5：配电室及临时用电线路架设安全技术

施工现场临时用电，无论系统容量大小，均应设置现场配电室或室外总配电箱。其位置应方便电源进线和负荷出线，不影响在建工程正常施工。

1. 配电室位置选择

1）应尽量靠近负荷中心，以减少配电线路的长度和导线截面。同时还能使配电线路清晰，便于维护。

2）进线、出线方便，便于电气设备搬运。

3）尽量设在污染源的上风口，防止因空气污秽引起电气设备绝缘导电水平降低。

4）尽量避开多尘、振动、高温、潮湿等场所，以防止尘埃、潮气、高温对配电装置导电部分和绝缘部分的侵蚀，以及振动对配电装置运行的影响。

5）不应设在容易积水场所的正下方。

配电室应靠近电源，并应设在无灰尘、潮气少、振动小、无腐蚀介质、无易燃易爆物及道路畅通的地方。

2. 配电室建筑要求

基本要求是室内设备搬运、装设、操作方便，运行安全可靠。其长度和宽度应按配电屏的数量和排列方式确定，其高度视其进线、出线的方式确定：

1）配电室的建筑物和构筑物的耐火等级不低于3级。

2）室内配置沙箱和可用于扑灭电气火灾的灭火器。

3）配电室的顶棚与地面的距离不低于3m。

4）室内不得存放易燃易爆物品。

5）屋面应有隔热及防水、排水措施。

6）应有自然通风和采光，配电室的照明分别设置正常照明和事故照明。

7）应采取防止雨雪和动物进入的措施。

8）配电室门应向外开，并配锁等。

3. 配电室的布置安全措施

1）配电柜正面的操作通道宽度单列布置或双列背对背布置不小于1.5m，双列面对面布置不小于2m。

2）配电柜后面的维护通道宽度，单列布置或双列面对面布置不小于0.8m；双列背对背布置不小于1.5m；个别地点有建筑物结构凸出的地方，则此点通道宽度可减少0.2m。

3）配电柜侧面的维护通道宽度不小于1m。

4）成列的配电柜和控制柜两端应与重复接地线及保护零线做电气连接。

5）配电装置的上端距顶棚不小于0.5m。

6）配电柜应装设电度表，并应装设电流表、电压表。电流表与计费电度表不得共用一组电流互感器。

7）配电柜装设电源隔离开关及短路、过载、漏电保护器。电源隔离开关分断时应有明显分断点。

8）配电柜应编号，并应有用途标记。

9）配电柜或配电线路停电维修时应挂接地线，并应悬挂"禁止合闸、有人工作"停电标志牌。停电、送电必须由专人负责。

10）配电室应保持整洁，不得堆放任何妨碍操作、维修的杂物。

11）配电室内的母线均涂刷有色油漆，以标志相序；以柜正面方向为基准，其涂色符合表 4-17 的规定。

表 4-17　母线涂色

相别	颜色	垂直排列	水平排列	引下排列
L₁（A）	黄	上	后	左
L₂（B）	绿	中	中	中
L₃（C）	红	下	前	右
N	浅蓝	—	—	—

4. 架空线路安全要求

1）架空线必须采用绝缘导线。

2）架空线必须设在专用电杆上，严禁架设在树木、脚手架上。其挡距不得大于 35m，线间距不小于 30cm，靠近电杆的两导线的间距不得小于 0.5m。

3）架空线的最大弧垂处与地面的最小垂直距离：施工现场为 4m，机动车道为 6m，铁路轨道为 7.5m。

4）架空线的最小截面，应通过负荷计算确定。但铝线不得小于 16mm²，铜线不得小于 10mm²。

5）架空线在一个挡距内，每层导线的接头数不得超过该层导线条数的 50%，且一条导线应只有一个接头。在跨越铁路、公路、河流、电力线路挡距内，架空线不得有接头。

6）架空线电杆宜采用混凝土杆或木杆，但木杆梢径应不小于 φ14cm，其埋设深度为杆长 1/10 加 0.6m，但在松软土质处应适当加大埋设深度或采用卡盘加固。

7）考虑施工情况，防止先架设的架空线与后施工的外脚手、结构挑檐、外墙装饰等距离太近而达不到要求。

8）架空线路必须设置短路保护和过载保护。

9）架空导线的相序排列：

①在一根横担架设时：面向负荷从左侧起依次为 L₁、N、L₂、L₃、PE。

②在两根横担上动力线，照明线分别架设时：上层横担面向负荷从左侧起为 L₂、L₃；下层横担面向负荷从左侧起为 L₁、（L₂、L₃）、N、PE。

③横担长度：架设两线为 0.7m，架设三线、四线为 1.5m，架设五线为 1.8m。

5. 电缆线路的安全要求

电缆中必须包含全部工作芯线和用作保护零线或保护线的芯线。需要三相四线制配电的电缆线路必须采用五芯电缆。

五芯电缆必须包含淡蓝、绿/黄两种颜色绝缘芯线。淡蓝色芯线必须用作N线；绿/黄双色芯线必须用作 PE 线，严禁混用。

电缆线路应采用埋地或架空敷设，严禁沿地面明设，并应避免机械损伤和介质腐蚀。埋地电缆路径应设方位标志。

（1）埋地敷设

1）埋地敷设宜选用铠装电缆。当选用无铠装电缆时，应能防水、防腐。架空敷设宜选用无铠装电缆。

2）电缆直接埋地敷设的深度不应小于 0.7m，并应在电缆紧邻上、下、左、右侧均匀敷设不小于 50mm 厚的细砂，然后覆盖砖或混凝土板等硬质保护层。

3）埋地电缆在穿越建筑物、构筑物、道路、易受机械损伤、介质腐蚀场所及引出地面从 2.0m 高到地下 0.2m 处，必须加设防护套管，防护套管内径不应小于电缆外径的 1.5 倍。

4）埋地电缆与其附近外电电缆和管沟的平行间距不得小于 2m，交叉间距不得小于 1m。

5）埋地电缆的接头应设在地面上的接线盒内，接线盒应能防水、防尘、防机械损伤，并应远离易燃、易爆、易腐蚀场所。

（2）架空敷设

1）应沿电杆、支架或墙壁敷设并采用绝缘子固定，绑扎线必须采用绝缘线，固定点间距应保证电缆能承受自重所带来的荷载，沿墙壁敷设时最大弧垂处距地不得小于 2.0m。

2）架空电缆严禁沿脚手架、树木或其他设施敷设。

3）在建工程内的电缆线路必须采用电缆埋地引入，严禁穿越脚手架引入。电缆垂直敷设应充分利用在建工程的竖井、垂直孔洞等，并宜靠近用电负荷中心，固定点每楼层不得少于一处。电缆水平敷设宜沿墙或门口固定，最大弧垂处距地不得小于 2.0m。

4）装饰装修工程或其他特殊阶段，应补充编制单项施工用电方案。电源线可沿墙角、地面敷设，但应采取防机械损伤和电火措施。

5）电缆线路必须有短路保护和过载保护。

6. 室内配线安全要求

室内配线分明装和暗装。不论哪种配线均应满足使用和安全可靠要求。具体要求如下：

1）室内配线必须采用绝缘导线或电缆。

2）室内配线应根据配线类型采用瓷瓶、瓷（塑料）夹、嵌绝缘槽、穿管或挂钢丝敷设。

3）潮湿场所或埋地非电缆配线必须穿管敷设，管口和管接头应密封；当采用金属管敷设时，金属管必须做等电位连接，且必须与 PE 线相连接。

4）室内非埋地明敷主干线距地面高度不得小于 2.5m。

5）架空进户线的室外端应采用绝缘子固定，过墙处应穿管保护，距地面高度不得小于 2.5m，并应采取防雨措施。

6）室内配线所用导线或电缆的截面应根据用电设备或线路的计算负荷确定，但铜线截面不应小于 1.5mm²，铝线截面不应小于 2.5mm²。

7）钢索配线的吊架间距不宜大于 12m。采用瓷夹固定导线时，导线间距不应小于 35mm，瓷夹间距不应大于 800mm；采用瓷瓶固定导线时，导线间距不应小于 100mm，瓷瓶间距不应大于 1.5m；采用护套绝缘导线或电缆时，可直接敷设于钢索上。

8）室内配线必须有短路保护和过载保护，对穿管敷设的绝缘导线线路，其短路保护熔断器的熔体额定电流不应大于穿管绝缘导线长期连续负荷允许载流量的 2.5 倍。

业务要点 6：配电箱、开关箱安全技术

施工现场的配电箱是电源与用电设备之间的中间环节，开关箱是配电系统的末端，是用电设备的直接控制装置，它们的设置和运用直接影响着施工现场的用电安全。

1. 配电原则

（1）"三级配电、两级保护"原则　"三级配电"是指配电系统应设置总配电箱、分配电箱、开关箱，形成三级配电，这样配电层次清楚，既便于管理又便于查找故障。总配电箱以下可设若干分配电箱，分配电箱以下可设若干开关箱，开关箱下就是用电设备。

"两级保护"主要指采用漏电保护措施，除在末级开关箱内加装漏电保护器外，还要在上一级分配电箱或总配电箱中再加装一级漏电保护器，总体上形成两级保护。

（2）开关箱"一机、一闸、一漏、一箱、一锁"原则　《建筑施工安全检查标准》JGJ 59—2011 规定，施工现场用电设备应当实行"一机、一闸、一漏、一箱"。其含义是：每台用电设备必须有各自专用的开关箱，严禁用同一个开关箱直接控制 2 台及以上用电设备（含插座）。开关箱内必须加装漏电保护器，该漏电保护器只能保护一台设备，不能保护多台设备。另外还应避免发生直接用漏电保护器兼作电器控制开关的现象。"一闸"是指一个开关箱内设一个刀闸（开关），也只能控制一台设备。

"一锁"是要求配电箱、开关箱箱门应配锁，并应由专人负责。施工现场

停止作业 1h 以上时，应将动力开关箱断电上锁。

（3）动力、照明配电分设原则　动力配电箱与照明配电箱宜分别设置，当合并设置为同一配电箱时动力和照明应分路配电；动力开关箱与照明开关箱必须分设。

2. 配电箱及开关箱的设置

1）总配电箱应设在靠近电源的区域，分配电箱应设在用电设备或负荷相对集中的区域。分配电箱与开关箱的距离不得超过 30m。开关箱与其控制的固定式用电设备的水平距离不宜超过 3m。

2）配电箱、开关箱应装设在干燥、通风及常温场所；不得装设在有严重损伤作用的瓦斯、烟气、潮气及其他有害介质中，亦不得装设在易受外来固体物撞击、强烈振动、液体侵溅及热源烘烤的场所。否则，应予清除或做防护处理。

3）配电箱、开关箱周围应有足够 2 人同时工作的空间和通道。不得堆放任何妨碍操作、维修的物品，不得有灌木、杂草。

4）配电箱、开关箱应采用冷轧钢板或阻燃绝缘材料制作，钢板厚度应为 1.2～2.0mm，其中开关箱箱体钢板厚度不得小于 1.2mm，配电箱箱体钢板厚度不得小于 1.5mm，箱体表面应做防腐处理。

5）配电箱、开关箱应装设端正、牢固。固定式配电箱、开关箱的中心点与地面的垂直距离应为 1.4～1.6m。移动式配电箱、开关箱应装设在坚固的支架上。其中心点与地面的垂直距离宜为 0.8～1.6m。

6）配电箱、开关箱内的电器（含插座）应先安装在金属或非木质阻燃绝缘电器安装板上，然后方可整体紧固在配电箱、开关箱箱体内。

7）金属电器安装板与金属箱体应做电气连接。

8）配电箱、开关箱内的电器（含插座）应按其规定的位置紧固在电器安装板上，不得歪斜和松动。

9）配电箱的电器安装板上必须设 N 线端子和 PE 线端子板。N 线端子板必须与金属电器安装板绝缘；PE 线端子板必须与金属电器安装板做电器连接。

10）进出线中的 N 线必须通过 N 线端子板连接；PE 线必须通过 PE 线端子板连接。

11）配电箱、开关箱内的连接线必须采用铜芯绝缘导线。按颜色标志排列整齐；导线分支接头不得采用螺栓压接，应采用焊接并做好绝缘包扎，不得有外露带电部分。

12）配电箱和开关箱的金属箱体、金属电器安装板以及电器正常不带电的金属底座、外壳等必须通过 PE 线端子板与 PE 线做电气连接，金属箱门与金属箱体必须通过采用编织软铜线做电气连接。

13）配电箱、开关箱中导线的进线口和出线口应设在箱体的下底面。

14）配电箱、开关箱的进、出线口应配置固定线卡，进出线应加绝缘护套并成束卡固在箱体上，不得与箱体直接接触。移动式配电箱、开关箱的进、出线应采用橡皮护套绝缘电缆，不得有接头。

15）配电箱、开关箱外形结构应能防雨、防尘。

3. 隔离开关

1）总配电箱、分配电箱、开关箱中，都要装设隔离开关，满足在任何情况下都可以使用电设备实行电源隔离。隔离开关应采用分断时具有可见分断点，能同时断开电源所有极的隔离电器，并应设置于电源进线端。

2）开关箱中的隔离开关只可直接控制照明电路和容量不大于 3.0kW 的动力电路，但不应频繁操作。容量大于 3.0kW 的动力电路应采用断路器控制，操作频繁时还应附设接触器或其他启动控制装置。

4. 漏电保护器

1）漏电保护器应装设在配电箱、开关箱靠近负荷的一侧，且不得用于启动电气设备的操作。

2）开关箱中漏电保护器的额定漏电动作电流不应大于 30mA，额定漏电动作时间不应大于 0.1s。

3）使用于潮湿和有腐蚀介质场所的漏电保护器应采用防溅型产品，其额定漏电动作电流不应大于 15mA，额定漏电动作时间不应大于 0.1s。

4）总配电箱中漏电保护器的额定漏电动作电流应大于 30mA，额定漏电动作时间应大于 0.1s，但其额定漏电动作电流与额定漏电动作时间的乘积不应大于 30mA·s。

5）总配电箱和开关箱中漏电保护器的极数和线数必须与其负荷侧负荷的相数和线数一致。

6）配电箱、开关箱中的漏电保护器宜选用无辅助电源型（电磁式）产品，或选用辅助电源故障时能自动断开的辅助电源型（电子式）产品。当选用辅助电源故障时不能自动断开的辅助电源型（电子式）产品，应同时设置缺相保护。

5. 使用与维护

1）配电箱、开关箱应有名称、用途、分路标记及系统接线图。

2）配电箱、开关箱箱门应配锁，并应由专人负责。

3）配电箱、开关箱应定期检查、维修。检查、维修人员必须是专业电工。检查、维修时必须按规定穿、戴绝缘鞋、手套，必须使用电工绝缘工具，并应做检查、维修工作记录。

　　4）对配电箱、开关箱进行定期检查、维修时，必须将其前一级相应的电源隔离开关分闸断电，并悬挂"禁止合闸、有人工作"停电标志牌，严禁带电作业。

　　5）配电箱、开关箱的操作，除了在电气故障的紧急情况外，必须按照下述顺序：

　　①送电操作顺序为：总配电箱→分配电箱→开关箱。

　　②停电操作顺序为：开关箱→分配电箱→总配电箱。

　　6）配电箱、开关箱内的电器配置和接线严禁随意改动。熔断器的熔体更换时，严禁采用不符合原规格的熔体代替。漏电保护器每天使用前应启动漏电试验按钮试跳一次，试跳不正常时严禁继续使用。

　　7）配电箱、开关箱的进线和出线严禁承受外力。严禁与金属尖锐断口、强腐蚀介质和易燃易爆物接触。

业务要点 7：现场照明安全技术

　　1. 一般规定

　　1）在坑、洞、井内作业、夜间施工或厂房、道路、仓库、办公室、食堂、宿舍、料具堆放场及自然采光差的场所，应设一般照明、局部照明或混合照明。在一个工作场所内，不得只装设局部照明。停电后，操作人员需及时撤离施工现场，必须装设自备电源的应急照明。

　　2）照明器的选择必须按下列环境条件确定：

　　①正常湿度一般场所，选用密闭型防水照明器。

　　②潮湿或特别潮湿的场所，选用密闭型防水照明器或配有防水灯头的开启式照明器。

　　③含有大量尘埃但无爆炸和火灾危险的场所，选用防尘型照明器。

　　④有爆炸和火灾危险的场所，按危险场所等级选用防爆型照明器。

　　⑤存在较强振动的场所，选用防振型照明器。

　　⑥有酸碱等强腐蚀介质的场所，采用耐酸碱型照明器。

　　3）照明器具和器材的质量应符合国家现行有关强制性标准的规定，不得使用绝缘老化或破损的器具和器材。

　　4）无自然采光的地下大空间施工场所，应编制单项照明用电方案。

　　2. 照明供电

　　1）一般场所宜选用额定电压为 220V 的照明器。

　　2）下列特殊场所应使用安全特低电压照明器：

　　① 隧道、人防工程、高温、有导电灰尘、比较潮湿或灯具离地面高度低于 2.5m 等场所的照明，电源电压不应大于 36V。

② 潮湿和易触及带电体场所的照明，电源电压不得大于 24V。

③ 特别潮湿的场所、导电良好的地面、锅炉或金属容器内的照明，电源电压不得大于 12V。

3）使用行灯应符合下列要求：

① 电源电压不大于 36V。

② 灯体与手柄应坚固、绝缘良好并耐热耐潮湿。

③ 灯头与灯体结合牢固，灯头无开关。

④ 灯泡外部有金属保护网。

⑤ 金属网、反光罩、悬吊挂钩固定在灯具的绝缘部位上。

4）照明变压器必须使用双绕组型安全隔离变压器，严禁使用自耦变压器。

5）照明系统宜使三相负荷平衡，其中每一个单相回路上，灯具和插座数量不宜超过 25 个，负荷电流不宜超过 15A。

6）携带式变压器的一次侧电源线应采用橡皮护套或塑料护套软电缆，中间不得有接头，长度不宜超过 3m，其中绿/黄双色线只可作 PE 线使用，电源插销应有保护触头。

7）工作零线截面应按下列规定选择：

① 单相二线及二相二线制线路中，零线截面与相线截面相同。

② 三相四线制线路中，当照明器为白炽灯时，零线截面不小于相线截面的 50%；当照明器为气体放电灯时，零线截面按最大负载的电流选择。

③ 在逐相切断的三相照明电路中，零线截面与最大负载相线截面相同。施工现场的一般场所宜选用额定电压为 220V 的照明器。为便于作业和活动，在一个工作场所内不得装设局部照明器。停电时，应有自备电源的应急照明器。

3. 照明装置

1）照明灯具的金属外壳必须与 PE 线连接，照明开关箱内必须装设隔离开关、短路与过载保护器和漏电保护器。

2）室外 220V 灯具距地面不得低于 3m，室内 220V 灯具距地面不得低于 2.5m。普通灯具与易燃物距离不宜小于 300mm；聚光灯、碘钨灯等高热灯具与易燃物距离不宜小于 500mm，且不得直接照射易燃物。达到规定安全距离时，应采取隔热措施。

3）路灯的每个灯具应单独装设熔断器保护。灯头线应做防水弯。

4）荧光灯管应采用管座固定或用吊链悬挂。荧光灯的镇流器不得安装在易燃的结构物上。

5）碘钨灯及钠、铊、铟等金属卤化物灯具的安装高度宜在 3m 以上，灯线应固定在杆线上，不得靠近灯具表面。

6）螺口灯头及其接线应符合下列要求：

① 灯头的绝缘外壳无损伤、无漏电。

② 相线接在与中心触头相连的一端，零线接在与螺纹口相连的一端。

7）灯具内的接线必须牢固。灯具外的接线必须做可靠的防水绝缘包扎。

8）暂设工程的照明灯具宜采用拉线开关控制。开关安装位置宜符合下列要求：

① 拉线开关距地面高度为 2～3m，与出、入口的水平距离为 0.15～0.2m。拉线的出口应向下。

② 其他开关距地面高度为 1.3m，与出、入口的水平距离为 0.15～0.2m。

9）灯具的相线必须经开关控制，不得将相线直接引入灯具。

10）对于夜间影响飞机或车辆通行的在建工程及机械设备，必须安装设置醒目的红色信号灯。其电源应设在施工现场电源总开关的前侧，并应设置外电线路停止应急自备电源。

第四节　施工现场消防管理

◐ 本节导图：

本节主要介绍施工现场消防管理，内容包括消防基本常识、施工现场消防方式、施工现场防火安全措施、防火检查等。其内容关系框图如下：

◐ 业务要点 1：消防基本常识

1. 火灾

凡失去控制并对财物和人身造成损害的燃烧现象，都称为火灾。

2. 火灾分类

1）按发生地点分类，火灾通常分为森林火灾、建筑火灾、工业火灾、城市火灾等。

2）按物质燃烧的特征分类：

① A 类：固体物质火灾。这类物质往往具有有机物的性质，一般在燃烧时能产生灼热的余烬，如木材、纸、麻火灾等。

② B 类：液体火灾和可熔化的固体物质火灾。如汽油、沥青、石蜡火灾等。

③ C 类：气体火灾。如煤气、氢气火灾等。

④ D 类：金属火灾。如钾、钠、铝、镁火灾等。

⑤ E 类：带电物质火灾。如家电、变压器火灾等。

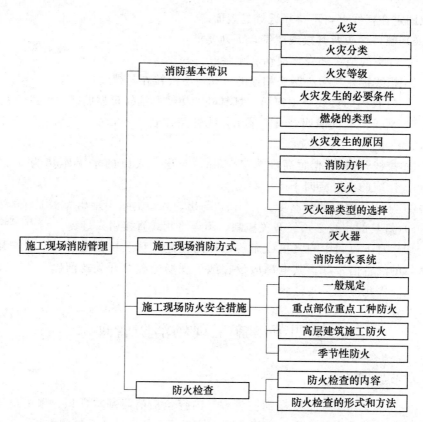

3. 火灾等级

为贯彻执行国务院 2007 年 4 月 6 日颁布的《生产安全事故报告和调查处理条例》(国务院令 493 号, 自 2007 年 6 月 1 日起施行, 以下简称《条例》), 2007 年 6 月 2 日公安部发布了《关于调整火灾等级标准的通知》(公消〔2007〕234 号), 依据《条例》有关规定, 对火灾等级标准调整为:

1) 火灾等级增加为四个等级, 由原来的特大火灾、重大火灾、一般火灾三个等级调整为特别重火火灾、重大火灾、较大火灾和一般火灾四个等级。

2) 根据《条例》规定的生产安全事故等级标准, 特别重大、重大、较大和一般火灾的等级标准分别为:

① 特别重大火灾是指造成 30 人以上死亡, 或者 100 人以上重伤, 或者 1 亿元以上直接财产损失的火灾。

② 重大火灾是指造成 10 人以上 30 人以下死亡, 或者 50 人以上 100 人以下重伤, 或者 5000 万元以上 1 亿元以下直接财产损失的火灾。

③ 较大火灾是指造成 3 人以上 10 人以下死亡, 或者 10 人以上 50 人以下重伤, 或者 1000 万元以上 5000 万元以下直接财产损失的火灾。

④ 一般火灾是指造成 3 人以下死亡，或者 10 人以下重伤，或者 1000 万元以下直接财产损失的火灾。❶

3）火灾事故等级标准调整后，《重要火灾和处置灾害事故信息报告及处理规定（试行）》（公消〔2004〕306 号）中有关特大、重大火灾的上报要求相应调整为特别重大、重大和较大火灾的上报要求，死亡 1 至 2 人的火灾及其他重要火灾继续按照现行要求上报。

4. 火灾发生的必要条件

助燃剂、可燃物和引火源，简称火三角，是火灾发生的三个必要条件，缺少任何一个，火灾燃烧都不能发生和维持，所以又称火灾三要素。

火灾的发生具有自然属性（雷击、可燃物自燃）和人为属性（烟头、炉子、喷灯等），多数火灾都是人为因素引起的。

5. 燃烧的类型

1）闪燃——可燃液体受热蒸发为蒸汽，液体温度越高，蒸汽浓度越高，当温度不高时，液面上少量可燃蒸汽与空气混合，遇火源会闪出火花引起短暂的燃烧过程（一闪即灭，不超过 5s），称闪燃。发生闪燃的最低温度叫闪点，闪点越低，发生火灾和爆炸的危险性越大。如：车用汽油的闪点为 39℃，煤油的闪点为 28～35℃ 等。

2）着火——可燃物质在火源的作用下能被点燃，并且火源移去后仍能保持继续燃烧的现象。能发生着火的最低温度叫着火点（燃点）。如：纸的燃点为 130℃，木材的燃点为 295℃ 等。

3）自燃——可燃物质受热升温而无须明火作用就能自行燃烧的现象。能引起自燃的最低温度称自燃点，自燃点越低，发生火灾的危险性越大。如：黄磷的自燃点为 30℃，煤的自燃点为 320℃。

6. 火灾发生的原因

1）建筑结构不合理。

2）火源或热源靠近可燃物。

3）电气设备绝缘不良、接触不牢、超负荷运行、缺少安全装置，电气设备的类型与使用场所不相适应。

4）化学易燃品生产、储存、运输、包装方法不符合要求与性质相反应的物品混存一起的。

5）应有避雷设备的场所而没有或避雷设备失效或失灵。

6）易燃物品堆积过密，缺少防火间距。

7）动火时易燃物品未清除干净。

---

❶ "以上"包括本数，"以下"不包括本数。

8）从事火灾危险性较大的操作，没有防火制度，操作人员不懂防火和灭火知识。

9）潮湿易燃物品的库房地面比周围环境地面低。

10）车辆进入易燃场所没有防火的措施。

7. 消防方针

预防为主，防消结合。

8. 灭火

火灾一旦发生，只要消除燃烧的 3 个基本条件中的任何一个，火即熄灭。灭火的基本技术措施：

1）窒息法——消除助燃物，阻止空气流入燃烧区，断绝氧气对燃烧物的助燃，最后使火焰窒息。如 CO_2 灭火器等。

2）隔离法——消除、隔绝可燃物。如水墙、破拆、关闭燃料的阀门等。

3）冷却法——降低燃烧物质的温度使火熄灭。如用水直接喷洒在燃烧物上，吸收能量，使温度降低到燃点以下，使火熄灭。但对忌水的物品，如油类着火，则不可以用水灭。

4）抑制法——用有抑制作用的灭火剂射到燃烧物上，使燃烧停止。如使用干粉、1211 灭火器等。

9. 灭火器类型的选择

应符合下列规定：

1）扑救 A 类火灾应选用水型、泡沫、磷酸铵盐干粉、卤代烷型灭火器。

2）扑救 B 类火灾应选用干粉、泡沫、卤代烷、二氧化碳型灭火器，扑救极性溶剂 B 类火灾应选用抗溶泡沫灭火器。

3）扑救 C 类火灾应选用干粉、卤代烷、二氧化碳型灭火器。

4）扑救带电火灾应选用卤代烷、二氧化碳型灭火器、干粉型灭火器。

5）扑救 A、B、C 类火灾和带电火灾，应选用磷酸铵盐干粉、卤代烷型灭火器。

6）扑救 D 类火灾的灭火器材，应由设计单位和当地公安消防监督部门协商解决。

业务要点 2：施工现场消防方式

工程开工前，应对施工现场的临时消防设施进行设计。

临时消防设施包括灭火器、临时消防给水系统和临时消防应急照明等。

施工现场应合理利用已施工完毕的在建工程永久性消防设施兼作施工现场的临时消防设施。

临时消防设施的设置宜与在建工程结构施工保持同步。对于房屋建筑，与主体结构工程施工进度的差距不应超过3层。

隧道内的作业场所应配备防毒面具，其数量不应少于预案中确定的需进入隧道内进行灭火救援的人数。

1. 灭火器

1）施工现场的下列场所应配置灭火器：可燃、易燃物存放及其使用场所；动火作业场所；自备发电机房、配电房等设备用房；施工现场办公、生活用房；其他具有火灾危险的场所。

2）灭火器配置应符合下列规定：灭火器的类型应与配备场所的可能火灾类型相匹配；灭火器的最低配置标准应符合表4-18的规定。

表4-18　灭火器的最低配置标准

项　目		易燃、易爆物存放及使用场所	动火作业场所	或燃物存放及使用场所	自备发电机房、配电房等设备用房	施工现场办公、生活用房
固体物质火灾	单具灭火器的最小灭火级别	3A	3A	2A	1A	1A
	单位灭火器级别的最大保护面积/(m²/A)	50	50	75	100	100
液体或气体火灾	单具灭火器最小灭火级别	89B	89B	55B	21B	21B
	单位灭火级别的最大保护面积/(m²/B)	0.5	0.5	1.0	1.5	1.5
带电火灾	单具灭火器最小灭火级别	3A或89B		2A或55B	1A或21B	
	单位灭火级别的最大保护面积	50m²/A或0.5m²/B		75m²/A或1.0m²/B	100m²/A或1.5m²/B	

3）每个部位配置的灭火器数量不应少于2具，灭火器的最大保护距离应符合表4-19的规定。

表4-19　灭火器的最大保护距离　　　　　　　（单位：m）

灭火器配置场所	固体物质火灾	液体或气体类火灾	带电火灾
易燃、易爆物存放及使用场所	15	9	9
动火作业场所	15	9	9
可燃物存放及使用场所	20	12	12
自备发电机房、配电房等使用设备用房	25	15	15
施工现场办公、生活用房	25	15	15

4）施工现场因无水源而未设置临时消防给水系统时，每个部位配置的灭火器数量不应少于3具，且单位灭火级别最大保护面积不应大于表4-17规定

的 2/3。

2. 消防给水系统

1）施工现场或其附近应有稳定、可靠的水源，并应能满足施工现场临时生产、生活和消防用水的需要。

2）施工现场临时建筑面积大于 300m² 或在建工程体积大于 20000m³ 时，应设置临时室外消防给水系统。当施工现场全部处于市政消火栓的 150m 保护范围内，且市政消火栓的数量满足室外消防用水量要求时，可不设置临时室外消防给水系统。

3）室外消防用水量应按临建区和在建工程临时室外消防用水量的较大者确定，火灾次数可按同时发生一次考虑。施工现场未设置临时办公、生活设施，可不考虑临建区的消防用水。

4）临建区的临时室外消防用水量不应小于表 4-20 的规定。

表 4-20　临建区的临时室外消防用水量

临　建　区	火灾延续时间/h	单位时间灭火用水量/(L/s)
临时建筑面积≤5 000m²		10
5 000m²＜临时建筑面积≤10 000m²	1	15
临建区占地面积＞10 000m²		20

5）在建工程的临时室外消防用水量不应小于表 4-21 的规定。

表 4-21　在建工程的临时室外消防用水量

在建工程（单体）	火灾延续时间/h	单位时间灭火用水量/(L/s)
在建工程体积≤30 000m³		20
30 000m³＜在建工程体积≤50 000m³	2	25
在建工程体积＞50 000m³	3	30

6）施工现场的临时室外消防给水系统设计应符合下列要求：

① 给水管网宜布置成环状。

② 临时室外消防给水主干管的直径不应小于 DN100。

③ 给水管网末端压力不应小于 0.2MPa。

④ 室外消火栓沿在建工程、办公与生活用房和可燃、易燃物存放区布置，距在建工程用地红线或临时建筑外边线不应小于 5.0m。

⑤ 消火栓的间距不应大于 120m。

⑥ 消火栓的最大保护距离不应大于 150m。

7）建筑高度大于 24m 或在建工程（单体）体积超过 30 000m³ 的在建工程施工现场，应设置临时室内消防给水系统。

8）在建工程的临时室内消防用水量不应小于表 4-22 的规定。

表 4-22 在建工程的临时室内消防用水量

在建工程（单体）	火灾延续时间/h	单位时间灭火用水量/(L/s)
在建工程体积≤50 000m³	2	20
50 000m³＜在建工程体积≤100 000m³		30
在建工程体积＞100 000m³	3	40

9）临时室内消防给水系统设计应符合下列规定：

① 消防竖管的设置位置应便于消防人员取水和操作，其数量不宜少于 2 根。

② 消防竖管的管径应根据消防用水量、竖管给水压力或流速进行计算确定，消防竖管的给水压力不应小于 0.2MPa，流量不应小于 10L/s。

③ 严寒地区可采用干式消防竖管，竖管应在首层靠出口部位设置，便于消防车供水。竖管应设置消防栓快速接口和止回阀，最高处应设置自动排气阀。

10）应设置临时室内消防给水系统的在建工程，各结构层均应设置室内消火栓快速接口及消防软管接口。

11）建筑高度超过 100m 的在建工程，应增设楼层高位水箱及高位消防水泵。楼层高位水箱的有效容积不应少于 6m³，上下两个高位水箱的高差不应超过 100m。

12）当外部消防水源不能满足施工现场的临时消防用水要求时，应在施工现场设置临时消防水池。

13）当消防水源的给水压力不能满足消防给水管网的压力要求时，应设置消防水泵。

业务要点 3：施工现场防火安全措施

1. 一般规定

1）施工单位的负责人应全面负责施工现场的防火安全工作。

2）施工现场都要建立健全的防火检查制度，发现火险隐患必须立即消除。一时难以消除的隐患，要定人员、定项目、定措施限期整改。

3）施工现场发生火警或火灾，应立即报告公安消防部门，并组织力量扑救。

4）根据"四不放过"的原则，在火灾事故发生后，施工单位和建设单位应共同做好现场保护并会同消防部门进行现场勘察工作。对火灾事故的处理提出建议，并积极落实防范措施。

5）施工单位在承建工程项目签订的"工程合同"或安全协议中，必须有防火安全的内容，会同建设单位搞好防火工作。

6）施工单位在编制施工组织设计时，施工总平面图、施工方法和施工技术均要符合消防安全要求。

7）施工现场应明确划分用火作业，如易燃可燃材料堆场、仓库、易燃废品集中站和生活区等区域。

8）施工现场夜间应有照明设备；保持消防车通道畅通无阻，并要安排力量加强值班巡逻。

9）施工现场应配备足够的消防器材（有条件的，应敷设好室外消防水管和消防栓），指定专人维护、管理、定期更新，保证完整好用。

10）施工现场用电应严格执行《施工现场临时用电安全技术规范（附条文说明）》JGJ 46—2005，加强用电管理，防止发生电气火灾。

11）施工现场的动火作业，必须根据不同等级动火作业执行审批制度。古建筑和重要文物单位等场所动火作业，按一级动火手续上报审批。

① 凡属下列情况之一的为一级动火作业：

a. 禁火区域内。

b. 油罐、油箱、油槽车和储存过可燃气体、易燃液体的容器以及连接在一起的辅助设备。

c. 各种受压设备。

d. 危险性较大的登高焊。

e. 比较密封的室内、容器内、地下室等场所。

f. 现场堆有大量可燃和易燃物质的场所。

② 凡属下列情况之一的为二级动火作业：

a. 在具有一定危险因素的非禁火区域进行临时焊、割等用火作业。

b. 小型油箱等容器。

c. 登高焊、割等用火作业。

③ 在非固定的、无明显危险因素的场所进行用火作业，均属三级动火作业。

2. 重点部位重点工种防火

（1）电焊、气割的防火要求

1）严格执行用火审批程序和制度。

2）进行电焊、气割前，应由施工员或班组长向操作、看火人员进行消防安全技术措施交底。电焊工、气焊工必须严格执行防火操作规程。

3）装过或有易燃、可燃液体、气体及化学危险物品的容器、管道和设备，在未彻底清洗干净前，不得进行焊割。

4）严禁在有可燃蒸汽、气体、粉尘或禁止明火的危险性场所焊割。在这些场所附近进行焊割时，应按有关规定，保持一定的防火距离。

5）合理安排工艺和编排施工进度程序，在有可燃材料保温的部位，不准进行焊割作业。必要时，应在工艺安排和施工方法上采取严格的防火措施。

6）焊割作业不准与油漆、喷漆、脱漆、木工等易燃操作同时间、同部位上下交叉作业。

7）在装饰装修施工过程进行电焊、气割时应特别注意，因为不少装饰材料都易燃，并释放出有毒气体。

8）焊割结束或离开操作现场时，必须切断电源、气源。炽热的焊嘴、焊钳以及焊条头等，禁止放在易燃、易爆物品和可燃物上。

9）禁止使用不合格的焊割工具和设备。电焊的导线不能与装有气体的气瓶接触，也不能与气焊的软管或气体的导管放在一起。焊把线和气焊的软管不得从生产、使用、储存易燃、易爆物品的场所或部位穿过。

10）焊割现场应配备灭火器材，危险性较大的应有专人现场监护。

(2) 看火（监护）人员职责

1）清理焊割部位附近的易燃、可燃物品；对不能清除的易燃、可燃物品要用水浇湿或盖上石棉布等非燃材料，以隔绝火星。

2）坚守岗位，不能兼顾其他工作，备好适用的灭火器材和防火设备（石棉布、接火盘、风挡等），随时注视焊割周围的情况，一旦起火及时扑救。

3）高空焊割时，要用非燃材料做成接火盘和风挡，以接住和控制火花的溅落。

4）在焊割过程中，要随时进行检查；操作结束后，要对焊割地点进行仔细检查，确认无危险后方可离开。在隐蔽场所或部位（如闷顶、隔墙、电梯井、通风道、电缆沟和管道井等）焊、割操作完毕后，在 0.5～4h 内要反复检查，以防起火。

5）发现电、气焊操作人员违反防火管理规定、违反操作规程或动火部位有火灾、爆炸危险时，有权责令停止操作，收回动火许可证及操作证，并及时向领导或保卫部门汇报。

(3) 涂漆、喷漆和油漆工的防火要求

1）喷漆、涂漆的场所应有良好的通风，防止形成爆炸极限浓度，引起火灾或爆炸。

2）喷漆、涂漆的场所内禁止一切火源，应采用防爆的电气设备。

3）禁止与焊工同时间、同部位的上下交叉作业。

4）油漆工不能穿易产生静电的工作服。浸有涂料、稀释剂的破布、纱团、手套和工作服等，应及时清理，不能随意堆放，防止因化学反应而生热，发生自燃。

5）在维修工程施工中，使用脱漆剂时，应采用不燃性脱漆剂。若因工艺或技术上的要求，使用易燃性脱漆剂时，一次涂刷脱漆剂量不宜过多，控制在能使漆膜起皱膨胀为宜，清除掉的漆膜要及时妥善处理。

（4）木工操作间及木工的防火要求

1）操作间建筑应采用阻燃材料搭建。

2）电气设备的安装要符合要求。抛光、电锯等部位的电气设备应采用密封式或防爆式。刨花、锯末较多部位的电动机，应安装防尘罩。

3）操作间内严禁吸烟和用明火作业。

4）操作间只能存放当班的用料，成品及半成品要及时运走。木工应做到工完场地清，刨花、锯末每班都打扫干净，倒在指定地点。

5）严格遵守操作规程，对旧木料一定要经过检查，起出铁钉等金属后，方可上锯锯料。

6）配电盘、刀闸下方不能堆放成品、半成品及废料。

7）工作完毕应拉闸断电，并经检查确定无火险后方可离开。

（5）电工的防火要求

1）各种电气设备或线路，不应超过安全负荷，并有牢靠、绝缘良好和安装合格的保险设备，严禁用铜丝、铁丝等代替保险丝。

2）放置及使用易燃液体、气体的场所，应采用防爆型电气设备及照明灯具。

3）定期检查电气设备的绝缘电阻是否符合"不低于 $1k\Omega/V$（如对地 220V 绝缘电阻应不低于 $0.22M\Omega$）"的规定，发现可能引起火花、短路、发热和绝缘损坏等情况时，必须及时排除。

4）不可用纸、布或其他可燃材料做无骨架的灯罩，灯泡距可燃物应保持一定距离。

5）变（配）电室应保持清洁、干燥。变电室要有良好的通风。配电室内禁止吸烟、生火。

6）施工现场严禁私自使用电炉、电热器具。

7）当电线穿过墙壁、竹席或与其他物体接触时，应当在电线上套有磁管等非燃材料加以隔绝。

8）每年雨期前要检查避雷装置，避雷针节点要牢固，接地电阻不应大于规定值。

（6）仓库保管员的防火要求

1）严格执行《仓库防火安全管理规则》。熟悉存放物品的性质、储存中的防火要求及灭火方法，要严格按照其性质、包装、灭火方法、储存防火要求和密封条件等分别存放。性质相抵触的物品不得混存在一起。

2）库存物品应分类、分垛储存，主要通道的宽度不小于 2m。库房内照明灯具不准超过 60W，并做到人走断电、锁门。

3）露天存放物品应当分类、分堆、分组和分垛，并留出必要的防火间距。甲类、乙类桶装液体，不宜露天存放。

4）物品入库前应当进行检查，确定无火种等隐患后，方准入库。

5）库房内严禁吸烟和使用明火。

6）库房管理人员在每日下班前，应对经营的库房巡查一遍，确认无火灾隐患后，关好门窗，切断电源后方准离开。

7）严禁在仓库内兼设办公室、休息室或更衣室、值班室以及各种加工作业等。

3. 高层建筑施工防火

高层建筑施工具有人员多、建筑材料多、电气设备多且用电量大、交叉作业动火点多，以及通讯设备差、不易及时救火等特点，因此，应加强火灾防范。

1）编制施工组织设计时，必须考虑防火安全技术措施。

2）建立多层次的防火管理体系，制订《消防管理制度》、《施工材料和化学危险品仓库管理制度》，建立各工种的安全操作责任制。

3）明确工程各部位的动火等级，严格动火申请和审批手续。

4）对参加高层建筑施工的外包队伍，要同每支队伍领队签订防火安全协议书，并对其进行安全技术措施的交底。

5）严格控制火源，施工现场应严格禁止流动吸烟，应设置固定的吸烟点。

6）按规定配置消防器材，并有醒目防火标志。一般高层建筑施工现场，应按面积配置消防器材，每层应成组（2 个或 4 个为一组）配置；并设置临时消防给水（可与施工用水合用）；20 层（含 20 层）以上的高层建筑应设置专用的高压水泵，每个楼层应安装防火栓和消防水龙带，大楼底层设蓄水池（不小于 20m³）。当因层次高而水压不足时，在楼层中间应设接力泵，同时备有通讯报警装置，便于及时报告险情。

4. 季节性防火

（1）冬季防火要求

1）锅炉房防火安全要求

① 锅炉房宜建造在施工现场的下风方向，远离在建工程、易燃、可燃建筑，露天可燃材料堆场、料库等。

② 锅炉房应不低于二级耐火等级。

③ 锅炉房的门应向外开启，锅炉正面与墙的距离应不小于 3m，锅炉与锅炉之间应保持不小于 1m 的距离。

④ 锅炉烟道和烟囱与可燃构件应保持一定的距离，金属烟囱距可燃结构不小于 100cm，已做防火保护层的可燃结构不小于 70cm，砖砌的烟囱和烟道其内表面距可燃结构不小于 50cm，其外表面不小于 10cm。未采取消烟除尘措施的锅炉，其烟囱应设防火帽。

2）司炉工的要求

① 严格执行操作程序，杜绝违章操作。

② 炉灰倒在指定地点（不能带余火倒灰）。

③ 禁止使用易燃、可燃液体点火。

3）火炉安装与使用的防火要求

① 冬期施工采用加热采暖法时，应尽量用暖气，如果用火炉，必须事先提出方案和防火措施，经消防保卫部门同意后方可开火。

② 在油漆、喷漆、油漆调料间、木工房、料库、使用高分子装修材料的装修阶段，禁止使用火炉采暖。

③ 火炉安装应符合消防规定，火炉及烟囱与可燃物、易燃物保持必要的安全距离。

④ 火炉必须由受过安全消防常识教育的专人看守，移动各种加热火炉时，必须先将火熄灭后方准移动，掏出的炉灰必须随时用水浇灭后倒在指定地点。

⑤ 禁止用易燃、可燃液体点火，不准在火炉上熬炼油料、烘烤易燃物品。

4）冬季消防器材的保温防冻

① 对室外消火栓、消防水池采取保温防冻措施。

② 入冬前应将泡沫灭火器、清水灭火器等放入有采暖的地方，并套上保温套。

（2）雨期和夏季施工的防火要求

1）雨期施工中电气设备、防雷设施的防火要求

① 雨期施工到来之前，应对每个配电箱、用电设备进行一次检查，都必须采取相应的防雨措施，防止因短路造成起火事故。

② 在雨期要随时检查有树木地方电线的情况，及时改变线路的方向或砍掉离电线过近的树枝。

③ 防雷装置的组成部件必须符合规定，每年雨期之前，应对防雷装置进行一次全面检查，发现问题及时解决，使防雷装置处于良好状态。

2）雨期施工中对易燃、易爆物品的防火要求

① 乙炔气瓶、氧气瓶、易燃液体等应在库内或棚内存放，禁止露天存放，防止因受雷雨、日晒发生起火事故。

② 生石灰、石灰粉的堆放应远离可燃材料，防止因受潮或雨淋产生高热引起周围可燃材料起火。

③ 稻草、草帘、草袋等堆垛不宜过大，垛中应留通气孔，顶部应防雨，防止因受潮、遇雨发生自燃。

业务要点 4：防火检查

防火检查是施工现场防火安全管理的一个重要组成部分，防火检查的目的在于发现和消除火险隐患。因此，防火管理中，大部分时间是在检查中做好各项工作的。

1. 防火检查的内容

1）检查用火、用电和易燃易爆物品及其他重点部位生产、储存、运输过程中的防火安全情况和建筑结构、平面布局、水源、道路是否符合防火要求。

2）检查火险隐患整改情况。

3）检查义务和专职消防队组织及活动情况。

4）检查各级防火责任制、岗位责任制、工种责任书和各项防火安全制度执行情况。

5）检查三级动火审批及动火证、操作证、消防设施、器材管理及使用情况。

6）检查防火安全宣传教育，外包工管理等情况。

7）检查消防基础管理是否健全，防火档案资料是否齐全，发生事故是否按"四不放过"原则进行处理。

2. 防火检查的形式和方法

（1）班组检查 以班组长为主，按照防火安全责任制和操作规程的要求，通过班组的安全员、义务消防员对班组所在的施工场所或仓库等重点区域的防火安全进行检查。特别是班前、班后和交接班的检查。

（2）夜间检查 依靠值班的管理人员、警卫人员和担任夜间施工、生产的工人，检查电源、火源和施工、生活场所有无异常情况。

（3）定期检查 由项目经理组织，除了对所有部位进行普遍检查外，还应对防火重点区域进行重点检查。通过检查，解决一些平时难以解决的问题，这对及时堵塞漏洞，消除火险隐患有很重要的作用。

第五章　建筑施工安全管理

第一节　施工安全技术措施审查

本节导图：

本节主要介绍施工安全技术措施审查，内容包括常规安全技术措施、安全专项施工方案、安全技术交底和人员资格的审查等。其内容关系框图如下：

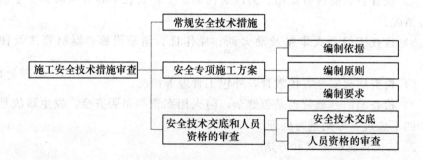

业务要点 1：常规安全技术措施

施工安全技术措施是在施工项目生产活动中，根据工程特点、规模、结构复杂程度、工期、施工现场环境、劳动组织、施工方法、施工机械设备、变配电设施、架设工具以及各项安全防护措施等，针对施工中存在的不安全因素进行预测和分析，找出危险点，为消除和控制危险隐患，从技术和管理上采取措施加以防范，消除不安全因素，防止事故发生，确保项目安全施工。

所有单位工程在编制施工组织设计时，应当根据工程特点制订相应的安全技术措施。

安全技术措施要针对工程特点、施工工艺、作业条件以及队伍素质等按施工区域列出施工的危险点，对照各危险点制订具体的防护措施和安全作业注意事项，并对各种防护设施的用料计划一并纳入施工组织设计。案发前技术措施必须经上级主管领导审批，并经专业部门会签。

278

业务要点 2：安全专项施工方案

《建设工程安全生产管理条例》第二十六条规定：施工单位应当在施工组织设计中编制安全技术措施和施工现场临时用电方案，对下列达到一定规模的危险性较大的分部分项工程编制专项施工方案，并附具安全验算结果，经施工单位技术负责人、总监理工程师签字后实施，由专职安全生产管理人员进行现场监督。

这些需要编制专项施工方案的分布分项工程包括：基坑支护与降水工程；土方开挖工程；模板工程；起重吊装工程；脚手架工程；拆除、爆破工程；国务院建设行政主管部门或者其他有关部门规定的其他危险性较大的工程。

1. 编制依据

工程项目施工组织设计或施工方案中必须有针对性的安全技术措施，特殊和危险性大的工程必须单独编制安全施工方案或安全技术措施。安全技术措施或安全施工方案的编制依据有：

1）国家和政府有关安全生产的法律、法规和有关规定。

2）建筑安装工程安全技术操作章程。

3）企业的安全管理规章制度。

2. 编制原则

安全专项施工方案的编制，必须考虑现场的实际情况、施工特点及周围作业环境，措施要有针对性。凡施工过程中可能发生的危险因素及建筑物周围外部环境不利因素等，都必须从技术上采取具体且有效的措施予以预防。同时，安全技术措施和方案必须有设计、有计算、有详图、有文字说明。

安全专项施工方案除应包括相应的安全技术措施外，还应当包括监控措施、应急方案以及紧急救护措施等内容。

3. 编制要求

（1）及时性

1）安全性措施在施工前必须编制好，并且经过审核批准后正式下达施工单位以指导施工。

2）在施工过程中，设计发生变更时，安全技术措施必须及时变更或作补充，否则不能施工。

3）施工条件发生变化时，必须变更安全技术措施内容，并及时经原编制、审批人员办理变更手续，不得擅自变更。

（2）针对性

1）要根据施工工程的结构特点，凡在施工生产中可能出现的危险因素，必须从技术上采取措施，消除危险，保证施工安全。

2）要针对不同的施工方法和施工工艺制订相应的安全技术措施。

① 不同的施工方法要有不同的安全技术措施，技术措施要有设计、有详图、有文字要求、有计算。

② 根据不同分部分项工程的施工工艺可能给施工带来的不安全因素，从技术上采取措施保证其安全实施。土方工程、地基与基础工程、砌筑工程、钢窗工程、吊装工程及脚手架工程等必须编制单项工程的安全技术措施。

③ 编制施工组织设计或施工方案在使用新技术、新工艺、新设备、新材料的同时，必须研究应用相应的安全技术措施。

3）针对使用的各种机械设备、用电设备可能给施工人员带来的危险因素，从安全保险、限位装置等方面采取安全技术措施。

4）针对施工中有毒、有害、易燃、易爆等作业可能给施工人员造成的伤害，制订相应的防范措施。

5）针对现场及周围环境中可能给施工人员及周围居民带来危险的因素，以及材料、设备运输的困难和不安全因素，制订相应的安全技术措施。

① 夏季气候炎热、高温时间持续较长，要制订防暑降温措施和方案。

② 雨期施工要制订防触电、防雷击、防坍塌措施和方案。

③ 冬季施工要制订防风、防火、防滑、防煤气中毒、防亚硝酸钠中毒措施和方案。

（3）具体性

1）安全技术措施必须明确具体，能指导施工，绝不能搞"口号化"。

2）安全技术措施中必须有施工总平面图，在图中必须对危险的油库、易燃材料库、变电设备以及材料、构件的堆放位置，塔式起重机、井字架或龙门架、搅拌台的位置等按照施工需要和安全规程的要求明确定位，并提出具体要求。

3）安全技术措施及方案必须由工程项目责任工程师或工程项目技术负责人指定的技术人员进行编制。

4）安全技术措施及方案的编制人员必须掌握工程项目概况、施工方法、场地环境等第一手资料，并熟悉有关安全生产法规和标准，具有一定的专业水平和施工经验。

（4）审批

1）编制审核：建筑施工企业专业工程技术人员编制的安全专项施工方案，由施工企业技术部门的专业技术人员及监理单位专业监理工程师进行审核，审核合格，由施工企业技术负责人、监理单位总监理工程师签字。

2）专家论证审查：属于《危险性较大工程安全专项施工方案编制及专家

论证审查办法》所规定范围的分部（分项）工程，要求：

① 建筑施工企业应当组织不少于 5 人的专家组，对已编制的安全专项施工方案进行论证审查。

② 安全专项施工方案专家组必须提出书面论证审查报告，施工企业应根据论证审查报告进行完善，施工企业技术负责人、总监理工程师签字后，方可实施。

③ 专家组书面论证审查报告应作为安全专项施工方案的附件，在实施过程中，施工企业应严格按照安全专项方案组织施工。

（5）实施　施工过程中，必须严格按照安全专项施工方案组织施工：

1）施工前，应严格执行安全技术交底制度，进行分级交底；相应的施工设备设施搭建、安装完成后要组织验收，合格后才能投入使用。

2）施工中，对安全施工方案要求的监测项目（如标高、垂直度等）要落实监测，及时反馈信息；对危险性较大的作业还应安排专业人员进行安全监控管理。

3）施工完成后，应及时对安全专项施工方案进行总结。

业务要点 3：安全技术交底和人员资格的审查

1. 安全技术交底

1）安全技术交底是指导工人安全施工的技术措施，是项目安全技术方案的具体落实。

安全技术交底一般由技术管理人员根据分部分项工程的具体要求、特点和危险因素编写，是操作者的指令性文件，因而要具体、明确、针对性强，不得用施工现场的安全纪律、安全检查制度代替。交底内容不能过于简单，千篇一律口号化，应按分部（分项）工程和针对作业条件的变化进行，在工程技术交底的同时进行安全技术交底。

2）安全技术交底主要包括两方面的内容：一是在施工方案的基础上进行的，按照施工方案的要求，对施工方案进行的细化和补充；二是对操作者的安全注意事项的说明，保证操作者的人身安全。

3）安全技术交底工作，是施工负责人向施工作业人员进行职责落实的法律要求，要严肃认真地进行，不能流于形式。

安全技术交底和工程技术交底一样，实行分级交底制度：

① 大型或特大型工程由公司总工程师组织有关部门向项目经理和分包商进行交底。交底内容：工程概况、特征、施工难度、施工组织、采用的新工艺、新材料、新技术、施工程序与方法、关键部位应采取的安全技术方案或措施等。

② 一般工程由项目经理部总工程师会同现场经理向项目有关施工人员和分包商行政和技术负责人进行交底，交底内容同前款。

③ 分包商技术负责人要对其管辖的施工人员进行详尽的交底。

④ 项目专业责任工程师要对所管辖的分包商的工长进行分部工程施工安全措施交底，对分包工长向操作班组进行的安全技术交底进行监督和检查。

⑤ 专业负责工程师要对劳务分承包方的班组进行分部分项安全技术交底并监督指导其安全操作。

4）安全技术交底工作在正式作业前进行，不但口头讲解，同时应有书面文字材料，并履行签字手续，施工负责人、生产班组、现场安全员三方各留一份。

2. 人员资格的审查

《建设工程安全生产管理条例》规定如下：

第二十五条：垂直运输机械作业人员、安装拆卸工、爆破作业人员、起重信号工、登高架设作业人员等特种作业人员，必须按照国家有关规定经过专门的安全作业培训，并取得特种作业操作资格证书后，方可上岗作业。

第三十六条：施工单位的主要负责人、项目负责人、专职安全生产管理人员应当经建设行政主管部门或者其他有关部门考核合格后方可任职。施工单位应当对管理人员和作业人员每年至少进行一次安全生产教育培训，其教育培训情况记入个人工作档案。安全生产教育培训考核不合格的人员，不得上岗。

第三十七条：作业人员进入新的岗位或者新的施工现场前，应当接受安全生产教育培训。未经教育培训或者教育培训考核不合格的人员，不得上岗作业。施工单位在采用新技术、新工艺、新设备、新材料时，应当对作业人员进行相应的安全生产教育培训。

第六十二条：违反本条例的规定，施工单位有下列行为之一的，责令限期改正；逾期未改正的，责令停业整顿，依照《中华人民共和国安全生产法》的有关规定处以罚款；造成重大安全事故，构成犯罪的，对直接责任人员依照刑法有关规定追究刑事责任。

1）未设立安全生产管理机构、配备专职安全生产管理人员或者分部分项工程施工时无专职安全生产管理人员现场监督的。

2）施工单位的主要负责人、项目负责人、专职安全生产管理人员、作业人员或者特种作业人员，未经安全教育培训或者经考核不合格即从事相关工作的。

3）未在施工现场的危险部位设置明显的安全警示标志，或者未按照国家有关规定在施工现场设置消防通道、消防水源、配备消防设施和灭火器材的。

4）未向作业人员提供安全防护用具和安全防护服装的。

5）未按照规定在施工起重机械和整体提升脚手架、模板等自升式架设设施验收合格后登记的。

6）使用国家明令淘汰、禁止使用的危及施工安全的工艺、设备、材料的。

第二节　施工安全检查及评价

本节导图：

本节主要介绍施工安全检查及评价，内容包括施工现场安全检查的目的与内容，安全检查的形式、方法与要求，施工安全评价依据及方法，施工安全检查评分标准等。其内容关系框图如下：

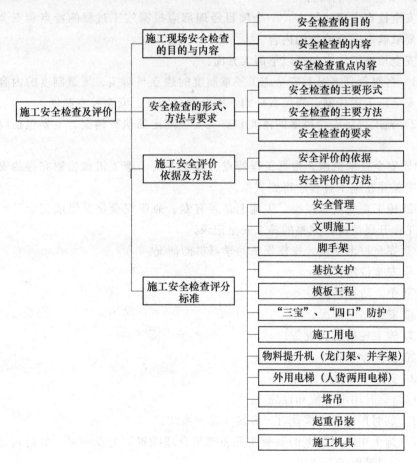

◎ 业务要点 1：施工现场安全检查的目的与内容

1. 安全检查的目的

1) 了解安全生产的状态，为分析研究加强安全管理提供信息依据。

2) 发现问题，暴露隐患，以便及时采取有效措施，保障安全生产。

3) 发现、总结及交流安全生产的成功经验，推动地区乃至行业安全生产水平的提高。

4) 利用检查，进一步宣传、贯彻、落实安全生产方针、政策和各项安全生产规章制度。

5) 增强领导和群众安全意识，制止违章指挥，纠正违章作业，提高安全生产的自觉性和责任感。

2. 安全检查的内容

安全检查内容比较多，一个项目经理部应根据施工过程的特点和安全目标的要求确定安全检查的内容。

安全检查工作应包括以下两大方面：

1) 各级管理人员对安全施工规章制度的建立与落实。规章制度的内容包括：安全施工责任制、岗位责任制、安全教育制度、安全检查制度。

2) 施工现场安全措施的落实和有关安全规定的执行情况。主要包括以下内容：

① 安全技术措施。根据工程特点、施工方法、施工机械编制完善的安全技术措施并在施工过程中得到贯彻。

② 施工现场安全组织。工地上是否有专、兼职安全员并组成安全活动小组，工作开展情况，完整的施工安全记录。

③ 安全技术交底，操作规章的学习贯彻情况。

④ 安全设防情况。

⑤ 个人防护情况。

⑥ 安全用电情况。

⑦ 施工现场防火设备。

⑧ 安全标志牌等。

3. 安全检查重点内容

(1) 临时用电系统和设施

1) 临时用电是否采用 TN-S 接零保护系统。

2) 施工中临时用电的负荷匹配和电箱合理配置、配设问题，要达到"三级配电、两级保护"要求。

3) 临电器材和用电设备是否具备安全防护装置和有安全措施。

4）生活和施工照明的特殊要求。

5）消防泵、大型机械的特殊用电要求。

6）雨期施工中，对绝缘和接地电阻的及时摇测和记录情况。

（2）施工准备阶段

1）如施工区域里有地下电缆、水管或防空洞等，要指令专人进行妥善处理。

2）现场内或施工区域附近有高压架空线时，要在施工组织设计中采取相应的技术措施，确保施工安全。

3）施工现场的周围如邻近居民住宅或交通要道，要充分考虑施工扰民、妨碍交通、发生安全事故的各种可能因素，以确保人员安全。对有可能发生的危险隐患，要有相应的防护措施，如搭设过街、民房防护棚，施工中作业层的全封闭措施等。

4）在现场内设金属加工、混凝土搅拌站时，要尽量远离居民区及交通要道，防止施工中噪声干扰居民正常生活。

（3）基础施工阶段

1）土方施工前，检查是否有针对性的安全技术交底并督促执行。

2）在雨期或地下水位较高的区域施工时，是否有排水、挡水和降水措施。

3）根据组织设计放坡比例是否合理，有没有支护措施或打护坡桩。

4）深基础施工，作业人员工作环境和通风是否良好。

5）工作位置距基础 2m 以下是否有基础周边防护措施。

（4）结构施工阶段

1）做好对外脚手架的安全检查与验收，预防高空坠落和防物体打击。

2）做好"三宝"等安全防护用品（安全帽、安全带、安全网、绝缘手套、防护鞋等）的使用、检查与验收。

3）做好孔、洞口（楼梯口、预留洞口、电梯井口、管道井口、首层出入口等）的安全检查与验收。

4）做好临边的安全检查与验收。

5）做好机械设备人员安全教育和持证上岗情况的检查，对所有设备进行检查与验收。

6）材料特别是大模板存放和吊装使用。

7）施工人员的上下通道。

8）对一些特殊结构工程，如钢结构吊装、大型梁架吊装以及特殊危险作业要对施工方案和安全措施、技术交底进行检查和验收。

（5）装修施工阶段

1）对外装修脚手架、吊篮、桥式架子的保险装置、防护措施，在投入使用前进行检查与验收，日常也要进行安全检查。

2）室内管线洞口防护措施。

3）室内使用的单梯、双梯、高凳等工具及使用人员的安全技术交底。

4）内装修使用的架子搭设和防护。

5）内装修作业所使用的各种染料、涂料和黏结剂是否挥发有毒气体。

6）多工种的交叉作业。

（6）竣工收尾阶段

1）外装修脚手架的拆除。

2）现场清理工作。

业务要点2：安全检查的形式、方法与要求

1. 安全检查的主要形式

安全检查的形式多样，主要有上级检查、定期检查、专业性检查、经常性检查、季节性检查以及自行检查等，见表5-1。

表5-1　施工项目安全检查形式

检查形式	检 查 内 容
上级检查	上级检查是指主管各级部门对下属单位进行的安全检查。这种检查能发现本行业安全施工存在的共性和主要问题，具有针对性、调查性，也有批评性。同时通过检查总结，扩大（积累）安全施工经验，对基层推动作用较大
定期检查	建筑公司内部必须建立定期安全检查制度。公司级定期安全检查可每季度组织一次，工程处可每月或每半月组织一次检查，施工队要每周检查一次。每次检查都要由主管安全的领导带队，同工会、安全、动力设备、保卫等部门一起，按照事先计划的检查方式和内容进行检查。定期检查属于全面性和考核性的检查
专业性检查	专业性安全检查应由公司有关业务分管部门单独组织，有关人员针对安全工作存在的突出问题，对某项专业（如施工机械、脚手架、电气、塔吊、锅炉、防尘护毒等）存在的普遍性安全问题进行单项检查。这类检查针对性强，能有的放矢，对帮助提高某项专业安全技术水平有很大作用
经常性检查	经常性的安全检查主要是为了提高大家的安全意识，督促员工时刻牢记安全，在施工中安全操作，及时发现安全隐患，消除隐患，保证施工的正常进行。经常性安全检查有：班组进行班前、班后岗位安全检查；各级安全员及安全值班人员日常巡回安全检查；各级管理人员在检查施工同时检查安全等
季节性检查	季节性和节假日前后的安全检查。季节性安全检查是针对气候特点（如夏季、冬季、风季、雨季等）可能给施工安全和施工人员健康带来危害而组织的安全检查。节假日（如元旦、劳动节、国庆节）前后的安全检查，主要是防止施工人员在这一段时间思想放松、纪律松懈而容易发生事故。检查应由单位领导组织有关部门人员进行
自行检查	施工人员在施工过程中还要经常进行自检、互检和交接检查。自检是施工人员工作前、后，对自身所处的环境和工作程序进行安全检查，以随时消除安全隐患。互检是指班组之间、员工之间开展的安全检查，以便互相帮助，共同防事故。交接检查是指上道工序完毕，交接下道工序使用前，在工地负责人组织工长、安全员、班组及其他有关人员参加情况下，由上道工序施工人员进行安全交底，并一起进行安全检查和验收，确认合格后才能交给下道工序使用

1）项目每周或每旬由主要负责人带队组织定期的安全大检查。

2）施工班组每天上班前由班组长和安全值日人员组织的班前安全检查。

3）季节更换前由安全生产管理小组和安全专职人员、安全值日人员等组织的季节劳动保护安全检查。

4）由安全管理小组、职能部门人员、专职安全员和专业技术人员组成对电气、机械设备、脚手架、登高设施等专项设施设备、高处作业、用电安全、消防保卫等进行的专项安全检查。

5）由安全管理小组成员、安全专兼职人员和安全值日人员进行的日常安全检查。

6）对塔机等起重设备、井架、龙门架、脚手架、电气设备、吊篮、现浇混凝土模板及支撑等设备在安装搭设完成后进行的安全验收检查。

2. 安全检查的主要方法

1）"听"：听基层安全管理人员或施工现场安全员汇报安全生产情况，介绍现场安全工作经验、存在的问题及今后努力的方向。

2）"看"：主要查看管理记录、执证上岗、现场标示、交接验收资料、"三宝"使用情况、"洞口"及"临边"防护情况、设备防护装置等。

3）"量"：主要用尺实测实量。

4）"测"：用仪器、仪表实地进行测量。

5）"现场操作"：由司机对各种限位装置进行实际运行验证，检验其灵敏及可靠程度。

3. 安全检查的要求

1）根据检查内容配备力量，抽调专业人员，确定检查负责人，明确分工。

2）应有明确的检查目的和检查项目、内容和检查标准、重点、关键部位。对大面积或数量多的项目可采取系统的观感和一定数量的测点相结合的检查方法。检查时尽量采用检测工具，用数据说话。

3）对现场管理人员和操作工人不仅要检查是否有违章指挥和违章作业行为，还应进行"应知应会"的抽查，以便了解管理人员及操作工人的安全素质。对于违章指挥、违章作业行为，检查人员可以当场指出，进行纠正。

4）认真、详细进行检查记录，特别是对隐患的记录必须具体，如隐患的部位、危险性程度及处理意见等。采用安全检查评分表的，应记录每项扣分的原因。

5）检查中发现的隐患应进行登记并发出隐患整改通知书，引起整改单位的重视，并作为整改的备查依据。对凡是有发生事故危险的隐患，检查人员应责令其停工，被查单位必须立即整改。

6）尽可能系统、定量地作出检查结论，进行安全评价。便于受检单位根据安全评价研究对策，进行整改，加强管理。

7）检查后应对隐患整改情况进行跟踪复查，查被检单位是否按"三定"原则（定人、定期限、定措施）落实整改，经复查整改合格后，进行销案。

◎ 业务要点3：施工安全评价依据及方法

1. 安全评价的依据

建筑施工项目安全评价的依据见建筑施工安全检查评分汇总表（表5-2）。

表 5-2　建筑施工安全检查评分汇总表

企业名称：　　　　　　　　经济类型：　　　　　　　　　　　资质等级：

单位工程（施工现场）名称	建筑面积(m²)	结构类型	总计得分（满分100分）	项目名称是分值									
				安全管理（满分10分）	文明施工（满分20分）	脚手架（满分10分）	基坑支护与模板工程（满分10分）	"三宝"、"四口"防护（满分10分）	施工用电（满分10分）	物料提升机与外用电梯（满分10分）	塔吊（满分10分）	起重吊装（满分5分）	施工机具（满分5分）

评语：

检查单位		负责人		受检项目		项目经理	

2. 安全评价的方法

1）安全管理、文明施工、脚手架、基坑支护与模板工程、"三宝""四口"防护、施工用电、物料提升机与外用电梯、塔吊、起重吊装和施工机具等十项检查评分项目，各分项均有检查评分表，满分为100分。分项检查表中各检查项目得分为按规定检查内容所得分数之和，每张表总得分为表内各检查项目实得分数之和。

2）在安全管理、文明施工、脚手架、基坑支护与模板工程、施工用电、物料提升机与外用电梯、塔吊和起重吊装等八项检查评分表中，设立了保证项目和一般项目，保证项目是安全检查的重点和关键。在检查评分中，当保证项目中有一项不得分或保证项目小计得分不足 40 分时，此检查评分表不应得分。

3）在检查评分中，遇有多个脚手架、塔吊、龙门架与井字架等时，则该项得分应为各单项实得分数的算术平均值。

4）检查评分不得采用负值。各检查项目所扣分数总和不得超过该项应得分数。

5）汇总表满分为 100 分。各分项在汇总表中所占的满分分值应分别为：

安全管理 10 分。

文明施工 20 分。

脚手架 10 分。

基坑支护与模板工程 10 分。

"三宝"、"四口"防护 10 分。

施工用电 10 分。

物料提升机与外用电梯 10 分。

塔吊 10 分。

起重吊装 5 分。

施工机具 5 分。

6）汇总表中，各分项项目实得分数按下式计算：

$$汇总表中各分项项目实得分数 = \frac{汇总表中该项应得满分分值 \times 该分项检查表实得分数}{100} \tag{5-1}$$

7）检查中遇有缺项时，汇总表得分按下式计算：

$$缺项时汇总表总得分 = \frac{实查项目在汇总表中的实得分之和}{实查项目在汇总表中应得满分的分值之和} \times 100 \tag{5-2}$$

8）多人对同一项目检查评分时，应按加权评分方法确定分值。权数的分配原则为：

①专职安全人员为 0.6，其他人员为 0.2。

②专职安全人员为 0.4，技术人员为 0.4，其他人员为 0.2。

业务要点 4：施工安全检查评分标准

1. 安全管理

安全管理检查是对施工单位安全管理工作的评价。检查的项目应包括：安全生产责任制、目标管理、施工组织设计，分部（分项）工程安全技术交底、安全检查、安全教育、班前安全活动、特种作业持证上岗、工伤事故处理和安全标志十项内容。

安全管理检查评分标准见表 5-3。

表 5-3　安全管理检查评分表

序号	检查项目	扣 分 标 准	应得分数	扣减分数	实得分数
1	安全生产责任制	未建立安全生产责任制，扣 10 分 各级各部门未执行安全生产责任制，扣 4～6 分 经济承包中无安全生产指标，扣 10 分 未制订各工种安全技术操作规程，扣 10 分 未按规定配备专（兼）职安全员，扣 10 分 管理人员责任制考核不合格，扣 5 分	10		
2	目标管理	未制订安全管理目标（伤亡控制指标和安全达标、文明施工目标），扣 10 分 未进行安全责任目标分解，扣 10 分 无责任目标考核规定，扣 8 分 考核办法未落实或落实不好，扣 5 分	10		
3	施工组织设计	施工组织设计中无安全措施，扣 10 分 施工组织设计未经审批，扣 10 分 专业性较强的项目，未单独编制专项安全施工组织设计，扣 8 分 安全措施不全面，扣 2～4 分 安全措施无针对性，扣 6～8 分 安全措施未落实，扣 8 分	10		
4	分部（分项）工程安全技术交底	无书面安全技术交底，扣 10 分 交底针对性不强，扣 4～6 分 交底不全面，扣 4 分 交底未履行签字手续，扣 2～4 分	10		
5	安全检查	无定期安全检查制度，扣 5 分 安全检查无记录，扣 5 分 检查出事故隐患，整改做不到定人、定时间、定措施，扣 2～6 分 对重大事故隐患整改通知书所列项目未如期完成，扣 5 分	10		
6	安全教育	无安全教育制度，扣 10 分 新入厂工人未进行三级安全教育，扣 10 分 无具体安全教育内容，扣 6～8 分 变换工种时未进行安全教育，扣 10 分 每有一人不懂本工种安全技术操作规程，扣 2 分 施工管理人员未按规定进行年度培训，扣 5 分 专职安全员未按规定进行年度培训考核或考核不合格，扣 5 分	10		
	小计		60		

注：序号 3～6 检查项目属"保证项目"。

续表

序号		检查项目	扣 分 标 准	应得分数	扣减分数	实得分数
7	一般项目	班前安全活动	未建立班前安全活动制度，扣 10 分；班前安全活动无记录，扣 2 分	10		
8		特种作业持证上岗	一人未经培训从事特种作业，扣 4 分；一人未持操作证上岗，扣 2 分	10		
9		工伤事故处理	工伤事故未按规定报告，扣 3～5 分 工伤事故未按事故调查分析规定处理，扣 10 分 未建立工伤事故档案，扣 4 分	10		
10		安全标志	无现场安全标志布置总平面图，扣 5 分 现场未按安全标志总平面图设置安全标志，扣 5 分	10		
		小计		40		
检查项目合计				100		

2. 文明施工

文明施工检查是对施工现场文明施工的评价。检查的项目应包括：现场围挡、封闭管理、施工场地、材料堆放、现场宿舍、现场防火、治安综合治理、施工现场标牌、生活设施、保健急救、社区服务十一项内容。

文明施工检查评分标准见表 5-4。

表 5-4　文明施工检查评分表

序号		检查项目	扣 分 标 准	应得分数	扣减分数	实得分数
1	保证项目	现场围挡	在市区主要路段的工地周围未设置高于 2.5m 的围挡，扣 10 分 一般路段的工地周围未设置高于 1.8m 的围挡，扣 10 分 围挡材料不坚固、不稳定、不整洁、不美观，扣 5～7 分 围挡没有沿工地四周连续设置，扣 3～5 分	10		
2		封闭管理	施工现场进出口无大门，扣 3 分；无门卫和无门卫制度，扣 3 分；进入施工现场不佩戴工作卡，扣 3 分；门头未设置企业标志，扣 3 分	10		
3		施工场地	工地地面未做硬化处理，扣 5 分；道路不畅通，扣 5 分；无排水设施、排水不通畅，扣 4 分 无防止泥浆、污水、废水外流或堵塞下水道和排水河道的措施，扣 3 分 工地有积水，扣 2 分 工地未设置吸烟处，随意吸烟，扣 2 分 温暖季节无绿化布置，扣 4 分	10		

序号	检查项目		扣 分 标 准	应得分数	扣减分数	实得分数
4	保证项目	材料堆放	建筑材料、构件、料具不按总平面布局堆放，扣 4 分；料堆未挂名称、品种、规格等标牌，扣 2 分；堆放不整齐，扣 3 分 未做到工完场地清，扣 3 分；建筑垃圾堆放不整齐，未标出名称、品种，扣 3 分 易燃易爆物品未分类存放，扣 4 分	10		
5		现场宿舍	在建工程兼作住宿，扣 8 分 施工作业区与办公、生活区不能明显划分，扣 6 分 宿舍无保暖和防煤气中毒措施，扣 5 分 宿舍无消暑和防蚊虫叮咬措施，扣 3 分 宿舍无床铺，生活用品放置不整齐，扣 2 分 宿舍周围环境不卫生、不安全，扣 3 分	10		
6		现场防火	无消防措施、制度或无灭火器材，扣 10 分 灭火器材配置不合理，扣 5 分 无消防水源（高层建筑）或水源不能满足消防要求，扣 8 分 无动火审批手续和动火监护，扣 5 分	10		
		小计		60		
7	一般项目	治安综合治理	生活区未给工人设置学习和娱乐场所，扣 4 分 未建立治安保卫制度，责任未分解到人，扣 3～5 分 治安防范措施不利，常发生失盗事件，扣 3～5 分	8		
8		施工现场标牌	大门口处挂的五牌一图，内容不全，缺一项，扣 2 分 标牌不规范、不整齐，扣 3 分 无安全标语，扣 5 分 无宣传栏、读报栏、黑板报等，扣 5 分	8		
9		生活设施	厕所不符合卫生要求，扣 4 分 无厕所，随地大小便，扣 8 分 食堂不符合卫生要求，扣 8 分 无卫生责任制，扣 5 分 不能保证供应卫生饮水，扣 10 分 无淋浴室或淋浴室不符合要求，扣 5 分 生活垃圾未及时清理，未装容器，无专人管理，扣 3～5 分	8		
10		保健急救	无保健医药箱，扣 5 分 无急救措施和急救器材，扣 8 分 无经培训的急救人员，扣 4 分 未开展卫生防病宣传教育，扣 4 分	8		
11		社区服务	无防粉尘、防噪声措施，扣 5 分 夜间未经许可施工，扣 8 分 现场焚烧有毒、有害物质，扣 5 分 未建立施工不扰民措施，扣 5 分	8		
		小计		40		
	检查项目合计			100		

3. 脚手架

脚手架安全检查评分表分为落地式外脚手架、悬挑式脚手架、门形脚手架、挂脚手架、吊篮脚手架、附着式升降脚手架六种脚手架的安全检查评分表。

（1）落地式外脚手架　落地式外脚手架安全检查评分标准见表 5-5。

表 5-5　落地式外脚手架安全检查评分表

序号	检查项目		扣 分 标 准	应得分数	扣减分数	实得分数
1		施工方案	脚手架无施工方案，扣 10 分 脚手架高度超过规范规定，无设计计算书或未经审批，扣 10 分 施工方案不能指导施工，扣 5～8 分	10		
2		立杆基础	每 10 延长米立杆基础不平、不实、不符合方案设计要求，扣 2 分 每 10 延长米立杆缺少底座、垫木，扣 5 分 每 10 延长米无扫地杆，扣 5 分 每 10 延长米木脚手架立杆不埋地或无扫地杆，扣 5 分 每 10 延长米无排水措施，扣 3 分	10		
3	保证项目	架体与建筑结构拉结	脚手架高度在 7m 以上，架体与建筑结构拉结，按规定要求每少一处，扣 2 分 拉结不坚固，每一处扣 1 分	10		
4		杆件间距与剪刀撑	每 10 延长米立杆、大横杆、小横杆间距超过规定要求，每一处扣 2 分 不按规定设置剪刀撑，每一处扣 5 分 剪刀撑未沿脚手架高度连续设置或角度不符合要求，扣 5 分	10		
5		脚手架与防护栏杆	脚手板不满铺，扣 7～10 分 脚手板的材质不符合要求，扣 7～10 分 每有一处探头板，扣 2 分 脚手架外侧未设置密目式安全网，或网间不严密，扣 7～10 分 施工层不设 1.2m 的高防护栏杆和挡脚板，扣 5 分	10		
6		交底与验收	脚手架搭设前无交底，扣 5 分 脚手架搭设完毕仍未办理验收手续，扣 10 分 无量化的验收内容，扣 5 分	10		
		小计		60		
7	一般项目	小横杆设置	不按立杆与大横杆，交点处设置小横杆每有一处扣 2 分 小横杆只固定一端，每有一处扣 1 分 单排架子小横杆插入墙内小于 24cm，每有一处扣 2 分	10		
8		杆件搭接	木立杆、大横杆每有一处搭接小于 1.5m，扣 1 分 钢管立杆采用搭接，每有一处扣 2 分	5		
9		架体内封闭	施工层以下每隔 10m 未用屏风或其他措施封闭，扣 5 分 施工层脚手架内立杆与建筑物之间未进行封闭，扣 5 分	5		
10		脚手架材质	木杆直径、材质不合要求，扣 4～5 分 钢管弯曲、锈蚀严重，扣 4～5 分	5		

序号	检查项目		扣 分 标 准	应得分数	扣减分数	实得分数
11	一般项目	通道	架体不设上下通道，扣 5 分 通道设置不符合要求，扣 1～3 分	5		
12		卸料平台	卸料平台未经设计计算，扣 10 分 卸料平台搭设不符合设计要求，扣 10 分 卸料平台支撑系统与脚手架连接，扣 8 分 卸料平台无限定荷载标牌，扣 3 分	10		
		小计		40		
检查项目合计				100		

（2）悬挑式脚手架　悬挑式脚手架一般有两种：一种是每层一挑，将立杆底部顶在楼板、梁或墙体等建筑部位，向外倾斜固定后，在其上部搭设横杆、铺脚手板，形成施工层，施工一个层高，待转入上层后，再重新搭设脚手架，提供上一层施工；另外一种是多层悬挑，将全高的脚手架分成若干段，每段搭设高度不超过 25m，利用悬挑梁或悬挑架作脚手架基础，分段悬挑和分段设搭脚手架，利用此种方法可以搭设总高度超过 50m 以上的脚手架。

悬挑式脚手架安全检查评分标准见表 5-6。

表 5-6　悬挑式脚手架安全检查评分表

序号	检查项目		扣 分 标 准	应得分数	扣减分数	实得分数
1	保证项目	施工方案	脚手架无施工方案、设计计算书或未经上级审批，扣 10 分 施工方案中搭设方法不具体，扣 6 分	10		
2		悬吊梁及架体稳定	外挑杆件与建筑结构连接不牢固，每有一处扣 5 分 悬挑梁安装不符合设计要求，每有一处扣 5 分 立杆底部固定不牢，每有一处扣 3 分 架体未按规定与建筑结构拉结，每有一处扣 5 分	20		
3		脚手板	脚手板铺设不严、不牢，扣 7～10 分 脚手板材质不符合要求，扣 7～10 分 每有一处探头板，扣 2 分	10		
4		荷载	脚手架荷载超过规定，扣 10 分 施工荷载堆放不均匀，每有一处扣 5 分	10		
5		交底与验收	脚手架搭设不符合方案要求，扣 7～10 分 每段脚手架搭设后，无验收资料，扣 5 分 无交底记录，扣 5 分	10		
		小计		60		

续表

序号	检查项目		扣分标准	应得分数	扣减分数	实得分数
6	一般项目	杆件间距	每10延长米立杆间距超过规定，扣5分 大横杆间距超过规定，扣5分	10		
7		架体防护	施工层外侧未设置1.2m高防护栏杆和未设18cm高的踏脚板，扣5分 脚手架外侧不挂密目式安全网或网间不严密，扣7～10分	10		
8		层间防护	作业层下无平网或其他措施防护，扣10分 防护不严密，扣5分	10		
9		脚手架	杆件直径、型钢规格及材质不符合要求，扣7～10分	10		
		小计		40		
检查项目合计				100		

（3）门形脚手架　门形脚手架也称门式钢管脚手架，门形脚手架使用时，首先组成基本单元，其主要部件包括门形框架、交叉支撑和水平梁架等。门架立杆的竖直方向采用连接棒和锁臂接高，纵向使用交叉支撑连接门架立杆，在架顶水平面使用挂扣式脚手板或水平梁架。这些基本组合单元相互连接，逐层叠高，左右伸展，再设置水平加固件、剪刀撑及连墙杆等，便构成整体门形脚手架。

门形脚手架安全检查评分标准见表5-7。

表5-7　门形脚手架安全检查评分表

序号	检查项目		扣分标准	应得分数	扣减分数	实得分数
1	保证项目	施工方案	脚手架无施工方案，扣10分 施工方案不符合规范要求，扣5分 脚手架高度超过规范规定、无设计计算书或未经上级审批，扣10分	10		
2		架体基础	脚手架基础不平、不实、无垫木，扣10分 脚手架底部不加扫地杆，扣5分	10		
3		架体稳定	不按规定间距与墙体拉结，每有一处扣5分 拉结不牢固，每有一处扣5分 不按规定设置剪刀撑，扣5分 不按规定高度进行整体加固，扣5分 门架立杆垂直偏差超过规定，扣5分	10		
4		杆件、锁件	未按说明书规定组装，有漏装杆件和锁件，扣6分 脚手架组装不牢，每一处紧固不符合要求，扣1分	10		
5		脚手板	脚手板不满铺，离墙大于10cm以上，扣5分 脚手板不牢、不稳、材质不符合要求，扣5分	10		

序号	检查项目		扣 分 标 准	应得分数	扣减分数	实得分数
6	保证项目	交底与验收	脚手架搭设无交底，扣6分 未办理分段验收手续，扣4分 无交底记录，扣5分	10		
		小计		60		
7	一般项目	架体防护	脚手架外侧未设置1.2m高防护栏杆和18cm高的挡脚板，扣5分 架体外侧未挂密目式安全网或网间不严密，扣7~10分	10		
8		材质	杆件变形严重，扣10分 局部开焊，扣10分 杆件锈蚀，未刷防锈漆，扣5分	10		
9		荷载	施工荷载超过规定，扣10分 脚手架荷载堆放不均匀，每有一处扣5分	10		
10		通道	未设置上下专用通道，扣10分 通道设置不符合要求，扣5分	10		
		小计		40		
	检查项目合计			100		

（4）挂脚手架　挂脚手架是采用型钢焊制成定型刚架，用挂钩等措施挂在建筑结构内埋设的钩环或预留洞穿设的挂钩螺栓上，随结构施工往上逐层提升。挂脚手架制作简单，用料少，主要用于多层建筑的外墙粉刷、勾缝等作业，但由于稳定性差，如使用不当会发生事故。

挂脚手架安全检查评分标准见表5-8。

表 5-8　挂脚手架安全检查评分表

序号	检查项目		扣 分 标 准	应得分数	扣减分数	实得分数
1	保证项目	施工方案	脚手架无施工方案、设计计算书，扣10分 施工方案未经审批，扣10分 施工方案措施不具体、指导性差，扣5分	10		
2		制作组装	架体制作与组装不符合设计要求，扣17~20分 悬挂点无设计或设计不合理，扣20分 悬挂点部件制作及埋设不符合设计要求，扣15分 悬挂点间距超过2m，每有一处扣20分	20		
3		材质	材质不符合设计要求、杆件严重变形、局部开焊，扣10分 材件、部件锈蚀未刷防锈漆，扣4~6分	10		
4		脚手板	脚手板铺设不满、不牢，扣8分 脚手板材质不符合要求，扣6分 每有一处探头板，扣8分	10		

序号	检查项目		扣 分 标 准	应得分数	扣减分数	实得分数
5	保证项目	交底与验收	脚手架进场无验收手续，扣 10 分 第一次使用前未经荷载试验，扣 8 分 每次使用前未经检查验收或资料不全，扣 6 分 无交底记录，扣 5 分	10		
		小计		60		
6	一般项目	荷载	施工荷载超过 1kN，扣 5 分 每跨（不大于 2m）超过 2 人作业，扣 10 分	15		
7		架体防护	施工层外侧未设置 1.2m 高防护栏杆和未做 18cm 高的踏脚板，扣 5 分 脚手架外侧未用密目式安全网封闭或封闭不严，扣 12～15 分 脚手架底部封闭不严密，扣 10 分	15		
8		安装人员	安装脚手架人员未经专业培训，扣 10 分 安装人员未系安全带，扣 10 分	10		
		小计		40		
检查项目合计				100		

（5）吊篮脚手架　吊篮主要用于高层建筑施工的装修作业，用型钢预制成吊篮架子，通过钢丝绳悬挂在建筑顶部的悬挂梁（架）上。吊篮可根据作业要求进行升降，其动力有手动与电动葫芦两种。吊篮脚手架简易实用，大多根据工程特点自行设计。

吊篮脚手架安全检查评分标准见表 5-9。

表 5-9　吊篮脚手架安全检查评分表

序号	检查项目		扣 分 标 准	应得分数	扣减分数	实得分数
1		施工方案	无施工方案、无设计计算书或未经上级审批，扣 10 分 施工方案不具体、指导性差，扣 5 分	10		
2	保证项目	制作组装	挑梁锚固或配重等抗倾覆装置不合格，扣 10 分 吊篮组装不符合设计要求，扣 7～10 分 电动（手扳）葫芦使用非合格产品，扣 10 分 吊篮使用前未经荷载试验，扣 10 分	10		
3		安全装置	升降葫芦无保险卡或失效，扣 20 分 升降吊篮无保险绳或失效，扣 20 分 无吊钩保险，扣 8 分 作业人员未系安全带或安全带挂在吊篮升降用的钢丝绳上，扣 17～20 分	20		

续表

序号	检查项目		扣 分 标 准	应得分数	扣减分数	实得分数
4	保证项目	脚手板	脚手板铺设不满、不牢，扣5分 脚手板材质不合要求，扣5分 每有一处探头板，扣2分	5		
5		升降操作	操作升降的人员不固定和未经培训，扣10分 升降作业时有其他人员在吊篮内停留，扣10分 两片吊篮连在一起同时升降无同步装置或虽有但达不到同步的，扣10分	10		
6		交底与验收	每次提升后未经验收上人作业，扣5分 提升及作业未经交底，扣5分	5		
		小计		60		
7	一般项目	防护	吊篮外侧防护不符合要求，扣7～10分 外侧立网封闭不整齐，扣4分 单片吊篮升降两端头无防护，扣10分	10		
8		防护顶板	多层作业无防护顶板，扣10分 防护顶板设置不符合要求，扣5分	10		
9		架体稳定	作业时吊篮未与建筑结构拉牢，扣10分 吊篮钢丝绳斜拉或吊篮离墙空隙过大，扣5分	10		
10		荷载	施工荷载超过设计规定，扣10分 荷载堆放不均匀，扣5分	10		
		小计		40		
	检查项目合计			100		

（6）附着式升降脚手架（整体提升架或爬架）　附着式升降脚手架为高层建筑施工的外脚手架，可以进行升降作业，从下至上提升一层，施工一层主体；当主体施工完毕，再从上向下装修一层，下降一层，直至将底层装修施工完毕。由于它具有良好的经济效益和社会效益，现今已被高层建筑施工广泛采用。目前使用的主要形式有导轨式、主套架式、悬挑式、吊拉式等。

附着式升降脚手架安全检查评分标准见表5-10。

表5-10　附着式升降脚手架（整体提升架或爬架）安全检查评分表

序号	检查项目		扣 分 标 准	应得分数	扣减分数	实得分数
1	保证项目	使用条件	未经建设部组织鉴定并发放生产和使用证的产品，扣10分 不具有当地建筑安全监督管理部门发放的准用证，扣10分 无专项施工组织设计，扣10分 安全施工组织设计未经上级技术部门审批，扣10分 各工种无操作规程，扣10分	10		

序号	检查项目		扣 分 标 准	应得分数	扣减分数	实得分数
2	保证项目	设计计算	无设计计算书，扣 10 分 设计计算书未经上级技术部门审批，扣 10 分 设计荷载未按承重架 3.0kN/m²，装饰架 2.0kN/m²，升降状态 0.5kN/m² 取值，扣 10 分 压杆长细比大于 150，受拉杆件的长细比大于 300，扣 10 分 主框架、支撑框架（桁架）各节点的各杆件轴线不汇交于一点，扣 6 分 无完整的制作安装图，扣 10 分	10		
3		架体构造	无定型（焊接或螺栓连接）的主框架，扣 10 分 相邻两主框架之间的架体无定型（焊接或螺栓连接）的支撑框架（桁架），扣 10 分 主框架间脚手架的立杆不能将荷载直接传递到支撑框架上，扣 10 分 架体未按规定构造搭设，扣 10 分 架体上部悬臂部分大于架体高度的 1/3，且超过 4.5m，扣 8 分 支撑框架未将主框架作为支座，扣 10 分	20		
4		附着支撑	主框架未与每个楼层设置连接点，扣 10 分 钢挑架与预埋钢筋环连接不严密，扣 10 分 钢挑架上的螺栓与墙体连接不牢固或不符合规定，扣 10 分 钢挑架焊接不符合要求，扣 10 分	5		
5		升降装置	无同步升降装置或虽有同步升降装置但达不到同步升降，扣 10 分 索具、吊具达不到 6 倍安全系数，扣 10 分 有两个以上吊点升降时，使用手拉葫芦（导链），扣 10 分 升降时架体只有一个附着支撑装置，扣 10 分 升降时架体上站人，扣 10 分	10		
6		防坠落、导向防倾斜装置	无防坠装置，扣 10 分 防坠装置设在与架体升降的同一个附着支撑装置上，且无两处以上，扣 10 分 无垂直导向和防止左右、前后倾斜的防倾装置，扣 10 分 防坠装置不起作用，扣 7～10 分	5		
		小计		60		
7	一般项目	分段验收	每次提升前，无具体的检查记录，扣 6 分 每次提升后、使用前无验收手续或资料不全，扣 7 分	10		
8		脚手板	脚手板铺设不严不牢，扣 3～5 分 离墙空隙未封严，扣 3～5 分 脚手板材质不符合要求，扣 3～5 分	10		
9		防护	脚手架外侧使用的密目式安全网不合格，扣 10 分 操作层无防护栏杆，扣 8 分 外侧封闭不严，扣 5 分 作业层下方封闭不严，扣 5～7 分	10		

续表

序号	检查项目		扣分标准	应得分数	扣减分数	实得分数
10	一般项目	操作	不按施工组织设计搭设，扣10分 操作前未向现场技术人员和工人进行安全交底，扣10分 作业人员未经培训，未持证上岗又未定岗位，扣7～10分 安装、升降、拆除时无安全警戒线，扣10分 荷载堆放不均匀，扣5分 升降时架体上有超过2000N重的设备，扣10分	10	'	
		小计		40		
检查项目合计				100		

4. 基抗支护

基坑支护安全检查是对施工现场基坑支护工程的安全评价。检查的项目应包括：施工方案、临边防护、坑壁支护、排水措施、坑边荷载、上下通道、土方开挖、基坑支护变形监测和作业环境九项内容。

基坑支护安全检查评分标准见表5-11。

表5-11　基坑支护安全检查评分表

序号	检查项目		扣 分 标 准	应得分数	扣减分数	实得分数
1	保证项目	施工方案	基础施工无支护方案，扣20分 施工方案针对性差，不能指导施工，扣12～15分 基坑深度超过5m，无专项支护设计，扣20分 支护设计及方案未经上级审批，扣15分	20		
2		临边防护	深度超过2m的基坑施工无临边防护措施，扣10分 临边及其他防护不符合要求，扣5分	10		
3		坑壁支护	坑槽开挖设置安全边坡不符合安全要求，扣10分 特殊支护的做法不符合设计方案，扣5～8分 支护设施已产生局部变形又未采取措施调整，扣6分	10		
4		排水措施	基坑施工未设置有效排水措施，扣10分 深基础施工采用坑外降水，无防止临近建筑危险沉降的措施，扣10分	10		
5		坑边荷载	积土、料具堆放距槽边距离小于设计规定，扣10分 机械设备施工与槽边距离不符合要求，又无措施，扣10分	10		
		小计		60		
6	一般项目	上下通道	人员上下无专用通道，扣10分 设置的通道不符合要求，扣6分	10		
7		土方开挖	施工机械进场未经验收，扣5分 挖土机作业时，有人员进入挖土机作业半径内，扣6分 挖土机作业位置不牢、不安全，扣10分 司机无证作业，扣10分 未按规定程序挖土或超挖，扣10分	10		

续表

序号	检查项目		扣分标准	应得分数	扣减分数	实得分数
8	一般项目	基坑支护变形监测	未按规定进行基坑支护变形监测，扣10分 未按规定对毗邻建筑物和重要管线和道路进行沉降观测，扣10分	10		
9		作业环境	基坑内作业人员无安全立足点，扣10分 垂直作业上下无隔离防护措施，扣10分 光线不足，未设置足够照明，扣5分	10		
		小计		40		
检查项目合计				100		

5. 模板工程

模板工程安全检查是对施工过程中模板工作的安全评价。检查的项目应包括：施工方案、支撑系统、立柱稳定、施工荷载、模板存放、支拆模板、模板验收、混凝土强度、运输道路和作业环境十项内容。

模板工程安全检查评分标准见表5-12。

表5-12　模板工程安全检查评分表

序号	检查项目		扣分标准	应得分数	扣减分数	实得分数
1	保证项目	施工方案	模板工程无施工方案或施工方案未经审批，扣10分 未根据混凝土输送方法制订有针对性安全措施，扣8分	10		
2		支撑系统	现浇混凝土模板的支撑系统无设计计算，扣6分 支撑系统不符合设计要求，扣10分	10		
3		立柱稳定	支撑模板的立柱材料不符合要求，扣6分 立柱底部无垫板或用砖垫高，扣6分 未按规定设置纵横向支撑，扣4分 立柱间距不符合规定，扣10分	10		
4		施工荷载	模板上施工荷载超过规定，扣10分 模板上堆料不均匀，扣5分	10		
5		模板存放	大模板存放无防倾倒措施，扣5分 各种模板存放不整齐、过高等不符合安全要求，扣5分	10		
6		支拆模板	2m以上高处作业无可靠立足点，扣8分 拆除区域未设置警戒线且无监护人，扣5分 留有未拆除的悬空模板，扣4分	10		
		小计		60		
7	一般项目	模板验收	模板拆除前未经拆模申请批准，扣5分 模板工程无验收手续，扣6分 验收单未量化验收内容，扣4分 支拆模板未进行安全技术交底，扣5分	10		

续表

序号	检查项目	扣 分 标 准	应得分数	扣减分数	实得分数
8	一般项目 · 混凝土强度	模板拆除前无混凝土强度报告，扣5分 混凝土强度未达规定提前拆模，扣8分	10		
9	运输道路	在模板上运输混凝土无走道垫板，扣7分 走道垫板不稳不牢，扣3分	10		
10	作业环境	作业面孔洞及临边无防护措施，扣10分 垂直作业上下无隔离防护措施，扣10分	10		
	小计		40		
检查项目合计			100		

6. "三宝"、"四口"防护

"三宝"、"四口"防护检查是对安全帽、安全网、安全带、楼梯口、电梯井口、预留洞口、坑井口、通道口及阳台、楼板、屋面等临边使用及防护情况的评价。

"三宝"、"四口"防护检查评分标准见表5-13。

表 5-13　"三宝"、"四口"防护检查评分表

序号	检查项目	扣 分 标 准	应得分数	扣减分数	实得分数
1	安全帽	有一人不戴安全帽，扣5分 安全帽不符合标准，每发现一顶，扣1分 不按规定佩戴安全帽，有一人，扣1分	20		
2	安全网	在建工程外侧未用密目安全网封闭，扣25分 安全网规格、材质不符合要求，扣25分 安全网未取得建筑安全监督管理部门准用证，扣25分	25		
3	安全带	每有一人未系安全带，扣5分 有一人安全带系挂不符合要求，扣3分 安全带不符合标准，每发现一条，扣2分	10		
4	楼梯口、电梯井口防护	每一处无防护措施，扣6分 每一处防防措施不符合要求或不严密，扣3分 防护设施未形成定型化、工具化，扣6分 电梯井内每隔两层（不大于10m）少一道平网，扣6分	12		
5	预留洞口、坑井防护	每一处无防护措施，7分 防护设施未形成定型化、工具化，扣6分 每一处防护措施不符合要求或不严密，扣3分	13		
6	通道口防护	每一处无防护棚，扣5分 每一处防护不严，扣2~3分 每一处防护棚不牢固、材质不符合要求，扣3分	10		
7	阳台、楼板、屋面等临边防护	每一处临边无防护，扣5分 每一处临边防护不严、不符合要求，扣3分	10		
检查项目合计			100		

7. 施工用电

施工用电安全检查是对施工现场临时用电情况的评价。检查的项目应包括：外电防护、接地与接零保护系统、配电箱、开关箱、现场照明、配电线路、电器装置、变配电装置和用电档案九项内容。

施工用电安全检查评分标准见表 5-14。

表 5-14　施工用电安全检查评分表

序号	检查项目		扣 分 标 准	应得分数	扣减分数	实得分数
1		外电防护	小于安全距离又无防护措施，扣 20 分	20		
			防护措施不符合要求、封闭不严密，扣 5～10 分			
2		接地与接零保护系统	工作接地与重复接地不符合要求，扣 7～10 分	10		
			未采用 TN-S 系统，扣 10 分			
			专用保护零线设置不符合要求，扣 5～8 分			
			保护零线与工作零线混接，扣 10 分			
3	保证项目	配电箱开关箱	不符合"三级配电两级保护"要求，扣 10 分	20		
			开关箱（末级）无漏电保护或保护器失灵，每一处扣 5 分			
			漏电保护装置参数不匹配，每发现一处扣 2 分			
			电箱内无隔离开关，每一处扣 2 分			
			违反"一机、一闸、一漏、一箱"，每一处扣 5～7 分			
			安装位置不当、周围杂物多等，不便操作，每一处扣 5 分			
			闸具损坏、闸具不符合要求，每一处扣 5 分			
			配电箱内多路配电无标记，每一处扣 5 分			
			电箱下引出线混乱，每一处扣 2 分			
			电箱无门、无锁、无防雨措施，每一处扣 2 分			
4		现场照明	照明专用回路无漏电保护，扣 5 分	10		
			灯具金属外壳未作接零保护，每一处扣 2 分			
			室内线路及灯具安装高度低于 2.4m，未使用安全电压供电，扣 10 分			
			潮湿作业未使用 36V 以下安全电压，扣 10 分			
			使用 36V 安全电压照明线路混乱和接头处未用绝缘布包扎，扣 5 分			
			手持照明灯未使用 36V 及以下电源供电，扣 10 分			
		小计		60		
5	一般项目	配电线路	电线老化、破皮未包扎，每一处扣 10 分	15		
			线路过道无保护，每一处扣 5 分			
			电杆、横担不符合要求，扣 5 分			
			架空线路不符合要求，扣 7～10 分			
			未使用五芯线（电缆），扣 10 分			
			使用四芯电缆外加一根线替代五芯电缆，扣 10 分			
			电缆架设或埋设不符合要求，扣 7～10 分			
6		电器装置	闸具、熔断器参数与设备容量不匹配、安装不合要求，每一处扣 3 分	10		
			用其他金属丝代替熔丝，扣 10 分			

序号	检查项目		扣 分 标 准	应得分数	扣减分数	实得分数
7	一般项目	变配电装置	不符合安全规定，扣5分	5		
8		用电档案	无专项用电施工组织设计，扣10分 无地极阻值摇测记录，扣4分 无电工巡视维修记录或填写不真实，扣4分 档案乱、内容不全、无专人管理，扣3分	10		
		小计		40		
检查项目合计				100		

8. 物料提升机（龙门架、井字架）

物料提升机（龙门架、井字架）安全检查是对物料提升机的设计制作、搭设和使用情况的评价。检查的项目应包括：架体制作、限位保险装置、架体稳定、钢丝绳、楼层卸料平台防护、吊篮、安装验收、架体、传动系统、联络信号、卷扬机操作棚和避雷12项内容。

物料提升机安全检查评分标准见表5-15。

表 5-15　物料提升机（龙门架、井字架）安全检查评分表

序号	检查项目			扣 分 标 准	应得分数	扣减分数	实得分数
1	保证项目	架体制作		无设计计算书或未经上级审批，扣9分 架体制作不符合设计要求和规范要求，扣7～9分 使用厂家生产的产品，无建筑安全监督管理部门准用证，扣9分	9		
2		限位保险装置		吊篮无停靠装置，扣9分 停靠装置未形成定型化，扣5分 无超高限位装置，扣9分 使用摩擦式卷扬机，超高限位采用断电方式，扣9分 高架提升机无下极限限位器、缓冲器或无超载限制器，每一项扣3分	9		
3		架体稳定	缆风绳	架高20m以下时设一组，20～30m设二组，少一组，扣9分 缆风绳不使用钢丝绳，扣9分 钢丝绳直径小于9.3mm或角度不符合45°～60°，扣4分 地锚不符合要求，扣4～7分	9		
			与建筑结构连接	连墙杆的位置不符合规范要求，扣5分 连墙件连接不牢，扣5分 连墙杆与脚手架连接，扣9分 连墙杆材质或连接做法不符合要求，扣5分			
4		钢丝绳		钢丝绳磨损已超过报废标准，扣8分 钢丝绳锈蚀、缺油，扣2～4分 绳卡不符合规定，扣2分 钢丝绳无过路保护，扣2分 钢丝绳拖地，扣2分	8		

续表

序号	检查项目		扣分标准	应得分数	扣减分数	实得分数
5	保证项目	楼层卸料平台防护	卸料平台两侧无防护栏杆或防护不严，扣2～4分 平台脚手板搭设不严、不牢，扣2～4分 平台无防护门或不起作用，每一处扣2分 防护门未形成定型化、工具化，扣4分 地面进料口无防护棚或不符合要求，扣2～4分	8		
6	保证项目	吊篮	吊篮无安全门，扣8分 安全门未形成定型化、工具化，扣4分 高架提升机不使用吊笼，扣4分 违章乘坐吊篮上下，扣8分 吊篮提升使用单根钢丝绳，扣8分	8		
7	保证项目	安装验收	无验收手续和责任人签字，扣9分 验收单无量化验收内容，扣5分	9		
	保证项目	小计		60		
8	一般项目	架体	架体安装拆除无施工方案，扣5分 架体基础不符合要求，扣2～4分 架体垂直偏差超过规定，扣5分 架体与吊篮间隙超过规定，扣3分 架体外侧无立网防护或防护不严，扣4分 摇臂扒杆未经设计或安装不符合要求或无保险绳，扣8分 井字架开口处未加固，扣2分	16		
9	一般项目	传动系统	卷扬机地锚不牢固，扣2分 卷筒钢丝绳缠绕不整齐，扣2分 第一个导向滑轮距离小于15倍卷筒宽度，扣2分 滑轮翼缘破损或与架体柔性连接，扣3分 卷筒上无防止钢丝绳滑脱的保险装置，扣5分 滑轮与钢丝绳不匹配，扣2分	9		
10	一般项目	联络信号	无联络信号，扣7分 信号方式不合理、不准确，扣2～4分	7		
11	一般项目	卷扬机操作棚	卷扬机无操作棚，扣7分 操作棚不符合要求，扣3～5分	7		
12	一般项目	避雷	防雷保护范围以外无避雷装置，扣7分 避雷装置不符合要求，扣4分	7		
	一般项目	小计		40		
检查项目合计				100		

9. 外用电梯（人货两用电梯）

外用电梯（人货两用电梯）安全检查是对施工现场外用电梯的安全状况

及使用管理的评价。检查的内容应包括：安全装置、安全防护、司机、荷载、安装与拆卸、安装验收、架体稳定、联络信号、电气安全和避雷十项内容。

外用电梯安全检查评分标准见表 5-16。

表 5-16　外用电梯（人货两用电梯）安全检查评分表

序号	检查项目		扣 分 标 准	应得分数	扣减分数	实得分数
1	保证项目	安全装置	吊笼安全装置未经试验或不灵敏，扣 10 分 门链锁装置不起作用，扣 10 分	10		
2		安全防护	地面吊笼出入口无防护棚，扣 8 分 防护棚材质搭设不符合要求，扣 4 分 每层卸料口无防护门，扣 10 分 有防护门不使用，扣 6 分 卸料台口搭设不符合要求，扣 6 分	10		
3		司机	司机无证上岗作业，扣 10 分 每班作业前不按规定试车，扣 5 分 不按规定交接班或无交接记录，扣 5 分	10		
4		荷载	超过规定承载人数无控制措施，扣 10 分 超过规定重量无控制措施，扣 10 分 未加配重载人，扣 10 分	10		
5		安装与拆卸	未制订安装拆卸方案，扣 10 分 作业队伍没有取得资格证，扣 10 分	10		
6		安装验收	电梯安装后无验收或拆装无交底，扣 10 分 验收单上无量化验收内容，扣 5 分	10		
		小计		60		
7	一般项目	架体稳定	架体垂直度超过说明书规定，扣 7～10 分 架体与建筑结构附着不符合要求，扣 7～10 分 架体附着装置与脚手架连接，扣 10 分	10		
8		联络信号	无联络信号，扣 10 分 信号不准确，扣 6 分	10		
9		电气安全	电气安装不符合要求，扣 10 分 电气控制无漏电保护装置，扣 10 分	10		
10		避雷	在避雷保护范围外无避雷装置，扣 10 分 避雷装置不符合要求，扣 5 分	10		
		小计		40		
	检查项目合计			100		

10. 塔吊

塔吊安全检查是对塔式起重机使用情况的评价。检查的项目应包括：力矩限制器、限位器、保险装置、附墙装置与夹轨钳、安装与拆卸、塔吊指挥、路基与轨道、电气安全、多塔作业和安装验收 10 项内容。

塔吊安全检查评分标准见表 5-17。

表 5-17　塔吊安全检查评分表

序号	检查项目		扣 分 标 准	应得分数	扣减分数	实得分数
1	保证项目	力矩限制器	无力矩限制器，扣 13 分 力矩限制器不灵敏，扣 13 分	13		
2		限位器	无超高、变幅、行走限位，每项扣 5 分 限位器不灵敏，每项扣 5 分	13		
3		保险装置	吊钩无保险装置，扣 5 分 卷扬机滚筒无保险装置，扣 5 分 上人爬梯无护圈或护圈不符合要求，扣 5 分	7		
4		附墙装置与夹轨钳	塔吊高度超过规定不安装附墙装置，扣 10 分 附墙装置安装不符合说明书要求，扣 3～7 分 无夹轨钳，扣 10 分 有夹轨钳不用，每一处扣 3 分	10		
5		安装与拆卸	未制订安装拆卸方案，扣 10 分 拆装队伍没有取得资格证书，扣 10 分	10		
6		塔吊指挥	司机无证上岗，扣 7 分 指挥无证上岗，扣 4 分 高塔指挥不使用旗语或对讲机，扣 7 分	7		
	小计			60		
7	一般项目	路基与轨道	路基不坚实、不平整、无排水措施，扣 3 分 枕木铺设不符合要求，扣 3 分 道钉与接头螺栓数量不足，扣 3 分 轨距偏差超过规定，扣 2 分 轨道无极限位置阻挡器，扣 5 分 高塔基础不符合设计要求，扣 10 分	10		
8		电气安全	行走塔吊无卷线器或失灵，扣 6 分 塔吊与架空线路小于安全距离又无防护措施，扣 10 分 防护措施不符合要求，扣 2～5 分 道轨无接地、接零，扣 4 分 接地、接零不符合要求，扣 2 分	10		
9		多塔作业	两台以上塔吊作业、无防碰撞措施，扣 10 分 措施不可靠，扣 3～7 分	10		
10		安装验收	安装完毕无验收资料或责任人签字，扣 10 分 验收单上无量化验收内容，扣 5 分	10		
	小计			40		
	检查项目合计			100		

11. 起重吊装

起重吊装安全检查是对施工现场起重吊装作业和起重吊装机械的安全评价。检查的项目应包括：施工方案、起重机械、钢丝绳与地锚、吊点、司机指挥、地基承载力、起重作业、高处作业、作业平台、构件堆放、警戒和操作工 12 项内容。

起重吊装安全检查评分标准见表 5-18。

表 5-18　起重吊装安全检查评分表

序号	检查项目			扣 分 标 准	应得分数	扣减分数	实得分数
1		施工方案		起重吊装作业无方案，扣 10 分 作业方案未经上级审批或方案针对性不强，扣 5 分	10		
2	保证项目	起重机械	起重机	起重机无超高和力矩限制器，扣 10 分 吊钩无保险装置，扣 5 分 起重机未取得准用证，扣 20 分 起重机安装后未经验收，扣 15 分	20		
			起重扒杆	起重扒杆无设计计算书或未经审批，扣 20 分 扒杆组装不符合设计要求，扣 17～20 分 扒杆使用前未经试吊，扣 10 分			
3		钢丝绳与地锚		起重钢丝绳磨损、断丝超标，扣 10 分 滑轮不符合规定，扣 4 分 缆风绳安全系数小于 3.5 倍，扣 8 分 地锚埋设不符合设计要求，扣 5 分	10		
4		吊点		不符合设计规定位置，扣 5～10 分 索具使用不合理、绳径倍数不够，扣 5～10 分	10		
5		司机、指挥		司机无证上岗，扣 10 分 非本机型司机操作，扣 5 分 指挥无证上岗，扣 5 分 高处作业无信号传递，扣 10 分	10		
		小计			60		
6	一般项目	地基承载力		起重机作业路面地基承载力不符合说明书要求，扣 5 分 地面铺垫措施达不到要求，扣 3 分	5		
7		起重作业		被吊物体重量不明就吊装，扣 3～6 分 有超载作业情况，扣 6 分 每次作业前未经试吊检验，扣 3 分	6		
8		高处作业		结构吊装未设置防坠落措施，扣 9 分 作业人员不系安全带或安全带无牢靠悬挂点，扣 9 分 人员上下未专设爬梯、斜道，扣 5 分	9		
9		作业平台		起重吊装人员作业无可靠立足点，扣 5 分 作业平台临边防护不符合规定，扣 2 分 作业平台脚手板不满铺，扣 3 分	5		

续表

序号	检查项目		扣分标准	应得分数	扣减分数	实得分数
10	一般项目	构件堆放	楼板堆放超过1.6m高度，扣2分 其他物件堆放高度不符合规定，扣2分 大型构件堆放无稳定措施，扣3分	5		
11		警戒	起重吊装作业无警戒标志，扣3分 未设专人警戒，扣2分	5		
12		操作工	起重工、电焊工无安全操作证上岗，每一人扣2分	5		
		小计		40		
	检查项目合计			100		

12. 施工机具

施工机具安全检查评分表是对施工中使用的平刨、圆盘锯、手持电动工具、钢筋机械、电焊机、搅拌机、气瓶、翻斗车、潜水泵和打桩机械十种施工机具安全状况的评价。

施工机具安全检查评分标准见表5-19。

表 5-19　施工机具安全检查评分表

序号	检查项目	扣　分　标　准	应得分数	扣减分数	实得分数
1	平刨	平刨安装后无验收合格手续，扣5分 无护手安全装置，扣5分 传动部位无防护罩，扣5分 未做保护接零、无漏电保护器，各扣5分 无人操作时未切断电源，扣3分 使用平刨和圆盘锯合用一台电动机的多功能木工机具，平刨和圆盘锯，两项扣20分	10		
2	圆盘锯	电锯安装后无验收合格手续，扣5分 无锯盘护罩、分料器、防护挡板安全装置和传动部位无防护，每缺一项，扣5分 未做保护接零、无漏电保护器，各扣5分 无人操作时未切断电源，扣3分	10		
3	手持电动工具	Ⅰ类手持电动工具无保护接零，扣10分 使用Ⅰ类手持电动工具不按规定穿戴绝缘用品，扣5分 使用手持电动工具随意接长电源线或更换插头，扣5分	10		
4	钢筋机械	机械安装后无验收合格手续，扣5分 未做保护接零、无漏电保护器，各扣5分 钢筋冷拉作业区及对焊作业区无防护措施，扣5分 传动部位无防护，扣3分	10		

序号	检查项目	扣　分　标　准	应得分数	扣减分数	实得分数
5	电焊机	电焊机安装后无验收合格手续，扣5分 未做保护接零、无漏电保护器，各扣5分 无二次空载降压保护器或无触电保护器，扣5分 一次线长度超过规定或不穿管保护，扣5分 电源不使用自动开关，扣3分 焊把线接头超过3处或绝缘老化，扣5分 电焊机无防雨罩，扣4分	10		
6	搅拌机	搅拌机安装后无验收合格手续，扣5分 未做保护接零、无漏电保护器，各扣5分 离合器、制动器、钢丝绳达不到要求，每项扣3分 操作手柄无保险装置，扣3分 搅拌机无防雨棚和作业台不安全，扣4分 料斗无保险挂钩或不使用挂钩，扣3分 传动部位无防护罩，扣4分 作业平台不平稳，扣3分	10		
7	气瓶	各种气瓶无标准色标，扣5分 气瓶间距小于5m，距明火小于10m又无隔离措施，各扣5分 乙炔瓶使用或存放时平放，扣5分 气瓶存放不符合要求，扣5分 气瓶无防震圈和防护帽，每个扣2分	10		
8	翻斗车	翻斗车未取得准用证，扣5分 翻斗车制动装置不灵敏，扣5分 无证司机驾车，扣5分 行车载人或违章行车，每发现一次扣5分	10		
9	潜水泵	未做保护接零、无漏电保护器，各扣5分 保护装置不灵敏、使用不合理，扣5分	10		
10	打桩机械	打桩机未取得准用证和安装后无验收合格手续，扣5分 打桩机无超高限位装置，扣5分 打桩机行走路线地基承载力不符合说明书要求，扣5分 打桩作业无方案，扣5分 打桩操作违反操作规程，扣5分	10		
检查项目合计			100		

第三节　施工安全资料管理

◎ **本节导图：**

　　本节主要介绍施工安全资料管理，内容包括建筑工程安全管理资料的基本规定、建筑工程安全管理资料分类、建筑工程安全资料编制、安全生产资料管理内容、安全资料整理等。其内容关系框图如下：

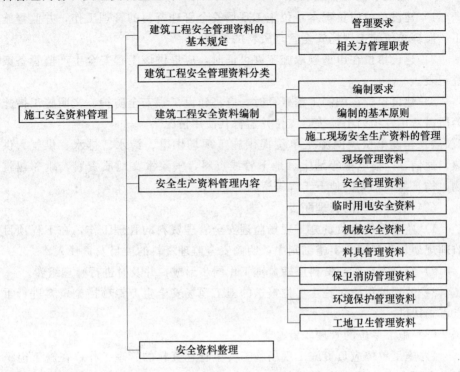

业务要点1：建筑工程安全管理资料的基本规定

1. 管理要求

1）建设单位、监理单位和施工单位应负责各自的安全管理资料管理工作，逐级建立健全施工现场安全资料管理岗位责任制，明确负责人，落实各岗位责任。

2）建设单位、监理单位和施工单位应建立安全管理资料的管理制度，规范安全管理资料的形成、收集、整理、组卷等工作，并应随施工现场安全管理工作同步形成，做到真实有效、及时完整。

3）施工现场安全管理资料应字迹清晰，签字、盖章等手续齐全，计算机形成的资料可打印、手写签名。

4）施工现场安全管理资料应为原件，因故不能为原件时，可为复印件。复印件上应注明原件存放处，加盖原件存放单位公章，有经办人签字并注明日期。

5）施工现场安全管理资料应分类整理和组卷，由各参与单位项目经理部保存备查至工程竣工。

2. 相关方管理职责

（1）建设单位的管理职责

1）建设单位应负责本单位施工现场安全管理资料的管理工作，并监督施工、监理单位施工现场安全管理资料的管理。

2）建设单位在申请领取施工许可证时，应提供该工程安全生产监管备案登记表。

3）建设单位在编制工程概算时，应将建设工程安全防护、文明施工措施等所需费用专项列出，按时支付并监督其使用情况。

4）建设单位应向施工单位提供施工现场供电、给水、排水、供气、供热、通信、广播电视等地上、地下管线资料，气象水文地质资料，毗邻建筑物、构筑物和相关的地下工程等资料。

（2）监理单位的管理职责

1）监理单位应负责施工现场监理安全管理资料的管理工作，在工程项目监理规划、监理安全实施细则中，明确安全监理资料的项目及责任人。

2）监理安全管理资料应随监理工作同步形成，并及时进行整理组卷。

3）监理单位应对施工单位报送的施工现场安全生产专项措施资料进行重点审查认可。

（3）施工单位的管理职责

1）施工单位应负责施工现场施工安全管理资料的管理工作，在施工组织设计中列出安全管理资料的管理方案，按规定列出各阶段安全管理资料的项目。

2）施工单位应指定施工现场安全管理资料责任人，负责安全管理资料的收集、整理和组卷。

3）施工现场安全管理资料应随工程建设进度形成，保证资料的真实性、有效性和完整性。

4）实行总承包施工的工程项目，总包单位应督促检查各分包单位施工现场安全管理资料的管理。分包单位应负责其分包范围内施工现场安全管理资料的形成、收集和整理。

5）施工单位的安全生产专项措施资料应遵循"先报审、后实施"的原则，实施前向建设单位和监理单位报送有关安全生产的计划、方案、措施等资料，得到审查认可后方可实施。

业务要点2：建筑工程安全管理资料分类

施工现场的安全资料，按建设部《建筑施工安全检查标准》JGJ 59—2011中规定的内容为主线整理归集，并按"安全管理"检查评分表所列的10

个检查项目名称顺序排列，其他各分项检查评分表则作为子项目分别归集到安全管理检查评分表相应的检查项目之内。

10 个子项目是：

1）安全生产责任制。

2）目标管理。

3）施工组织设计。

4）分部（分项）工程安全技术交底。

5）安全检查。

6）安全教育。

7）班前安全活动。

8）特种作业持证上岗。

9）工伤事故处理。

10）安全标志。

◉ 业务要点 3：建筑工程安全资料编制

建筑工程安全资料的编制，除国家有关规范外，一般在地方建设工程安全管理部门都专门编制印发了《建筑工程安全资料整理办法》，在组卷方式、编制形式上都大同小异，但是也存在地区差别。在每个工程开工之初，就应建立工程安全资料档案，指定专人收集并整理，在工程施工的全过程中，不能调动资料管理人员。

1. 编制要求

施工现场安全资料应真实反映工程的实际状况。施工现场安全资料应使用原件，因各种原因不能使用原件的，应在复印件上加盖原件存放单位的公章，注明原件存放处，并有经办人签字及时间。

现场安全资料应保证字迹清晰，签字、盖章手续齐全。计算机形成的工程资料应采用内容打印、手工签名的方式。

2. 编制的基本原则

施工现场安全资料可参考《施工现场安全资料分类表》（见表 5-20）的分类进行组卷。卷内资料排列顺序应依据卷内资料构成而定，一般为封面、目录、资料部分和封底。组成的案卷应美观、整齐。案卷页号的编写应以独立卷为单位。在案卷内资料排列顺序确定后，均应有书面内容的页面编写页号。每卷从阿拉伯数字 1 开始，用打号机或钢笔逐张连续标注页号。

表 5-20 建设单位工程施工现场安全管理资料分类整理及组卷表

编号	施工现场安全管理资料名称	资料表格编号或责任单位	工作相关及资料保存单位				
			建设单位	监理单位	施工单位	租赁单位	安装/拆卸单位
SA-A 类	建设单位施工现场安全管理资料						
	施工现场安全生产监督备案登记表	表 SA-A-1	●	●	●		
	施工现场变配电站、变压器、地上、地下管线及毗邻建筑物、构筑物资料移交单（如有）	表 SA-A-2	●	●	●		
	建筑工程施工许可证	建设单位	●	●	●		
	夜间施工审批手续（如有）	建设单位	●	●	●		
	施工合同	建设单位	●		●		
	施工现场安全生产防护、文明施工措施费用支付统计	建设单位	●	●	●		
	向当地住房和城乡建设主管部门报送的《危险性较大的分部分项工程通单》	建设单位	●	●	●		
	上级管理部门、政务主管部门检查记录	建设单位	●	●	●		
SA-B 类	监理单位施工现场安全管理资料						
	监理安全管理资料						
SA-B1	监理合同	监理单位	●	●			
	监理规划、安全监理实施细则	监理单位	●	●	●		
	安全监理专题会议纪要	监理单位	●	●	●		
	监理安全审核工作记录						
	工程技术文件报审表	表 SA-B2-1	●	●	●		
	施工现场施工起重机械安装/拆卸报审表	表 SA-B2-2	●	●	●	●	●
	施工现场施工起重机械验收核查表	表 SA-B2-3	●	●	●		
	施工现场安全隐患报告书	表 SA-B2-4	●	●	●		
	工作联系单	表 SA-B2-5	●				
	监理通知	表 SA-B2-6	●	●	●		
SA-B2	工程暂停令	表 SA-B2-7	●	●	●		
	工程复工报审表	表 SA-B2-8	●	●	●		
	安全生产防护、文明施工措施费用支付申请表	表 SA-B2-9	●	●	●		
	安全生产防护、文明施工措施费用支付证书	表 SA-B2-10	●	●	●		
	施工单位安全生产管理体系审核资料	监理单位		●	●		
	施工单位专项安全施工方案及工程项目应急救援预案审核资料	监理单位		●	●		

编号	施工现场安全管理资料名称	资料表格编号或责任单位	工作相关及资料保存单位				
			建设单位	监理单位	施工单位	租赁单位	安装/拆卸单位
SA-C类	施工单位施工现场安全管理资料						
	安全控制管理资料						
	施工现场安全生产管理概况表	SA-C1-1	●	●	●		
	施工现场重大危险源识别汇总表	SA-C1-2	●	●	●		
	施工现场重大危险源控制措施表	SA-C1-3	●	●	●		
	施工现场危险性较大的分部分项工程专项施工方案表	SA-C1-4	●	●	●		
	施工现场超过一定规模危险性较大的分部分项工程专家论证表	SA-C1-5	●	●	●		
	施工监测安全生产检查汇总表	SA-C1-6	●	●	●		
	施工现场安全生产管理检查评分表	SA-C1-7		●	●		
	施工现场文明施工检查评分表	SA-C1-8			●		
	施工现场落地式脚手架检查评分表	SA-C1-9-1			●		
	施工现场悬挑式脚手架检查评分表	SA-C1-9-2			●		
	施工现场门型脚手架检查评分表	SA-C1-9-3			●		
	施工现场挂脚手架检查评分表	SA-C1-9-4			●		
SA-C1	施工现场吊篮脚手架检查评分表	SA-C1-9-5			●		
	施工现场附着式升降脚手架提升架或爬架检查评分表	SA-C1-9-6			●		
	施工现场基坑土方及支护安全检查评分表	SA-C1-10			●		
	施工现场模板工程安全检查评分表	SA-C1-11			●		
	施工现场"三宝"、"四口"及"临边"防护检查评分表	SA-C1-12			●		
	施工现场施工用电检查评分表	SA-C1-13			●		
	施工现场物料提升机（龙门架、井字架）检查评分表	SA-C1-14-1			●		
	施工现场外用电梯（人货两用电梯）检查评分表	SA-C1-14-2			●		
	施工现场塔吊检查评分表	SA-C1-15			●		
	施工现场起重吊装安全检查评分表	SA-C1-16			●		
	施工现场施工机具检查评分表	SA-C1-17			●		
	施工现场安全技术交底汇总表	SA-C1-18		●	●		
	施工现场安全技术交底表	SA-C1-19			●		

编号	施工现场安全管理资料名称	资料表格编号或责任单位	工作相关及资料保存单位				
			建设单位	监理单位	施工单位	租赁单位	安装/拆卸单位
SA-C1	施工现场作业人员安全教育记录表	SA-C1-20			●		
	施工现场安全事故原因调查表	SA-C1-21	●	●	●		
	施工现场特种作业人员登记表	SA-C1-22		●	●		
	施工现场地上、地下管线保护措施验收记录表	SA-C1-23		●	●		
	施工现场安全防护用品合格证及检测资料登记表	SA-C1-24			●		
	施工现场施工安全日记表	SA-C1-25			●		
	施工现场班（组）班前讲话记录表	SA-C1-26			●		
	施工现场安全检查隐患整改记录表	SA-C1-27	●	●	●		
	监理通知回复单	SA-C1-28		●	●		
	施工现场安全生产责任制	施工单位		●	●		
	施工现场总分安全管理协议书	施工单位		●	●		
	施工现场施工组织设计及专项安全技术措施	施工单位		●	●		
	施工现场冬雨风季施工方案	施工单位		●	●		
	施工现场安全资金投入记录	施工单位			●		
	施工现场生产安全事故应急预案	施工单位	●	●	●		
	施工现场安全标识	施工单位			●		
	施工现场自身检查违章处理记录	施工单位			●		
	本单位上级管理部门、政府主管部门检查记录	施工单位	●	●	●		
SA-C2	施工现场消防保卫安全管理资料						
	施工现场消防重点部位登记表	SA-C2-1	●	●	●		
	施工现场用火作业审批表	SA-C2-2			●		
	施工现场消防保卫定期检查表	SA-C2-3			●		
	施工现场居民来访记录	施工单位			●		
	施工现场消防设备平面图	施工单位		●	●		
	施工现场消防保卫制度及应急预案	施工单位		●	●		
	施工现场消防保卫协议	施工单位		●	●		
	施工现场消防保卫组织机构及活动记录	施工单位		●	●		
	施工现场消防审批手续	施工单位			●		
	施工现场消防设施、器材维修记录	施工单位			●		
	施工现场防火等高温作业施工安全措施及交底	施工单位		●	●		
	施工现场警卫人员值班、巡查工作记录	施工单位			●		

编号	施工现场安全管理资料名称	资料表格编号或责任单位	工作相关及资料保存单位				
			建设单位	监理单位	施工单位	租赁单位	安装/拆卸单位
	脚手架安全管理资料						
SA-C3	施工现场钢管扣件式脚手架支撑体系验收表	SA-C3-1		●	●		
	施工现场落地式（悬挑）脚手架搭设验收表	SA-C3-2		●	●		
	施工现场工具式脚手架安装验收表	SA-C3-3		●	●		
	施工现场脚手架、卸料平台及支撑体系设计及施工方案	施工单位		●	●		
	基坑支护与模板工程安全管理资料						
SA-C4	施工现场基坑支护验收表	SA-C4-1					
	施工现场基坑支护沉降观察记录	SA-C4-2					
	施工现场基坑支护水平位称观察记录表	SA-C4-3					
	施工现场人工挖孔桩防护检查表	SA-C4-4					
	施工现场特殊部位气体检测记录表	SA-C4-5					
	施工现场模板工程验收表	SA-C4-6					
	施工现场基坑、土方、护坡及模板施工方案	施工单位					
	"三宝"、"四口"及"临边"防护安全管理资料						
SA-C5	施工现场"三宝"、"四口"及"临边"防护检查记录表	SA-C5-1		●	●		
	施工现场"三宝"、"四口"及"临边"防护措施方案	施工单位			●		
	临时用电安全管理资料						
SA-C6	施工现场施工临时用电验收表	SA-C6-1		●	●		
	施工现场电气线路绝缘强度测试记录表	SA-C6-2		●	●		
	施工现场临时用电接地电阻测试记录表	SA-C6-3		●	●		
	施工现场电工巡检维修记录表	SA-C6-4			●		
	施工现场临时用电施工组织设计及变更资料	施工单位		●	●		
	施工现场总、分包临时用电安全管理协议	施工单位		●	●		
	施工现场电气设备测试、调试技术资料	施工单位			●		

续表

编号	施工现场安全管理资料名称	资料表格编号或责任单位	工作相关及资料保存单位				
			建设单位	监理单位	施工单位	租赁单位	安装/拆卸单位
SA-C7	施工升降安全管理资料						
	施工现场施工升降机安装/拆卸任务书	SA-C7-1			●	●	●
	施工现场施工升降机安装/拆卸安全和技术阁底记录表	SA-C7-2			●	●	●
	施工现场施工升降机基础验收表	SA-C7-3			●	●	
	施工现场施工升降机安装/拆卸过程记录表	SA-C7-4			●		●
	施工现场施工升降机安装验收记录表	SA-C7-5			●	●	
	施工现场施工升降机接高验收记录表	SA-C7-6			●		●
	施工现场施工升降机运行记录	施工单位			●		
	施工现场施工升降机维修保养记录	施工单位			●		
	施工现场机械租赁、使用、安装/拆卸安全管理协议书	施工单位	●		●		●
	施工现场施工升降机安装/拆卸方案	施工单位			●		●
	施工现场施工升降机安装/拆卸报审报告	施工单位	●		●		
	施工现场施工升降机使用登记台账	施工单位			●		
	施工现场施工升降机登记备案记录	施工单位			●		
SA-C8	塔吊及起重吊装安全管理资料						
	施工现场塔吊式起重机安装/拆卸任务书	SA-C8-1			●	●	●
	施工现场塔吊式起重机安装/拆卸安全和技术交底	SA-C8-2			●	●	●
	施工现场塔式起重机基础验收记录表	SA-C8-3			●		
	施工现场塔式起重机轨道验收记录表	SA-C8-4			●		
	施工现场塔式起重机安装/拆卸过程记录表	SA-C8-5			●		●
	施工现场塔式起重机附着检查记录表	SA-C8-6			●		
	施工现场塔式起重机顶升检验记录表	SA-C8-7			●		
	施工现场塔式起重机安装验收记录表	SA-C8-8			●	●	
	施工现场塔式起重机安装垂直度测量记录表	SA-8-9			●	●	●
	施工现场塔式起重机运行记录表	SA-C8-10			●		
	施工现场塔式起重机维修保养记录表	SA-C8-11			●		
	施工现场塔式起重机检查记录	施工单位			●	●	●
	施工现场塔式起重机租赁、使用、安装/拆卸安全管理协议书	施工单位 租赁单位	●		●	●	●

续表

编号	施工现场安全管理资料名称	资料表格编号或责任单位	工作相关及资料保存单位				
			建设单位	监理单位	施工单位	租赁单位	安装/拆卸单位
SA-C8	施工现场塔式起重机安装/拆卸方案及群塔作业方案、起重吊装作业专项施工方案	施工单位 租赁单位		●	●	●	●
	施工现场塔式起重机安装/拆卸报审报告	施工单位		●	●	●	●
	施工现场塔吊机组与信号工安全技术交底	施工单位			●		
	施工机具安全管理资料						
SA-C9	施工现场施工机具（物料提升机）检查验收记录表	SA-C9-1			●	●	●
	施工现场施工机具（电动吊蓝）检查验收记录表	SA-C9-2			●	●	●
	施工现场施工机具（龙门吊）检查验收记录表	SA-C9-3			●	●	●
	施工现场施工机具（打桩、钻孔机械）检查验收记录表	SA-C9-4			●	●	●
	施工现场施工机具（装载机）检查验收记录表	SA-C9-5			●	●	
	施工现场施工机具（挖掘机）检查验收记录表	SA-C9-6			●	●	
	施工现场施工机具（混凝土泵）检查验收记录表	SA-C9-7			●	●	
	施工现场施工机具（混凝土搅拌机）检查验收记录表	SA-C9-8			●	●	
	施工现场施工机具（钢筋机械）检查验收记录表	SA-C9-9			●	●	
	施工现场施工机具（木工机械）检查验收记录表	SA-C9-10			●	●	
	施工现场施工机具安装验收记录表	SA-C9-11			●	●	
	施工现场施工机具维修保养记录表	SA-C9-12			●	●	
	施工现场施工机具使用单位与租赁单位租赁、使用、安装/拆卸安全管理协议	施工单位 租赁单位	●		●	●	
	施工现场施工机具安全/拆卸方案	租赁单位			●	●	
	施工现场文明生产（现场料具堆放、生活区）安全管理资料						
SA-C10	施工现场施工噪声监测记录表	SA-C10-1		●	●		
	施工现场文明生产定期检查表	SA-C10-2			●		
	施工现场办公室、生活区、食堂等卫生管理制度	施工单位			●		

编号	施工现场安全管理资料名称	资料表格编号或责任单位	工作相关及资料保存单位				
			建设单位	监理单位	施工单位	租赁单位	安装/拆卸单位
SA-C10	施工现场应急药品、器材的登记及使用记录	施工单位			●		
	施工现场急性职业中毒应急预案	施工单位			●		
	施工现场食堂卫生许可证及炊事人员的卫生、培训、体检证件	施工单位			●		
	施工现场各阶段现场存放材料堆放平面图及责任划分，材料存放、保管制度	施工单位		●	●		
	施工现场成品保护措施	施工单位		●	●		
	施工现场各种垃圾存放、消纳管理制度	施工单位		●	●		
	施工现场环境保护管理方案	施工单位		●	●		

　　案卷封面要包括名称、案卷题名、编制单位、安全主管、编制日期、共××册、第××册等。卷内资料、封面、目录、备考表统一采用 A4 幅（297mm×210mm）尺寸，小于 A4 幅面的资料要用 A4 白纸（297mm×210mm）衬托。

　　实际操作中一般首先要建立档案目录，通常的做法是根据地方《建设工程安全资料管理办法》中的分目方法，建立资料盒，一目一盒。无论工程大小或实际施工中是否一定涉及目录中的安全资料种类，均应建立其对应的资料盒，然后在施工过程中，随着工程施工进度不断收集整理安全资料加入相对应的目（盒）中，并在每个目中设立一个资料分目，收集一份填一份。这样，在施工的任何阶段，随时可以查阅到任何目中已经建立的安全档案资料，而无须再将资料分类或分目。到工程竣工前，只需将各资料盒中的资料分目取出，加封面装订，即成一套完整的施工安全管理资料。

　　3. 施工现场安全生产资料的管理

　　（1）安全资料管理

　　1）项目设专职或兼职安全资料员，安全资料员持证上岗以保证资料管理责任的落实；安全资料员应及时收集、整理安全资料，督促建档工作，促进企业安全管理上台阶。

　　2）资料的整理应做到现场实物与记录相符，行为与记录相吻合，以便更好地反映出安全管理的全貌及全过程。

　　3）建立定期、不定期的安全资料的检查与审核制度，及时查找问题，及时整改。

4）安全资料实行按岗位职责分工编写，及时归档，定期装订成册的管理办法。

5）建立借阅台账，及时登记，及时追回，收回时做好检查工作，检查是否有损坏丢失现象发生。

（2）安全资料保管

1）安全资料按篇及编号分别装订成册，装入档案盒内。

2）安全资料集中存放于资料柜内，加锁，专人负责管理，以防丢失损坏。

3）工程竣工后，安全资料上交公司档案室储存保管、备查。

业务要点4：安全生产资料管理内容

1. 现场管理资料

1）施工组织设计。要求：要有审批表、编制人、审批人签字（审批部门要盖章）。

2）施工组织设计变更手续。要求：要经审批人审批。

3）季节施工方案（冬、雨期施工）审批手续。要求：要有审批手续。

4）现场文明安全施工管理组织机构及责任划分。要求：要有相应的现场责任区划分图和标识。

5）现场管理自检记录、月检记录。

6）施工日志（项目经理、工长）。

7）重大问题整改记录。

8）职工应知应会考核情况和样卷。要求：有批改和分数。

2. 安全管理资料

1）总包与分包的合同书、安全和现场管理的协议书及责任划分。要求：要有安全生产的条款，双方要盖章和签字。

2）项目部安全生产责任制（项目经理到一线生产工人的安全生产责任制度）。要求：要有部门和个人的岗位安全生产责任制。

3）安全措施方案（基础、结构、装修有针对性的安全措施）。要求：要有审批手续。

4）各类安全防护设施的验收检查记录（安全网、临边防护、孔洞、防护棚等）。

5）脚手架的组装、升、降验收手续。要求：验收的项目需要量化的必须量化。

6）高大、异型脚手架施工方案（编制、审批）。要求：要有编制人、审批人、审批表、审批部门签字盖章。

7）安全技术交底，安全检查记录，月检、日检，隐患通知整改记录，违章登记及奖罚记录。要求：要分部分项进行交底，有目录。

8）特殊工种名册及复印件。

9）防护用品合格证及检测资料。

10）入场安全教育记录。

11）职工应知应会考核情况和样卷。

3. 临时用电安全资料

1）临时用电施工组织设计及变更资料。要求：要有编制人、审批表、审批人及审批部门的签字盖章。

2）安全技术交底。

3）临时用电验收记录。

4）月检及自检记录。

5）接地电阻遥测记录；电工值班、维修记录。

6）电气设备测试、调试记录。

7）职工应知应会考核情况和样卷。

8）临时用电器材合格证。

4. 机械安全资料

1）机械租赁合同及安全管理协议书。要求：要有双方的签字盖章。

2）机械拆装合同书。

3）机械设备平面布置图。

4）设备出租单位、起重设备安拆单位等的资质资料及复印件。

5）总包单位与机械出租单位共同对塔机组人员和吊装人员的安全技术交底。

6）塔式起重机安装、顶升、拆除、验收记录。

7）外用电梯安装验收记录。

8）自检及月检记录和设备运转履历书。

9）机械操作人员及起重吊装人员持证上岗记录及证件复印件。

10）职工应知应会考核情况和样卷。

5. 料具管理资料

1）贵重物品、易燃、易爆材料管理制度。要求：制度要挂在仓库的明显位置。

2）现场外堆料审批手续。

3）材料进出场检查验收制度及手续。

4）现场存放材料责任区划分及责任人。要求：要有相应的布置图和责任划分及责任人的标识。

5）材料管理的月检记录。

6）职工应知应会考核情况和样卷。

6. 保卫消防管理资料

1）保卫消防设施平面图。要求：消防管线、器材用红线标出。

2）现场保卫消防制度、方案及负责人、组织机构。

3）明火作业记录。

4）消防设施、器材维修验收记录。

5）保温材料验收资料。

6）电气焊人员持证上岗记录及证件复印件，警卫人员工作记录。

7）防火安全技术交底。

8）消防保卫自检、月检记录。

9）职工应知应会考核情况和样卷。

7. 环境保护管理资料

1）现场控制扬尘、噪声、水污染的治理措施。要求：要有噪声测试记录。

2）环保自保体系，负责人。

3）治理现场各类技术措施检查记录及整改记录（道路硬化、强噪声设备的封闭使用等）。

4）自检和月检记录。

5）职工应知应会考核情况和样卷。

8. 工地卫生管理资料

1）工地卫生管理制度。

2）卫生责任区划分。要求：要有卫生责任区划分和责任人的标识。

3）伙房及炊事人员的三证复印件（即食品卫生许可证、炊事员身体健康证、卫生知识培训证）。

4）冬季取暖设施合格验收证。

5）月卫生检查记录。

6）现场急救组织。

7）职工应知应会考核情况和样卷。

◉ 业务要点 5：安全资料整理

建筑施工安全资料管理，是专职安全员的业务工作之一，但相关资料的搜集、整理、归档，并无统一规定，目前常规做法有以下几类：

1）施工现场的安全资料，按安全生产保证体系进行整理归集。

①安全生产管理职责。

②安全生产保证体系文件。

③采购。

④分包管理。

⑤安全技术交底及动火审批。

⑥检查、检验记录。

⑦事故隐患控制。

⑧安全教育和培训。

2）施工现场的安全资料，按《建筑施工安全检查标准》JGJ 59—2011 中规定的内容为主线整理归集，并按"安全管理"检查评分表所列的 10 个检查项目名称顺序排列，其他各分项检查评分表则作为子项目分别归集到安全管理检查评分表相应的检查项目之内。10 个子项目是：安全生产责任制；目标管理；施工组织设计；分部（分项）工程安全技术交底；安全检查；安全教育；班前安全活动；特种作业持证上岗；工伤事故处理；安全标志。

3）施工企业的安全资料，按《施工企业安全生产评价标准》JGJ/T 77—2010 中规定的内容为主线整理归集，即分为企业安全生产条件和企业安全生产业绩两大类。

①企业安全生产条件：

a. 安全生产管理制度。

b. 资质、机构与人员管理。

c. 安全技术管理。

d. 设备与设施管理。

②企业安全生产业绩：

a. 生产安全事故控制。

b. 安全生产奖惩。

c. 项目施工安全检查。

d. 安全生产管理体系推行。

参考文献

[1] GB/T 3608—2008 高处作业分级 [S]. 北京：中国标准出版社，2009.

[2] GB 10055—2007 施工升降机安全规程 [S]. 北京：中国标准出版社，2007.

[3] GB/T 3787—2006 手持式电动工具的管理、使用、检查和维修安全技术规程 [S]. 北京：中国标准出版社，2006.

[4] GB 5144—2006 塔式起重机安全规程 [S]. 北京：中国标准出版社，2007.

[5] GB 6722—2003 爆破安全规程 [S]. 北京：中国标准出版社，2003.

[6] JGJ 33—2012 建筑机械使用安全技术规程 [S]. 北京：中国建筑工业出版社，2012.

[7] JGJ 59—2011 建筑施工安全检查标准 [S]. 北京：中国建筑工业出版社，2012.

[8] JGJ 130—2011 建筑施工扣件式钢管脚手架安全技术规范 [S]. 北京：中国建筑工业出版社，2011.

[9] JGJ/T 250—2011 建筑与市政工程施工现场专业人员职业标准 [S]. 北京：中国建筑工业出版社，2012.

[10] JGJ 128—2010 建筑施工门式钢管脚手架安全技术规范 [S]. 北京：中国建筑工业出版社，2004.

[11] JGJ/T 77—2010 施工企业安全生产评价标准 [S]. 北京：中国建筑工业出版社，2010.

[12] JGJ 162—2008 建筑施工模板安全技术规范 [S]. 北京：中国建筑工业出版社，2008.

[13] JGJ 164—2008 建筑施工木脚手架安全技术规范 [S]. 北京：中国建筑工业出版社，2008.

[14] JGJ 46—2005 施工现场临时用电安全技术规范 [S]. 北京：中国建筑工业出版社，2005.

[15] JGJ 147—2004 建筑拆除工程安全技术规范 [S]. 北京：中国建筑工业出版社，2005.

[16] JGJ 146—2004 建筑施工现场环境与卫生标准 [S]. 北京：中国建筑工业出版社，2005.